跨域数据治理

Cross-Domain Data Governance

杜小勇 黄科满 卢卫◎著

中国人民大学出版社
·北京·

推 荐 序

数字经济时代正在开启！作为继农业经济、工业经济之后的一种新经济形态，数字经济把数据作为重要生产要素，成为这个时代的主要特征。数据要素市场、数字治理体系以及数据技术体系构成了数字经济发展的三大基石。越来越多的数据资源正以数据要素的形态独立存在于不同空间域、管辖域和信任域，并参与数字经济活动的全过程。为了更好地释放数据价值，需要应对跨域带来的系列挑战，对大规模、跨域的数据进行高效的治理。我曾与杜小勇教授带领的团队合作完成了数据治理系列丛书（《数据治理之论》《数据治理之路》《数据治理之法》）的编写工作，深知该团队在数据治理领域有着深入的研究和洞察。我很高兴看到他们围绕跨域数据治理的挑战，从理论框架、实践路径、工具方法等方面开展了进一步的研究和探索，系统地阐述了跨域数据治理的理论内涵、技术体系和应用实践。

本书深入探讨了跨空间域、跨管辖域和跨信任域的跨域数据治理特性，形成了以数据为中心、以社会化信息系统为载体的技术框架，突出了数据与组织分离和数据跨域流通、数据对象化和标签化组织以及跨域业务快速构建和协同开发等原则，系统梳理了数据资源体系、服务支撑体系和业务应用体系的关键技术。通过对数据进行有效的组织和治理实现数据资源化，通过数据服务化来实现数据资产化，并通过快速构建能够满足跨域场景、动态需求的应用来实现数据资本化，为支撑数据要素化过程提供了有效的技术框架和方案。这一体系对于推动跨域数据治理，进而应对数字经济时代的数据危机提出了一个可行方案，具有重要的理论意义和应用价值。同时，本书也介绍了跨域数据治理在实际领域中的应用情况，并在实践过程中初步验证了该方法体系的有效性。期待该方法体系在更多的领域和场景中落地应用，推动我国的数据要素化进程，并通过应用实践收集反馈，进一步完善方法体系。

《跨域数据治理》一书提出了跨域数据治理的理论内涵、技术体系和应用实践，为跨域数据治理研究提供了一个重要的参考框架。本书对于相关领域的研究者和专业人士都具有重要的参考价值。

中国人民大学数据团队长期从事数据领域的研究实践，取得了丰硕的成果。本书是该团队在当前数字化转型时代，在数据领域取得的一项重要的新成果。期待杜小勇教授及其团队继续深化和丰富该领域的研究，并取得更多成果。

谨以此为序。

甲辰年仲春于北京

序　言

作为数字经济的核心生产要素，数据发挥着越来越重要的作用。党的十九届四中全会明确提出，“健全劳动、资本、土地、知识、技术、管理、数据等生产要素由市场评价贡献、按贡献决定报酬的机制”。《中共中央 国务院关于构建更加完善的要素市场化配置体制机制的意见》将数据与土地、劳动力、资本、技术等传统要素并列为生产要素，并强调要加速推进数据要素市场建设。2022 年《中共中央 国务院关于构建数据基础制度更好发挥数据要素作用的意见》（又称“数据二十条”）对外发布，提出要从数据产权、流通交易、收益分配、安全治理等方面构建数据基础制度，充分发挥我国海量数据规模和丰富应用场景优势，激活数据要素潜能，做强做优做大数字经济，增强经济发展新动能。这些政策文件的出台充分反映了党中央对信息技术发展的时代特征及未来趋势的准确把握，也充分凸显了数字经济时代数据对经济活动和社会生活的巨大价值。

然而，充分释放数据价值并不是一件简单的事情，需要构建完善的数据治理价值生态和制度体系。当前，大多数企业或组织存在对数据认识不足、理论缺失、治理不善、技术能力不够等问题，导致数据在从产生到应用的过程中受困于一系列严重问题和隐患，数据危机日益凸显。数据治理应运而生，成为应对数据危机的关键科学。数据治理以数据为对象，是指在确保数据安全的前提下，建立健全规则体系，理顺各方参与者在数据流通各个环节的权责关系，形成多方参与者良性互动、共建共享共治的数据流通模式，从而最大限度地释放数据价值，推动国家治理能力和治理体系现代化。更重要的是，随着数据共享流通的重要性日益突出，数据治理也正面临从单域（即单一主体内部的孤立服务）转变到多主体之间跨空间域、跨管辖域、跨信任域的数据业务共享与协同的跨域挑战。然而，传统的信息系统开发方法难以解决组织内部以及组织之间数据质量参差不齐、标准规范不一致、“数据孤岛”林立、数据跨域流通共享困难的问题，无法有效应对跨域场景下数据资源化和数据价值释放的需求。此外，在传统信息系统中，以数据为中心的跨域业务往往难以有效协同和快速构建，数据价值也无法充分体现。在此背景下，本书围绕跨域数据治理，提出了以数据为中心、面向动态复杂场景需求、支撑跨域业务协同快速构建的社会化信息系统，这是信息系统在以数据为中心的数智时代的新形态，在此基础上讨论了社会化信息系统构建的理论体系，剖析了构建社会化信息系统所需的技术体系以及关键技术突破，并结合典型案例探讨了社会化信息系统构建的相关实践。具体而言，全书从理论、技术和应用三个角度展开，各章节内容安排如下。

第一篇为理论篇，包括第1～4章，着眼于建立跨域数据治理以及社会化信息系统的理论框架。

第1章是“数据危机与数据治理”。首先阐述了数字经济时代数据要素化的过程，包括数据资源化、数据资产化、数据资本化三个阶段，讨论了这一过程表现出的数据特有的成本性、多维性、复杂性、虚拟性和无形性等特征。然后描述了从由工业时代人口普查难题引起的“海量数据挑战”到信息时代的“软件危机”，再到数智时代的“数据危机 2.0”“数据危机 3.0”的发展历程，分析了当前面临的数据权属不清、质量不高、流通不畅、共享程度低等数据危机，进而剖析了数据危机产生的根源。为了有效应对数据危机，我们强调数据跨域治理的重要作用，围绕其意义、概念内涵、发展历程和典型应用场景展开论述，以此明晰数据跨域治理对数智时代的重要性。

第 2 章是“跨域数据治理视角下的数据资源特性”。跨域数据治理以数据为对象、以释放数据价值为目标来组织和管理数据，因此更加重视能够影响到多方参与者良性互动、共建共享共治的数据资源特性。本章我们重点探讨数据资源的成本性、可复制性、多粒度性、价值后验性、可替代性以及由此带来的风险外溢和价值分配不对称等特性，在此基础上剖析数据资源价值与风险这对对立统一的矛盾体，以理解数据危机日益严峻的内在机制，这也说明了跨域数据资源特性在公共数据授权运营和智慧城市治理这两个典型场景中面临的现实困境。

第 3 章是“跨域数据治理视角下的数据价值”。在跨域数据治理的背景下，数据价值的实现需要多主体协同，同时也需要跨行业和跨领域的协同。因此，本章我们首先介绍了数据资产全生命周期模型，强调将数据资源作为资产，在其生命周期内进行组织管理，为释放数据资源的价值打下良好的基础。然后介绍了数据治理价值链模型，详细阐述了如何最大限度地释放数据价值，以及围绕数据治理价值链的相关活动的主要内容。根据数据治理价值链中的各类主体从事的活动类型，我们探讨了数据价值释放的社会分工机制，并在国家/政府、组织/企业、个人/个体三个层面上构建了多主体数据资源价值和风险的协同框架。

第 4 章是“数据为中心的社会化信息系统构建方法”。在明晰跨域数据治理视角下数据资源和数据价值特性的基础上，我们提出了社会化信息系统。与传统信息系统不同，社会化信息系统以数据为中心，对数据进行有效的组织和治理以实现资源化，并且通过快速构建能够满足跨域场景、动态需求的应用来实现数据治理价值链中的多主体协同，以及实现数据价值化。为此，我们首先概述了信息系统从面向业务到面向企业再到面向社会的发展历程，详细剖析了社会化信息系统的基本概念和内涵。然后论述了社会化信息系统构建的三条基本原则：数据与组织分离和数据跨域流通、数据对象化和标签化组织、跨域业务快速构建和协同开发。为了支撑这三条基本原则，我们系统介绍了围绕社会化信息系统构建所形成的数据资源体系、服务支撑体系和业务应用体系三层技术框架。最后探讨了“数据空间—服务工厂—业务中台”的社会化信息系统技术框架的实现模式。

第二篇为技术篇，包括第 5～7 章，着眼于从数据资源体系、服务支撑体系和业务应用体系的核心技术，探讨面向跨域数据治理和社会化信息系统的关键技术突破。

第 5 章是“数据资源体系：数据资源对象化组织”。数据资源体系是社会化信息系统建设的基础，以数据为中心组织和管理数据资源，从而提升数据资源的价值和可用性。本章围绕数据资源体系中的主要活动和关键技术展开，依次介绍了数据资源管理、数据质量管理、数据资源标识三项关键技术，并详细介绍了每个体系的基本概念和内涵、核心挑战，以及围绕这些核心挑战所提出的一些关键技术突破。值得注意的是，本章主要强调在数据层面对其进行相应的管理和运营，从而实现数据资源化。

第6章是“服务支撑体系：数据资源服务化交付”。服务支撑体系解决的问题是如何将数据资源有效应用于具体业务。本章我们从面向服务的体系架构和参考模型出发，提出数据资源通过数据服务化和模型服务化两种方式，支撑数据链接到具体业务中的模式。进而针对数据服务化交付中面临的数据错误、数据缺失和数据溯源的挑战，以及模型服务化交付中面临的模型理解、诊断、改进和选择的挑战，我们分别阐述了其关键核心技术的实现，从而更好地支撑数据的资产化过程。需要注意的是，本章着眼于提升数据服务化和模型服务化后交付的数据服务和模型服务的效能，而非服务化封装本身。

第7章是“业务应用体系：数据场景协同化构建”。数据价值与业务场景息息相关。业务应用体系着眼于解决如何根据业务需求构建数据业务协同、多主体跨域协同模型。因此，本章我们首先介绍了业务流程统一建模技术以及工作流管理系统参考模型。然后详细论述了“业务协同—数据共享—数据集成”三阶段数据业务场景跨域协同模型及其构建方法，实现了数据与业务、多主体之间的协同。最后阐述了基于工作流的跨域数据服务组合技术以及基于区块链的业务流程部署来支撑跨域主体之间的数据驱动的业务协同。

第三篇为应用篇，包括第8章和第9章，分别介绍“跨域公共数据授权运营实践”和“数据驱动的智慧城市治理应用实践”两个跨域数据治理和社会化信息系统的典型实践案例。

第 8 章主要就公共数据授权运营领域来验证社会化信息系统的实践应用。在界定公共数据的定义、类型、权属、特性等基本概念内涵的基础上，我们主要强调和关心的是在公共数据授权运营过程中，怎样构建相应的公共数据授权运营平台来实现多主体的协同和跨域场景业务的快速构建，从而释放公共数据价值。

第 9 章主要从智慧城市治理的领域来突出和表现社会化信息系统的应用实践情况，重在总结经验教训，结合实际来阐述社会化信息系统建设的一些思考。

最后是“总结与展望”。在总结笔者对围绕跨域数据治理的社会化信息系统的理论体系、技术体系和典型应用的思考、研发和实践的基础上，讨论了社会化信息系统的发展前景以及有待进一步解决的挑战，探索未来发展方向。

本书受国家重点研发计划项目“面向城市智能服务的数据治理体系与共享平台”（项目编号：2020YFB2104100）资助，在项目研究成果的基础上总结而成，通过理论探索、关键技术研发和应用实践，为面向跨域数据治理的社会化信息系统的构建提供基础和指引。同时，本书也是项目组成员集体创作的研究成果，从全书框架的设计，资料的收集、整理、讨论，到写作、关键技术的实现，都有众多参与者。在此特别感谢，刘波参与大部分章节，特别是第 1 章、第 2 章、第 3 章、第 4 章、第 8 章的资料收集、初稿编写以及修改等工作，刘世霞、徐学伟和刘名扬协助完成第 5 章和第 6 章的初稿撰写和修改工作，范举协助完成第 5 章的初稿撰写，陈晋川协助完成第 6 章和第 7 章的初稿撰写和材料整理，王璞巍协助完成第 7 章的初稿撰写。感谢张清岚、王粲然、杨昱文参与书稿的校对工作。最后，感谢丁轩、何佳妮等对本书提供的帮助，感谢浙江省大数据发展管理局、德清县大数据发展管理局、上海数据交易所、贵阳大数据交易所、北京国际大数据交易所、CCF 中国数字经济 50 人论坛、数据空间研究院等以及各领域专家学者在本书相关研究开展和书稿撰写过程中提供的大力支持和宝贵意见。

总之，跨域数据治理以及面向跨域数据协同的社会化信息系统是当前数字经济时代面临的重要课题。它既是全面释放数据价值的必由之路，也是数智时代的必然要求。关于跨域数据治理和数智时代信息系统的相关观点和研究成果不断涌现，相关的理论、技术以及实践也在不断演变。囿于时间和能力的限制，本书疏漏和不足之处在所难免，挂一漏万。我们不追求面面俱到，而是着眼于理论体系建设、关键技术突破以及典型实践应用。希望通过本书的抛砖引玉，可以吸引更多专家学者投入跨域数据治理领域的相关研究中，也欢迎各位专家、读者批评指正。

目录 · CONTENTS

第一篇　理论篇

第二篇 技术篇

第三篇　应用篇

PART

1

第一篇

理 论 篇

第 1 章

数据危机与数据治理

21 世纪以来，随着云计算、大数据、区块链、人工智能等新一代信息技术的加速发展和融合创新，数字经济也得到了飞速发展，在国民经济体系中占据越来越重要的地位。根据中国信息通信研究院发布的《中国数字经济发展研究报告（2023 年）》，2022 年我国数字经济规模达到 50.2 万亿元，同比名义增长 10.3%，已连续 11 年显著高于同期 GDP 名义增速，数字经济占 GDP 比重相当于第二产业占国民经济的比重，达到 41.5%（见图 1-1）。

数据作为数字经济的核心生产要素，具有基础性、战略性与配置性作用。数据已经与土地、劳动力、资本、技术等传统要素并列，上升为一种新型生产要素。如何发挥数据价值，加快前沿数据技术融合和技术突破、培育数据要素市场和产业生态构建、完善数字经济治理体系，成为《要素市场化配置综合改革试点总体方案》《中共中央 国务院关于加快建设全国统一大市场的意见》《中共中央 国务院关于构建数据基础制度更好发挥数据要素作用的意见》《数字中国建设整体布局规划》等一系列国家层面战略规划的共同关注点。

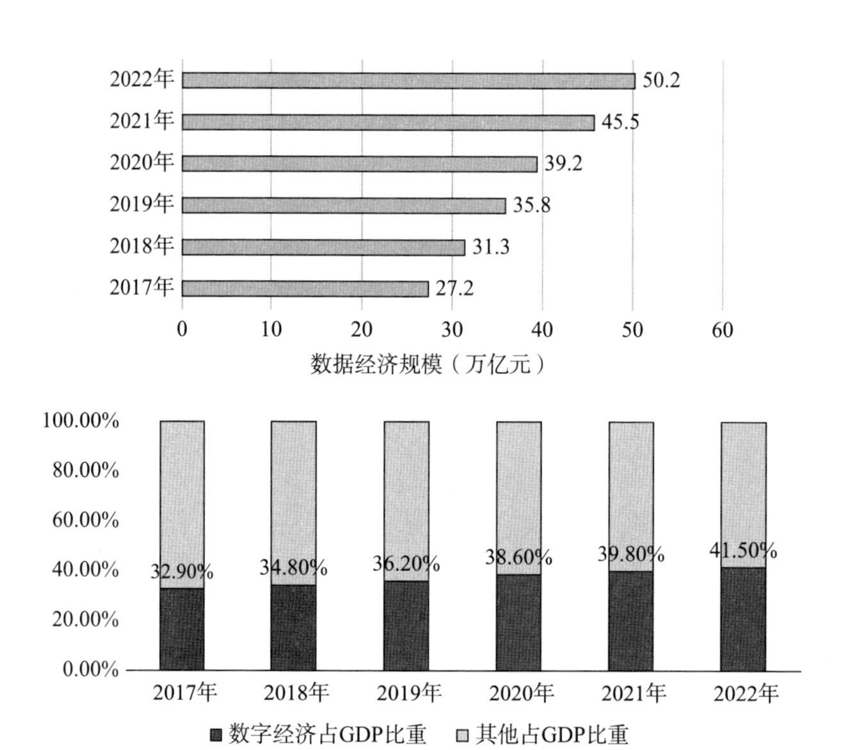

图 1-1　2017—2022 年我国数字经济发展情况

虽然数据对数字经济的重要性与日俱增，对数据的价值期望也在迅速攀升，但当数据价值的需求增长和价值变现能力的发展不对称时，数据危机也随之出现。特别是，数据具有获取的非竞争性、使用的非排他性、价值的非耗竭性、源头的非稀缺性等特征①，并且能够进一步与其他生产要素融合，在广度、深度、维度以及价值等方面均为有效应对数据危机带来了挑战。当前，包括我国在内的很多国家都将数据治理上升到了国家战略高度，以有效应对数据危机，高效释放数据价值，抢占数字时代的战略高地。然而，当前关于数据治理的讨论尚未形成共识，很多概念还有待进一步厘清。为

① 梅宏. 数据治理之论. 北京：中国人民大学出版社，2020：122.

此，本章将系统梳理数据、数据资源、数据资产、数据资本、数据要素等核心概念，剖析讨论数据危机产生的原因，进而提出以应对数据危机、更好地释放数据价值为核心使命的跨域数据治理，在此基础上结合智能社会的典型场景，介绍跨域数据治理的应用和实践。

1.1　数据与数据要素化

1.1.1　数据的概念和定义

数据是网络空间的核心要素，同时也是连接网络空间与现实空间的纽带。随着信息技术的突飞猛进，文字、声音、图像、视频，以及可以被数字化并在计算机中存储的客观世界的一切存在都可以变成数据。数据成为记录客观世界和人类活动的重要载体。① 数据作为记录事物的原始资料，是对事物的抽象表示。信息则是元数据和数据经过加工合成的产物（产品或者服务），它承载着便于人们理解的内容，也可以作为新的数据被进一步加工使用。② 毫无疑问，数据是一种重要资源，具有明确的来源（包括人、社会组织、企业以及各类动物、非生命体等），可以被有效地采集获取，是一

① 维克托·迈尔-舍恩伯格，肯尼思·库克耶. 大数据时代：生活、工作与思维的大变革. 盛杨燕，周涛，译. 杭州：浙江人民出版社，2013：28.

② 梅宏. 数据治理之论. 北京：中国人民大学出版社，2020：13.

种可被量化的客观存在。①

在《现代汉语词典》（第 7 版）中，“数据”一词的含义是进行各种统计、计算、科学研究或技术设计所依据的数值。在英语中，“data”（数据）这个单词的出现可以追溯到 17 世纪 40 年代。1946 年约翰·冯·诺依曼（John von Neumann）领导的研究小组正式提出，在计算机运行时把程序和数据一起存放在内存中，这是数据首次被用来表述“信息的传递和存储”。“数据处理”（data processing）则是在 1954 年首次被使用。在《牛津英语词典》（*The Oxford English Dictionary*）中，“data”的含义为计算机或其他自动设备操作的数量、字符或符号，可以以电子信号等形式存储或传输。《信息技术 词汇 第 1 部分：基本术语》（GB/T 5271.1—2000）对数据的定义是：信息的可再解释的形式化表示，以适用于通信、解释或处理。通过上述定义，我们便可对数据有一个直观的认识。

1.1.2 数据要素化：数据资源、数据资产和数据资本

大力发展数字经济，以数据作为关键生产要素、以现代信息网络作为重要载体、以信息通信技术的有效使用作为效率提升和经济结构优化的重要推动力已经成为全球经济发展的普遍共识。但是并非所有数据都能成为数据要素，只有可利用或可能被利用的数据集合才能产生相应的经济效益，促进数字经济的发展。而且数据集合应当具有一定的数量和可用的质量，从而能够满足特定的用途。因此，数据要素不是自然存在的，而是需要经过要素化过程才能够产生，正如深埋地下的石油需要经过开采才能成为可用的资源，进而

① 梅宏. 数据治理之论. 北京：中国人民大学出版社，2020：16.

带来巨大的经济价值。数据是一种重要的生产要素，需要通过资源化、资产化和资本化的要素化过程才能成为有效的数据要素（见图 1－2）。

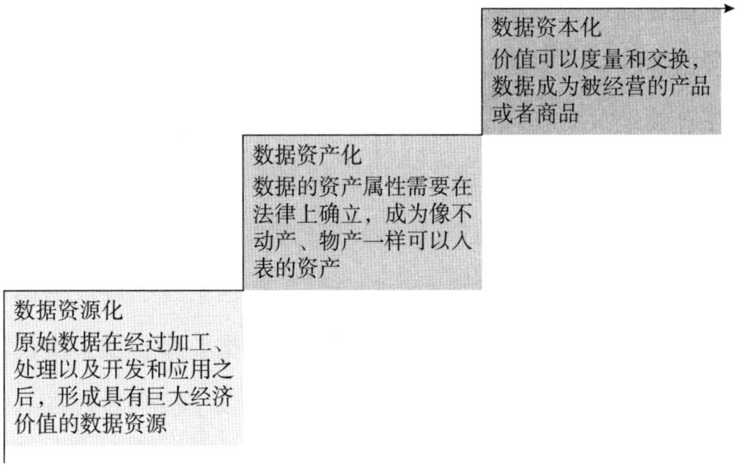

数据资本化
价值可以度量和交换，数据成为被经营的产品或者商品

数据资产化
数据的资产属性需要在法律上确立，成为像不动产、物产一样可以人表的资产

数据资源化
原始数据在经过加工、处理以及开发和应用之后，形成具有巨大经济价值的数据资源

图 1－2　数据要素化发展过程

1. 数据资源

马克思和恩格斯指出："劳动和自然界在一起才是一切财富的源泉，自然界为劳动提供材料，劳动把材料转变为财富。"① 马克思和恩格斯的定义既指出了自然资源的客观存在，又把人（包括劳动力和技术）的因素视为财富的另一来源。可见，资源的来源及组成不仅包括自然资源，而且包括人类劳动的社会、经济、技术等因素，还包括人力、人才、智力（信息、知识）等资源。资源是一切可被人类开发和利用的物质、能量和信息的总称，它广泛地存在于自然界和人类社会中，是一种自然存在物或能够给人类带来财富的财富。或者说，资源就是指自然界和人类社会中一种可以用于创造

① 马克思，恩格斯. 马克思恩格斯选集：第三卷. 3 版. 北京：人民出版社，2012：988.

物质财富和精神财富的具有一定量的积累的客观存在形态，如土地资源、矿产资源、森林资源、海洋资源、石油资源、人力资源、信息资源等。

对比资源的定义，数据作为一种重要资源，不仅具有明确的来源（包括人、社会组织、企业以及各类动物、非生命体等），而且可以被有效地采集获取（例如企业和政府基于个人的授权之后，采集人们的个人信息等），是一种可以量化的客观存在。另外，将采集到的数据进行加工、处理以及开发和应用之后，它可以带来巨大的经济价值，包括物质财富和精神价值。数据资源已经成为国家的一种重要战略资源和生产要素。充分释放数据要素价值，实现数据资源的可持续开发利用和安全保护，是我国数字社会时代发展的内在要求。

因此，数据资源化涉及原始数据的获得，以及后续的清洗、加工和组织。① 数据资源化通过整合多源数据，形成具有一定规模的数据集合；根据特定需求提取和组织相应的数据，进行标准化、结构化处理，从而将原始数据转换成动态可用、可共享、可复用的数据资源。

2. 数据资产

根据《企业会计准则——基本准则》第二十条："资产是指企业过去的交易或者事项形成的、由企业拥有或者控制的、预期会给企业带来经济利益的资源。"其中，"过去的交易或者事项形成"是指资产必须是现实存在的，预期在未来发生的交易或者事项不形成

---

① CCF 中国数字经济 50 人论坛. 数据资源体系构建白皮书. (2022－10－15). https://tc.ccf.org.cn/upload/resources/file/2023/04/20/74d76264a02de9995b46f05f9c30cc59.pdf.

资产；“由企业拥有或者控制”是指企业享有某项资源的所有权，或者虽然不享有某项资源的所有权，但该资源能被企业控制；“预期会给企业带来经济利益”是指直接或间接导致现金和现金等价物流入企业的潜力。《企业会计准则——基本准则》第二十一条提出：“符合本准则第二十条规定的资产定义的资源，在同时满足以下条件时，确认为资产：（一）与该资源有关的经济利益很可能流入企业；（二）该资源的成本或者价值能够可靠地计量。”

综合上述资产现实性、可控性和经济性的特征，数据资产作为一项新的无形资产，是在生产经营活动中产生的或从外部渠道获取的、具有所有权或控制权的、预期能在一定时期内带来经济利益的数据资源。此外，数据资源作为资产还必须满足可变现、可控制、可量化三个确认原则。其中，可变现是指数据资产需要能够为企业带来持续的经济收益；可控制是指数据资产必须是企业能够合理合法进行控制和管理的数据资源；可量化是指数据资产需要能够从企业实际生产与运营中分离或划分出来，并可用货币进行可靠计量。①

因此，数据资产是在数据资源的基础上，通过资产化过程，明确数据资源的法律地位，成为像不动产、物产一样可以入表、能够获得经济利益的资产。数据资产化过程是数据价值初步体现的重要过程。但需要注意的是，目前数据资产的价值难以可靠计量；另外也存在数据的确权问题，非法获取的数据及在相应产权方面存在巨大争议的数据资源不能被确认为数据资产。数据资产进入财务报表依旧面临着制度和技术的多重障碍，将数据以资产的管理方式进行管理和评估还需要不断地探讨和深化。

---

① 中国信息通信研究院政策与经济研究所. 数据资产化：数据资产确认与会计计量研究报告（2020 年）. 2020：24.

3. 数据资本

"数据资本"一词首先出现在统计领域。1967 年，挪威中央统计局的一份工作文件认为，数据资本是采集和计算数据的保留存量，在统计文件系统中起关键作用。[①] 数据资本和金融资本、实物资本一样，能够产生新的、有价值的产品和服务，提高数据资本拥有者的预期收益。在经济学中，数据资本拥有长期的价值，拥有后验性（即数据资本使用后才能衡量其意义和价值[②]）以及增值性（即数据资本会进一步增值[③]）。

因此，数据资本化过程将数据资产转换成可以经营的数据产品或者数据服务，成为可以度量、流通的数据价值的载体，以此释放数据价值，进而在进一步开发利用中创造新价值。可见，数据资本化的本质是发挥数据的价值。

4. 数据要素

生产要素是经济学中的一个基本范畴，包括人的要素、物的要素及其结合因素。生产要素是指进行社会生产经营活动所需的各种社会资源，它是维系国民经济运行及市场主体生产经营过程所必须具备的基本因素。2020 年《中共中央 国务院关于构建更加完善的要素市场化配置体制机制的意见》首次将数据与土地、劳动力、资本、技术等传统要素并列。将数据增列为生产要素的原因在于它对推动生产力发展已展现出了突出的价值。因此，"数据要素"一词是面向数字经济，在讨论生产力和生产关系的语境中对"数

---

① 叶雅珍，刘国华，朱杨勇. 数据资产相关概念综述. 计算机科学，2019，46（11）：20－24.

② 张莉. 资源、资产、资本：数据的价值. 中国计算机报，2019－10－28.

③ 宋宇，嵇正龙. 论新经济中数据的资本化及其影响. 陕西师范大学学报（哲学社会科学版），2020，49（4）：123－131.

据”的指代，是对数据促进生产价值的强调。即数据要素是指根据特定生产需求汇聚、整理、加工而成的计算机数据及其衍生形态，投入于生产的原始数据集、标准化数据集、各类数据产品及以数据为基础产生的系统、信息和知识均可纳入数据要素讨论的范畴。[①] 简而言之，数据要素指的是参与社会生产经营活动、为使用者或者所有者带来经济效益、以电子方式记录、能度量、可流通的数据资源。

需要注意的是，数据通过要素化释放数据价值并不一定需要完全按照数据资源化、资产化和资本化的顺序完成才能实现，而是可以在不同阶段递进式地通过价值倍增、投入替代和资源优化三种模式来释放数据的价值。其中，价值倍增模式通过提升传统单一要素生产效率产生倍增效应；投入替代模式通过替代传统要素的投入与功能产生替代效应；资源优化模式通过优化传统要素资源配置效率产生优化效应。对这些模式的有效支撑将能够有效地提升数据要素价值的释放效率。

本书着眼于通过对数据要素化过程的有效治理，提升数据价值释放的效能。为了表述方便，在下面的阐述中，我们不再区分“数据”和“数据要素”两个概念，而是统一使用“数据”。

1.1.3　数据要素化过程的特征

数据要素化过程并不是一个天然发生的进程。首先，数据本身并不是天然存在的，而是生产出来的。数据的形成需要通过电子技术、服务器和电能等获取相关事物的表示，并且利用数字比特固化

① 中国信息通信研究院. 数据要素白皮书（2022 年）. 2023：1.

下来。通过对数据有关或者其描述的对象（即数据源）进行数字化记录、描述和呈现，将数据与所描述对象分离，实现描述对象的数据化，才能实现数据生产。[1] 随着信息技术特别是物联网、传感器的发展，描述对象的数据化采集过程的成本不断下降。数据甚至变成一种副产品[2]，随着用户与信息系统的交互被自动采集，数据采集的成本进一步下降，但是数据的生产过程依旧需要相关采集技术和系统的开发和投入才能进行。特别是为满足特定需求而采集构建的数据，其需要投入的成本更加显著。因此数据的生产本身是需要投入的，具有成本性。

其次，数据具有多维性和复杂性。针对同一个描述对象，在不同时间、采用不同采集工具、利用不同采集方式、通过不同交互方式均可能产生多样化的数据记录，这些数据共同构成了对同一对象的数字化描述。这些数据的结构可能各异，甚至从内容逻辑层面来看也杂乱无章。只有对这些原始数据进行关联分析比对等进一步的处理，才能够形成围绕同一对象的数据集，成为后续可以利用的数据资源。因此，数据要素化过程中，将数据进行整理形成数据资源的过程需要对同一对象的多维数据进行有效融合，才能保证生成的数据资源的质量。

最后，数据和数据资源都具有虚拟性、无形性，是依赖于介质载体存在的无形资源。只有将数据资源存储在相应介质上，并通过设备显示，数据资源才能以更加直观的方式被人们感知、度量、传

---

① 高富平. 数据生产理论——数据资源权利配置的基础理论. 交大法学，2019（4）：5－19.

② Prüfer J, Schottmüller C. Competing with big data. The Journal of Industrial Economics，2021，69（4）：967－1008.

输、分析和应用。为了维持数据本身的存在，数据和数据资源的存储也需要相应的成本投入。

因此，数据本身并不是天然存在的，是需要经过生产（包括采集、存储）才能形成对描述对象的数字化记录。而且这些数据并不等于数据资源，只有通过资源化处理（包括管理分析数据集、数据正确性检验等）才能形成可用的数据资源。这也就意味着，数据资源的资源化生产过程需要经过原始数据的采集、数据资源的整理以及相应的存储，这是一个必须正视的阶段。正是因为缺乏对数据资源化过程的充分投入，进入后续阶段的数据资源存在完善性、全面性、合法性、唯一性等多种数据质量问题，严重影响数据资源的价值释放以及导致相关成本的重复投入。

不仅数据资源的生产过程需要成本的投入，数据资源的开发过程也需要相应的支撑，比如为应用场景寻找数据资源、为数据资源寻找应用场景、开发相关数据服务以及模型服务、寻找合作伙伴等。数据资源服务的利用同样需要考虑不同服务之间的协同与整合，只有这样才能满足具体业务的实际需求，持续集成发挥数据服务的价值，最终形成核心竞争力。

更重要的是，数据要素化过程中，围绕数据资源生产、开发和利用过程所需投入的成本可能会相互影响。例如，数据资源生产环节增加成本投入以提高产出的数据资源的质量，能够大幅降低数据资源开发和利用过程中的成本，而数据资源开发环节的有效投入可以提高数据服务的质量和可集成性，引导数据资源更高效地生产，降低数据资源服务利用环节所需投入的成本。

总之，数据要素化过程不是一个平凡的、自然而然产生的进程，而是需要有效的理论、方法和技术体系的支撑，才能高效地释放数据的价值。正是因为当前相关理论、方法和技术体系的不足，数据危机日益凸显。

1.2 数据危机的挑战

1.2.1 数据危机的由来

伴随数据资源极大丰富，但相关理论、方法和技术体系不足而来的是日益凸显的数据危机，这严重制约着数据资源的可持续开发利用。数据危机已成为不可忽视的关键问题。数据危机是指对数据认识不足、理论缺失、治理不善、技术能力不够等原因导致数据从产生到应用的过程中出现一系列严重问题和隐患，大大掣肘了数据价值的释放。因此，受制于当时的知识、技术和工具，每代人都会遇到数据危机。

历史上，最早的数据危机源于工业时代面临的海量数据。工业革命之前，由于生产工具和技术落后，面对海量的数据，人们无法完整地记录下来，只能有选择地记录下有价值的信息。现代意义上的数据危机发生在 19 世纪中后期，当时全球工业革命蓬勃发展，全球性贸易大繁荣，而记录和管理这些商品、财富和人口信息的技术却远远赶不上工业社会进步的步伐。其中最典型的是人口普查难题：美国 1880 年开展的人口普查耗时 8 年才完成数据汇总。①

---

① 何宝宏. 数据危机. 人民邮电报，2021－11－19. https://www.cnii.com.cn/rmydb/202111/t20211119_324321.html.

随着时间的推移，不仅人口数据处理越来越复杂，军事、科学和商业等更多领域的数据也在持续增长，通用电子计算机由此诞生，对海量数据进行简单统计处理不再是难题。然而，计算机硬件能力以摩尔定律呈指数级增长，而软件的生产方式还很原始，生产效率相对低下，导致 20 世纪 60 年代软件危机爆发，业界开始将主要注意力从硬件转向软件。这时，复杂的数据库管理软件只是软件危机的一部分。软件危机最初的定义是为了提高软件的生产效率，但后来演变成强调如何提升软件的质量。软件危机主要表现在以下几个方面：超预算项目、超时开发项目、软件运行效率低下、软件质量无法保证、软件不符合客户要求、项目管理指南缺失、代码维护困难和软件从未交付等。软件危机促成了软件工程的诞生，使程序员的编程从手工作业走向工程化。20 世纪 70—90 年代，软件的每一项新技术和新实践都被吹捧为解决软件危机的灵丹妙药，但事实上，所有已知的技术和实践都只是渐进式地提升了软件生产效率或质量。

进入 21 世纪，软件危机的说法逐渐淡出。这不是因为软件危机解决了，而是因为人们对软件危机产生了心理疲劳，并且新的危机出现了。在过去的 20 余年中，硬件技术、软件技术和网络技术等都在飞速发展，全球数据以平均每年 50％的速度飞速增长，随着数智时代的来临，新一轮数据危机开始出现。据 2021 年 4 月发布的《国家数据资源调查报告（2020）》，2019 年我国数据产量总规模为 3.9ZB，同比增加 29.3％，占全球数据总产量（42ZB）的 9.3％。人均数据产量方面，2019 年我国人均数据产量为 3TB。数据来源结构方面，数据资源主要由行业机构及个人持有的各类设备产生，其中行业机构一直占据数据资源生产的主体地位。2019 年，我国行业机构数据产量达到 3ZB，占全国数据总产量的 76.9％，个人数据产量占 23.1%，数据出现井喷式增长。数据正在改变人们的生产、生活和消费模式，推动各行业各领域的数字化变革进程，对经济发展、社会生活和国家治理发挥重要作用。在此背景之下，数据（特别是非结构化数据）的快速增长已无法用现有技术（尤其是关系型数据库技术）工具进行有效的加工处理。于是催生了大数据技术，旨在从技术层面解决处理海量数据的问题。但是，数据产业在通过各种技术手段应对“大”危机后，隐私保护的新危机逐渐凸显，这涉及个人数据的使用问题，可以称为数据危机 2.0。而随着人工智能技术的新一轮快速发展，数据隐私保护、数据伦理、数据侵权等挑战也随之而来。可以说，当今数据危机的形态以及带来的挑战正在不断发展。然而，我们仍大致处于从数据手工艺到数据工程的演进中，能够有效应对层出不穷的数据危机的理论、方法、技术和工具等尚未成熟。

任何一个时代都有数据危机。也许在多年以后，当数据产业解决了隐私危机之时，可能还会引发新的危机，进而迈入数据危机 3.0 时代。彼时，危机的产生可能是因为数据的生产要素化取得了巨大成功，数据已经成为大宗商品，甚至可以实现大量的数据衍生品在金融市场上量化交易，从而引发新一轮的金融危机。20 年前引发金融危机的是互联网泡沫，可以设想一下，或许 20 年后，引发金融危机的是数据泡沫。

1.2.2 数据危机的挑战

目前，数据危机的挑战主要包括以下四个方面。

（1）数据质量不高，数据价值发挥有限。随着数字化进程的加速和数据采集手段的发展，大量数据被生成。然而，这些数据往往质量不高，无法直接应用于实际场景，需要进行大量数据清洗修正才能使用。例如，笔者在调研中发现，在一个典型的市域智慧城市项目中，需要根据超过 100 项的业务问题和 20 项以上的参考规范进行数据质量稽查，形成超过 300 项的稽查规则，从中筛选识别出超过 4 000 万条的问题数据记录，在此基础上总结生成超过 200 项的清洗转换规则，最终才能对超过 40 亿的“脏数据”进行有效的清洗和修正。因此，数据质量问题成为数据价值发挥的一个典型挑战。保障数据质量是实现融合应用、释放数据资源有效价值、促进数字经济发展、增强经济韧性的关键环节，为此，《“十四五”数字经济发展规划》明确提出数据质量提升工程，以提升基础数据资源质量、培育数据服务商以及推动数据资源标准化工作。

（2）数据流通规则不明，数据开放共享利用低效。数据在流通使用过程中才能实现价值的增加和放大。尽管国内外政府在“开放政府数据”行动上已经实践多年，并且提供了大量公共数据，但大部分开放政府数据行动均面临提供的数据缺乏有效价值的挑战。①而企业之间的数据流通则往往基于合同安排，通过开放应用端口，以“各方合意”为前提进行分享流通，属于点对点的流通，无法充分挖掘数据的潜在价值，并且规模相对较小。而且不分享有价值的数据是很多企业自然的选择，企业没有动力分享高价值特别是能够成为竞争优势的数据资源。为了获取有价值的数据，往往需要行走在灰色地带几乎成为共识。事实上，当前国家之间、政府部门之

---

① Kuang-Ting Tai. Open government research over a decade: a systematic review. Government Information Quarterly, 2021, 38 (2): 101566. https://doi.org/10.1016/j.giq.2021.101566.

间、企业之间、政府与企业之间的数据流通壁垒林立，共享利用低效。①

（3）数据权属不清，红利普惠不足。数据确权被认为是数据价值释放的关键基础之一。由于在现实生活中，企业往往通过用户服务协议、隐私协议或者个人信息保护协议等方式获取用户的授权，获得用户的个人信息。这些个人信息被当成用户使用企业服务的副产品，在便利用户使用数字产品的同时，也逐渐累积其产品运营者（企业/组织）的数据垄断优势。② 为了最大化这一数据垄断优势，企业/组织可能会最大化这类“副产品”，导致隐私数据过度采集，企业/组织则进一步扩大数据垄断，加强数据市场集中。先入者形成的数据垄断甚至成为创新的阻碍因素。③ 例如，超级网络平台在一定程度上抑制了数字经济释放的红利对中小微企业的辐射。

（4）数据安全底线不清，数据泄露事故频发。当前数据泄露事故日益猖獗。威瑞森（Verizon）近三年的数据泄露报告显示，2022 年数据泄露事件高达 5 199 件。④ 更重要的是，数据泄露事故不仅影响受害者本身，而且会沿着供应链传播到上下游。比如 2019 年美国医疗信息收集巨头 AMCA 泄露超过 2 000 万患者的数据，不仅影响了 AMCA 自身，同时也影响到了使用 AMCA 服务的其他公

---

① 梅宏. 数据治理之论. 北京：中国人民大学出版社，2020：43.

② Prüfer J，Schottmüller C. Competing with big data. The Journal of Industrial Economics，2021，69（4）：967－1008.

③ Graef I，Prüfer J. Governance of data sharing：a law & economics proposal. Research Policy，2021，50（9）：104330.

④ Verizon. DBIR：2023 Data Breach Investigations Reports. 2023－04. https://www.verizon.com/business/resources/reports/dbir/.

司，影响范围波及超过 29 家各个行业的公司。[①] 此外，大量泄露的数据进入数据交易黑色地下产业链，导致地下产业链规模不断扩大、产值不断增加，形成了完整的生态。更重要的是，这些泄露数据使得精准化、智能化网络攻击和诈骗等成为现实。例如，2023 年 4 月，AI 换脸视频在短短 10 分钟内就成功诈骗了 430 万元。[②] 另外，数据主权之争越发激烈。国家数据安全愈发成为数字时代国家安全的重要一环。担心开放的公共数据可能带来潜在的国家安全风险是影响数据资源开放共享的一个重要因素。而部分企业的数据安全底线不清，安全意识不强。滴滴出行的突击美股上市以及启动美股退市就是一个不重视数据安全底线的典型案例。[③]

1.2.3　数据危机的根源

数据危机，究其根本，源于数据资源本身以及数据价值释放过程的特性。数据的价值后验性和可复制性使得数据资源的价值与风险成为一对对立统一的矛盾体。而数据资源价值的间接网络效应、价值分配获取的非对称性、风险的级联外溢性导致国家、企业和个人这三类主体在数据价值释放过程中价值与风险的不一致。我们将在第 2 章和第 3 章深入讨论数据资源和数据价值的特性。

1. 数据资源价值与风险的对立统一

从对立的角度来讲，数据资源的价值需要通过加工和开发利用才能体现出来。过度强调数据资源安全将导致数据资源无法得到有

---

① Kelly Sheridan. The Ripple Effect of Data Breaches：How Damage Spreads. DarkReading. https://www.darkreading.com/threat-intelligence/the-ripple-effect-of-data-breaches-how-damage-spreads.

② https://new.qq.com/rain/a/20230812A06BUO00.

③ www.zhihu.com/question/503306262.

效的开发利用。另外，数据资源开发利用过程中不可避免地会带来安全风险，忽略这些数据安全风险将会导致数据资源的价值大打折扣。然而从统一的角度来讲，一方面，当且仅当数据资源具备足够的开发利用的价值时，数据资源的主体才会有动力去切实地保护数据资源；另一方面，只有当数据资源得到合理的安全保护时，数据资源才能可持续地释放价值。因此，数据资源价值与风险的对立统一的缺失成为数据危机的关键诱因。

2. 国家/政府、组织/企业和个人/个体等多主体数据价值与风险的协同

从多主体协同层面，国家/政府、组织/企业和个人/个体等各类主体均参与到数据资源的开发利用过程当中，然而不同类型的主体对数据的价值和风险的诉求是不一致的。

在国家/政府层面，数字经济已经成为国民经济的重要组成部分，充分开发利用数字资源是促进国民经济长足发展的战略需求。数据主权事关国家总体安全，是数字时代大国博弈的重要组成部分，避免数据风险的级联外溢以及数字市场垄断带来的系统性风险同样是国家的关切。

在组织/企业层面，组织/企业必然希望通过各种机制获取和积累相关数据资源。维护基于数据资源构建起来的数字竞争力是组织/企业的核心诉求，其会避免在数据资源开发利用过程中影响其数字竞争力。

在个人/个体层面，个人在使用相关数字产品、享受数字产品带来的便利的同时，也面临着个人隐私数据作为附属产品被组织/企业收集，进而导致个人隐私泄露的风险。

更重要的是，国家/政府、组织/企业以及个人/个体在数据价值和风险的诉求上存在错位，并不一定完全一致。例如，国家/政府希望数据资源尽可能地流通以释放价值，而组织/企业则要保护数据资源为其带来的竞争优势。组织/企业倾向于尽可能多地收集用户的个人信息以提升潜在价值和数字竞争优势，而这可能带来个人隐私泄露等安全风险。国家/政府、组织/企业和个人/个体在数据价值和风险上的不一致，同样是导致数据危机日益凸显的关键。

1.3　跨域数据治理

作为应对数据危机的科学，数据治理需要促进数据价值与风险的统一以及多方主体之间的协同。因此，数据治理以数据为对象，在确保数据安全的前提下，建立健全规则体系，理顺各方参与者在数据流通的各个环节的权责关系，形成多方参与者良性互动、共建共享共治的数据流通模式，从而最大限度地释放数据价值，推动国家治理能力和治理体系现代化。[①] 特别是，与传统的以单一主体为视角的数据管理相比，数据治理更加强调多元主体。更为重要的是，在数智时代，伴随多方主体视角而来的将是跨域带来的挑战。

1.3.1　从数据管理到数据治理

在数智时代，单一数据的价值相对有限。作为有效生产要素的数据集合往往具有数量大、类型多、价值密度高、时效要求高等特点，特别是通过多方主体协同，多方数据融合往往能够更好地释放

① 梅宏. 数据治理之论. 北京：中国人民大学出版社，2020：66.

数据的价值。而数据具有易泄露、难管理、难流通等特点，为此数据治理能力变得至关重要。提到数据治理，我们需要明晰另一个概念——数据管理。厘清二者的区别与联系能为科学认识数据治理提供参考。

1. 数据管理的概念界定

数据管理（data management）的概念是伴随着 20 世纪 80 年代数据随机存储和数据库技术的使用使得计算机系统中的数据可以方便地存储和访问而提出的。数据管理是指通过规划、控制与提供数据和信息资产职能（包括开发、执行和监督有关数据的计划、政策、方案、项目、流程、方法和程序）来获取、控制、保护、交付和提升数据与信息资产的价值。

2015 年 2 月，EDM Council 发布了数据管理能力评估模型 DCAM，定义了数据能力成熟度评估涉及的能力范围和评估准则，从战略、组织、技术和操作的最佳实践等方面描述了如何成功地进行数据管理。2015 年，国际数据管理协会（Data Management Association International，DAMA）在 DMBOK2.0 知识领域将数据管理职能扩展为 11 个，分别是数据治理、数据架构、数据建模和设计、数据存储和操作、数据安全、数据集成和互操作、文件和内容管理、参考数据和主数据、数据仓库和商务智能、元数据、数据质量（见图 1-3 左图）。在借鉴国际理论经验的基础上，结合我国自身实际探索数据治理的模型和方法，2018 年 3 月中华人民共和国国家质量监督检验检疫总局和中国国家标准化管理委员会正式发布了《数据管理能力成熟度评估模型》（DCMM）（GB/T 36073—2018）国家标准（见图 1-3 右图），为我国各行业领域的有关单位开展数据管理、数据治理建设提供了重要依据。

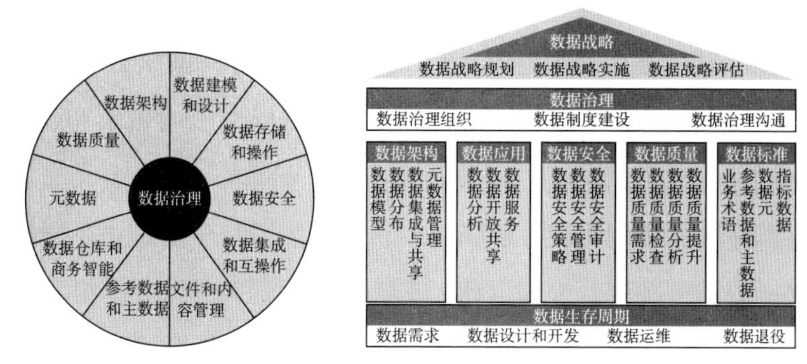

图 1-3　DAMA 数据管理框架和 DCMM 成熟度评估模型

数据管理以"单一主体"为主要视角，对本单位掌握的数据采取一系列数据管理活动，以保障本单位数据有序、高效地管理和运转。

2. 数据治理的概念界定

数据治理的发展由来已久，伴随着大数据技术和数字经济的不断发展，政府和企业拥有的数据资产规模持续扩大，数据治理得到各方越来越多的关注，被赋予更多使命和内涵，并不断取得长足发展。

《信息技术 大数据 术语》(GB/T 35295—2017) 将数据治理定义为对数据进行处置、格式化和规范化的过程。其认为，数据治理是数据和数据系统管理的基本要素，数据治理涉及数据全生存周期管理，无论数据是处于静态、动态、未完成状态还是交易状态。

《信息技术服务 治理 第 5 部分：数据治理规范》(GB/T 34960.5—2018) 将数据治理定义为数据资源及其应用过程中相关管控活动、绩效和风险管理的集合。

在国际数据治理研究所 (DGI) 的数据治理框架中，数据治理是指行使数据相关事务的决策权和职权。而更加具体的定义则认为数据治理是一个通过一系列信息相关过程来实现决策权和职责分工的系统，这些过程按照达成共识的模型来执行，该模型描述了谁（who）能根据什么信息，在什么时间（when）和情况（where）下，用什么方法（how），采取什么行动（what）。

国际数据管理协会（DAMA）认为，数据治理是建立在数据管理基础上的一种高阶管理活动，是各类数据管理的核心，指导所有其他数据管理功能的执行。在 DMBOK2.0 中，数据治理是指对数据资产管理行使权力、控制和共享决策（规划、监测和执行）的一系列活动。

2019 年中国信息通信研究院发布《数据资产管理实践白皮书（4.0 版）》，从数据资产管理的角度，强调规划、控制和提供数据及信息资产的一系列业务职能，包括开发、执行和监督有关数据的计划、政策、方案、项目、流程、方法和程序，从而控制、保护、交付和提高数据资产的价值。

除了以上数据治理概念的典型定义之外，各领域、各行业都有各自的理解和认识，目前尚未达成共识。关于数据治理的概念界定，目前主要存在两种视角的定义。

一种是狭义的数据治理，主要是指对数据进行治理的技术与活动，是组织内部对数据的处理与应用进行规范化的管理过程。数据治理的最终目标是提升数据的价值，它是实现组织战略的基础，由管理体系和技术体系共同组成，包括组织、制度、流程、技术支撑工具等。

另一种是广义的数据治理，它对狭义数据治理的概念进行了延伸，是通过多样化治理手段激活与释放数据要素价值的一套行为体系，是发展数字经济的关键所在。广义上认为数据治理是企业、政府、社会、市场等多方参与主体，通过技术、制度、人员、法律等多种方式，实现提升数据治理与应用价值、促进数据资源整合与流通共享、保障数据安全等目标的一整套行为体系。

可见，狭义的数据治理依旧着眼于单个组织内部，而广义的数据治理则强调多方参与主体，更加契合我们的探讨。因此，本书主要从广义的数据治理的视角展开。

3. 数据治理的核心内容

数据治理不同于数据管理，正如习近平总书记所指出的，“治理和管理一字之差，体现的是系统治理、依法治理、源头治理、综合施策”。[①] 治理源于拉丁文的“掌舵”一词，它是指政府掌握和操作的某种行动。治理是联合行动的过程，强调协调而不是控制；治理是存在着权力依赖的多元主体之间的自治网络；治理的本意是服务，通过服务来达到管理的目的。治理是决定谁来决策，而管理就是制定和执行，二者之间的具体区别详见表 1-1。[②]

表 1-1　数据治理与数据管理的区别

数据治理	数据管理
双向、多向互动	单项管理
多元经济主体（个人数据主体、政府机构、监管机构等）	单一主体
自上而下或平行运行的平衡协调	自上而下地控制
社会性、政治性和国际性	技术经济维度

① 魏礼群. 实现从社会管理到社会治理的新飞跃——习近平总书记关于社会治理重要论述的思想内涵. 北京日报，2019-03-18. http://www.q5theory.cn/llwx/2019-03/18/c_1124248141.htm.

② 梅宏. 数据治理之论. 北京：中国人民大学出版社，2020：65.

数据治理以数据为对象，由于数据的来源、流通具有高度复杂性，因此数据治理是一个复杂的过程，包括数据采集、归集存储、分析处理、数据产品和服务定价与分配等多个复杂的流通环节，涉及数据生产者、数据采集者、数据管理者、数据平台运营者、数据加工利用者、数据消费者等多元参与主体（政府、市场、社会），是一个复杂的动态变化过程。数据治理的核心在于治理，目的是保障数据有序运转。为此，我们采用《数据治理之论》中对数据治理的界定：数据治理以数据为对象，是指在确保数据安全的前提下，建立健全规则体系，理顺各方参与者在数据流通的各个环节的权责关系，形成多方参与者良性互动、共建共享共治的数据流通模式，从而最大限度地释放数据价值，推动国家治理能力和治理体系现代化。

基于上述概念，我们可以明确数据治理的几个核心内容。

一是以释放数据价值为目标。数据治理的首要目标是通过系统化、规范化、标准化的流程或措施，促进数据的深度挖掘和有效利用，从而将数据中隐藏的巨大价值释放出来。

二是以数据资产地位的确立为基础。由于数据治理以数据为对象，那么作为核心要素，数据在社会经济发展中所处的地位直接决定了围绕数据的各项活动的开展方式、流程等。

三是以数据管理体制机制为核心。数据治理的重点在于建立健全规则体系，形成多方参与者良性互动、共建共享共治的数据流通模式，因此，围绕数据的各项管理体制机制的建立和完善是当前国家、组织、企业等各类主体的核心。

四是以数据共享开发利用为重点。数据治理的目标在于保障数据的有序流通，进而不断释放数据的价值。而数据流通的主要活动包括数据共享、开放以及有序地开发利用等，这也成为当前阶段数据治理工作的重点。

五是以数据安全与隐私保护为底线。数据治理要以国家、企业和个人的信息安全为前提，否则再好的治理模式也是有违社会正义的。因此，数据安全与隐私保护的各项活动是数据治理的底线保障。

1.3.2　跨域数据治理的提出

近年来，以数据为核心的数字经济蓬勃发展，但“数据孤岛”问题仍普遍存在于政务、教育、医疗、商业等行业中（如跨省市医保等问题），严重制约了数字化社会的进一步发展。数据的价值遵循著名的梅特卡夫定律（Metcalfe's law）：网络节点越多、每个节点价值越大，增值越大（呈指数级增长）。要使数据价值最大化，就需要打破“数据孤岛”，促进数据要素的共享与协同。数据要素的共享与协同要求多个数据市场主体为了实现共同的目标，通过共同的努力实现数据价值的最大化。因此，在当今时代，关注多个主体之间的共享与协同已经成为数据治理的关键内核。为此，在数据治理的基础上，数据要素跨域、高效、安全的共享与协同的需求和挑战催生了跨域数据治理。

跨域对我国有着关键的战略意义。国家陆续启动的南水北调、西气东输、西电东送等重大工程支撑了物理世界资源的跨域管理。2022 年初，国家完成全国一体化大数据中心体系总体布局设计，正式启动“东数西算”工程，在京津冀、长三角、粤港澳等八大区域部署国家算力枢纽节点，建设全国一体化算力网络。这一系列重大举措为数字世界的数据跨域共享与协同提供了重要的基础设施，为跨域数据治理提供了基本条件。

相比数据治理，跨域数据治理在数据治理对象、数据处理架构、治理组织职能、数据管理措施、数据应用范围等方面呈现出多层次、多形式、大范围等特点。围绕数据资产、共享开放、安全与隐私保护等数据技术应用的新需求，跨域数据治理更加强调多个组织之间的数据治理范畴。如图1-4所示，在数据通信层面，需要应对跨空间域的挑战，体现为不确定性网络问题；在数据建模层面，需要应对跨管辖域的挑战，体现为异构模型融合问题；在安全隐私层面，需要应对跨信任域的挑战，体现为隐私计算问题。①

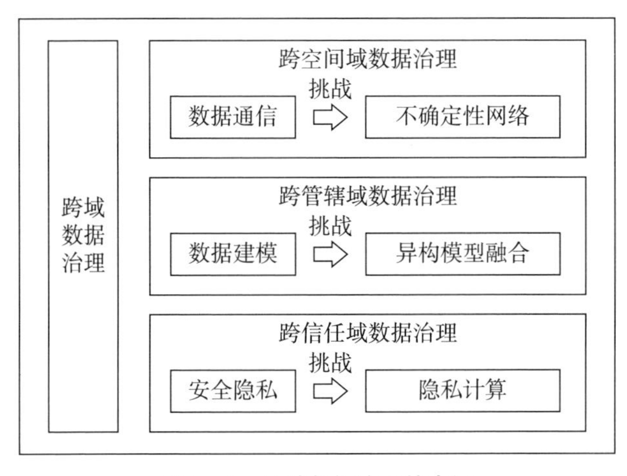

图1-4 跨域数据治理的内涵

1. 跨空间域数据治理

地域间的远距离决定了跨地域网络传输具有较高的基础时延（通常为几十到几百毫秒），而广域网数据的端到端传输和介质共享特性也为数据传输时延带来不确定性。跨地域将显著影响分布式数据管理系统的事务处理效率，导致性能显著下降甚至不可用。因

---

① 柴云鹏，李彤，范举，等. 跨域数据管理的内涵与挑战. 中国计算机学会通讯，2022，18（11）：29-33.

此，跨空间域数据治理需要减少不确定性网络对事务处理等关键操作的性能的影响。

2. 跨管辖域数据治理

数据治理跨越多个数据管辖域，这些数据管辖域的数据类型、模式和标准不统一，呈现异构特征。为了更好地支持全国范围内的数据要素共享与流通，跨域数据治理迫切需要广域范围内的统一查询体系，但统一查询非常复杂，且存在模型异构性、查询语言多样性、语义异构性等严峻挑战。因此，跨管辖域数据治理需要实现异构数据和模型的高效融合。

3. 跨信任域数据治理

跨域数据有不同的归属，数据所有者有版权保护、隐私安全的考虑，无法简单地将所有数据集中获取、处理和存储，全国大范围的数据集中、数据存储和访问等压力也非单一数据管理系统可以承受。因此，跨信任域数据治理需要实现隐私计算以支持不同信任域之间安全的数据流通。

1.3.3　跨域数据治理的进展

面对跨域数据治理中跨空间域、跨管辖域和跨信任域的挑战，近年来，国内外产业界、学术界在相关理论、方法和工具上取得了一些显著的进展。

1. 在跨空间域数据治理上

为了缓解跨地域通信中时延不确定性对数据管理性能的影响，当前主要存在三方面的探索。

（1）优化分布式数据管理过程，尽可能减少网络中传送信息的次数和数据量，例如将同步操作尽可能转换成异步操作，减少高时延低带宽网络带来的性能开销。

（2）优化网络传输通道，降低广域网传输的不确定性。首先需要以用户为中心构建骨干网、城市群、城市内等多级时延圈，满足不同业务诉求，并且可以根据业务属性进行调度。这种通过网络架构构建的低时延圈只能保障静态时延的确定性，而业务动态运行时的时延确定性则需要通过确定性低时延传输技术进行保障。当前业界提出了 IEEE 802.1 时间敏感网络和确定性网络，分别在数据链路层和网络层通过资源预留实现确定性数据传输。然而，广域网中的链路和中间节点是不可控的，链路层和网络层资源预留与时间同步的方案开销大，在广域网中难以部署。针对广域网，华为提出了基础网络架构 New IP，包含确定性 IP 和新传输层技术，但是其对现有网络改动较大，规模部署困难。因此，基于现有的 IP 架构进行面向确定性低时延传输技术的创新和平滑演进，仍然是当前实现高性能跨地域数据管理的当务之急。

（3）优化分布式事务和分布式共识协议等，特别是减少网络传输轮次，并与新兴网络技术紧密结合，协同优化。

2. 在跨管辖域数据治理上

面对模型各异、松散耦合、彼此自治的异构性挑战，当前主要从跨域数据的统一查询与优化，以及跨域异构大数据的语义融合两个方面进行探索。

（1）针对跨域数据查询，多存储数据库系统受到了广泛关注，其目标是提供对多个异构数据库（如关系型数据库、NoSQL 数据库或文件系统）的统一访问，其中松耦合多存储系统采用“中介器-包装器”架构：用户使用统一的查询语言进行查询；中介器将查询转换为若干子查询，每个子查询对应一个异构数据库，由相应的包装器负责处理；包装器将子查询翻译为自身数据库的查询语言，并反馈查询结果；最终，系统将来自包装器的结果进行集成并返回给用户。与松耦合多存储系统相比，紧耦合多存储系统的查询处理器可以在查询执行期间直接访问底层数据库，并使数据在不同数据库之间进行高效移动，从而优化整体的查询性能。混合系统结合了松耦合系统与紧耦合系统的优点，例如前者可以更好地支撑异构数据库，而后者能够直接通过其接口高效地访问某些数据。

（2）针对异构数据融合，大规模高质量数据融合成为关注的重点。特别是通过"人在回路"（human-in-the-loop）机制，可以充分利用人的认知推理能力和机器的计算能力，解决大规模数据源的语义融合难题。"人在回路"的数据融合技术近年来也备受工业界与学术界的重视，包括沃尔玛、阿里巴巴在内的多家企业也尝试利用"人在回路"的方法解决大规模的数据融合难题。学术界主要研究如何通过有效的人机交互机制，高效高质地完成数据转换、清洗、集成等相关操作，实现大规模数据融合任务的提质增效。

3. 在跨信任域数据治理上

许多新兴技术为实现信任域间数据安全高效共享开辟了新思路。

（1）数据联邦在一定程度上解决了"数据孤岛"问题，使各数据拥有方能够在保护隐私的前提下完成联合查询。联邦计算凭借"数据不动计算动"的核心思想，将任务拆分至各方，自行完成计算，最后汇总结果，避免敏感数据的跨域访问和传输。

（2）提出了全同态加密（FHE）、安全多方计算（MPC）、差分隐私（DP）等新型隐私计算软件技术，但其通信开销巨大，需权衡实用性和保障性。

（3）基于硬件的可信执行环境（TEE）在硬件和操作系统层面为数据和程序提供隔离的运行环境，避免不可信的窃取或篡改。

（4）以 TEE 为代表的新型硬件技术为密态数据处理系统注入了新的活力，可确保在所有状态（使用、传输、静态存储）下的数据保护。

（5）跨域数据共享对安全性和隐私保护的严格要求与区块链去中心化和留痕不可篡改的特性高度符合，因此一些研究以区块链作为底层数据库来实现多信任域分布式系统。

然而，跨域数据治理的探索依旧任重而道远，在实践过程中依旧面临着理论、方法和工具上的不足，特别是大部分方法和工具相对分散，往往为应对实践过程中面临的某些特定问题和挑战而开发，整体性有所欠缺。因此，本书着眼于跨域数据治理典型场景的实践，结合团队在相关核心技术上的突破，探索一套成体系的理论和方法，从而更高效地支撑当前正在迅速发展的跨域数据治理实践。

1.4 跨域数据治理典型场景

为了更成体系地讨论跨域数据治理的理论、方法和技术体系，我们介绍当前两个典型的跨域数据治理的应用场景，包括公共数据授权运营、数据驱动的智慧城市治理。

1.4.1　公共数据授权运营

公共数据体量大、价值高，是国家数据要素体系的重要组成部分，且其产生过程、管理方式、内容特点等方面有别于企业和个人数据，相较而言权属结构更为清晰，因此最有可能通过确权授权以及运营的方式实现公共数据的共享、流通以及价值释放。公共数据授权运营是指政府、公共组织将拥有或管理的一系列公共数据资源，通过合理的授权机制，授权给第三方组织或者机构，让其对公共数据资源进行开发利用以及运营，从而释放公共数据资源的价值，推动经济社会的发展。公共数据授权运营的跨域主要体现在以下几个方面。

1. 跨地区性

跨地区性是跨域数据治理“跨空间域”在公共数据授权运营场景中的体现。不同地区的公共数据有不同的特点，因此也会形成不同的公共数据产品，并且托管在各自的数据中心。在公共数据运营市场中，不同的数据使用者可以根据自身需求获取不同地区的公共数据产品，因此需要应对跨地区的问题。

2. 跨行业性

跨行业性是跨域数据治理“跨管辖域”在公共数据授权运营场景中的体现。在单个行业领域内，公共数据的应用场景和价值可能有限，然而通过与其他不同行业领域的数据进行交叉融合，可以产生新的场景应用方向，创造新的价值，成为新的选择。例如，银行等金融机构在获得经济和信息化局的授权后，根据获得的个人信用数据，再与自身数据资源结合，就可以开发出面向不同人群的金融产品和服务。交通数据资源、天气数据资源以及应急救援数据资源的有效融合能够为高速公路出行提供高效、准确的紧急救援服务和天气预警服务。但是不同行业对数据有着各自的定义，各自维护自身的数据模型，对于同一对象往往有着不同的模型和表征，异构特性凸显，因此跨行业的数据资源融合和场景的构建是一个需要应对的关键挑战。

3. 跨组织性

跨组织性是跨域数据治理“跨信任域”在公共数据授权运营场景中的体现。在公共数据授权运营过程中，政府、事业单位等公共服务机构是公共数据资源的提供者，第三方的企业/组织是运营服务者，同时，也会有一些需要公共数据资源的企业或个人来进行开发和利用。授权运营需要多个主体之间的协同合作，数据资源需要在不同的组织间流通才能有效地释放公共数据的价值。例如，政府将公共数据授权给高校或者研究机构，高校或研究机构将授权的数据用于科研研究，作为回报，它们可以为政府政策的制定提供科学依据。这种跨组织共享合作能够充分利用各方的专业知识和资源，但是不同组织对数据资源有着不同的管控水平，有效管控在不同组织间流通共享的数据资源是实现公共数据授权运营必须应对的挑战。

当前，各地方、各行业都在积极探索公共数据授权运营，并且取得了一定进展。但在机制设计、授权方式、数据运营和收益分配等方面仍存在一些瓶颈问题亟待解决，解决这些问题需要成体系的理论和方法的支撑。在后续章节中，我们将会详细介绍当前在公共数据授权运营中跨域数据治理的实践应用。

1.4.2 数据驱动的智慧城市治理

数据驱动的智慧城市治理是一种基于信息技术和数据分析的城

市管理方法，旨在通过收集、整合和分析城市各个领域的大量数据，优化城市的运行和发展。该方法利用先进的数据采集技术、传感器网络、物联网等手段，获取包括交通流量、环境污染、能源消耗、人口分布等多方面的数据，从而形成全面而精细的城市数据图景。

在数据驱动的智慧城市治理中，数据被视为一种宝贵的资源。通过运用数据分析、机器学习和人工智能等技术，城市管理者可以深入了解城市的运行情况，预测未来趋势，发现问题并提出解决方案。这有助于实现城市的智能决策，提升公共服务效率，改善居民的生活质量。这一方法涉及多个方面的应用，包括但不限于交通管理、环境监测、城市规划、灾害响应等。例如，通过分析交通流量数据，可以优化道路规划和信号灯控制，减少交通拥堵；通过监测空气质量数据，可以采取相应的环境保护措施，改善城市空气质量。此外，数据驱动的智慧城市治理还可以促进政府、企业和公众之间的合作，共同推动城市的可持续发展。数据驱动的智慧城市治理中的跨域特性主要体现在以下几个方面。

1. 跨数据中心性

跨数据中心性是“跨空间域”特性在智慧城市治理场景中的主要体现。智慧城市治理涉及多个领域，如交通、环境、能源、社会等。围绕各个领域，不同的业务部门已经构建了相应的信息系统，并且运行在各自的数据中心上，从而体现出跨空间域特性。近年来，随着城市级数据中心、云平台、边缘网络等技术的发展和基础设施的建设，在智慧城市治理场景中，城市内部跨空间域的挑战已经得到了比较有效的处理。然而，随着区域一体化建设的加速，跨城市域的协同治理需求正在日益凸显，跨空间域的挑战在跨城市域的场景中依旧存在。

2. 跨业务场景性

跨业务场景性是“跨管辖域”特性在智慧城市治理场景中的主要体现。城市治理涉及多个业务领域，数据驱动的智慧城市治理场景往往需要整合来自这些不同领域的数据，从而形成全面的城市数据图景。例如，将交通流量数据、环境污染数据和社会经济数据进行整合分析，可以衡量城市可持续发展的程度；将区域通信数据和社会经济数据整合，可以体现城市的创新发展能力等；将城市地理信息数据、网格员管理数据、社区关键区域监控数据整合，可以提升城市社区案件治理能力。而构建这些场景需要有效融合来自不同业务领域的异构数据，在实际应用中，由于时效性、粒度不同等因素的影响，这些异构数据可能存在不一致性。更重要的是，智慧城市治理过程中的治理场景并非一成不变，而是随着城市的发展不断迭代更新。突发性的治理场景时有发生，如何满足突发性治理场景的应用的快速构建是智慧城市治理一个必备的能力。

3. 跨管理职责性

跨管理职责性是“跨信任域”特性在智慧城市治理场景中的主要体现。现代城市面临的问题往往是复杂的、跨领域的，解决这些问题需要综合性的方案，涉及多个政府部门、企业和社会机构的合作。综合性治理方案往往需要这些不同部门相互协作，共享共建、共同分析相应的数据资源才能形成合力。例如，交通管理部门、环保部门和城市规划部门需要跨部门合作，共同应对交通拥堵和环境污染等问题。而这些不同部门收集、掌握着不同领域的数据，具备各个领域数据的分析能力，并且有着各自的管理权责。如何实现这些跨管理域部门在数据治理上的有效协同并最终实现共赢，是跨域数据治理在智慧城市治理场景中的一个典型挑战。

1.5 小 结

本章我们从数据的基本概念和内涵入手，探讨从数据资源化到数据资产化再到数据资本化的数据要素化过程。在强调数据要素化在当今数字经济时代的重要意义的基础上，阐述了数据要素化过程中理论、方法和工具不足带来的日益凸显的数据危机。为有效应对数据危机挑战，关于数据治理的深入探索迫在眉睫。为此，我们从数据治理的多方主体视角出发，阐述了跨域数据治理的内涵和挑战。而且通过典型场景的案例，进一步探讨了跨域数据治理在公共数据授权运营以及数据驱动的智慧城市治理等场景中的应用。在后续章节中，我们将围绕跨域数据治理视角下数据资源和价值的特性，提出面向跨域数据治理的、以数据为中心的社会化信息系统的构建理论和方法，剖析其中的关键核心技术，进一步介绍这些理论、方法和技术在支撑公共数据授权运营和数据驱动的智慧城市治理场景中的实践。从实践中来，到实践中去，以期形成跨域数据治理的理论方法和工具体系，为进一步支持跨域数据治理、释放数据价值提供坚实的基础。

第 2 章

跨域数据治理视角下的数据资源特性

数据治理不同于数据管理，正如习近平总书记所指出的：“治理和管理一字之差，体现的是系统治理、依法治理、源头治理、综合施策”。① 治理是联合行动的过程，强调协调而不是控制；治理是存在着权利依赖的多元主体之间的自治网络，强调多元主体之间的相互关系。② 相较于数据管理，数据治理的核心在于治理，在于保障数据有序运转。由此，数据治理被定义为，以数据为对象，在确保数据安全的前提下，建立健全规则体系，理顺各方参与者在数据流通的各个环节的权责关系，形成多方参与者良性互动、共建共享共治的数据流通模式，从而最大限度地释放数据价值，推动国家治理能力和治理体系现代化。③ 数据治理以数据价值释放为目标，以数据资产地位确立为基础，以数据管理体制机制为核心，以数据共享开放利用为重点，以数据安全与隐私保护为底线。其根本就在

---

① 魏礼群. 实现从社会管理到社会治理的新飞跃——习近平总书记关于社会治理重要论述的思想内涵. 北京日报，2019 - 03 - 18. http://www.qstheory.cn/llwx/2019-03/18/c_1124248141.htm.

② 梅宏. 大数据治理体系建设的若干思考. 2018 - 04 - 25. http://www.ilinki.net/news/detail/ 36202.

③ 梅宏. 数据治理之论. 北京：中国人民大学出版社，2020：66.

于实现多方参与者良性互动、共建共享共治，最终释放数据资源的价值。

因此，相对于广为人知的大数据的 5V 特点［volume（大量）、velocity（高速）、variety（多样）、value（低价值密度）、veracity（真实）］，跨域数据治理更重视能够影响多方参与者良性互动、共建共享共治的数据资源特性。为此，本章重点探讨数据资源的成本性、可复制性、多粒度性、价值后验性、可替代性以及由此带来的风险外溢性和价值分配不对称性，在此基础上剖析数据资源的价值与风险这对对立统一的矛盾体，以理解数据危机日益严峻的内在机制。

2.1　跨域数据资源特性

2.1.1　数据资源的成本性

数据是连接网络空间与现实空间的纽带，是网络空间的核心要素。随着信息技术的突飞猛进，文字、声音、图像、视频，以及可以被数字化并在计算机中存储的客观世界的一切存在都可以变成数据。数据成为记录客观世界和人类活动的重要载体。① 数据作为记录事物的原始资料，是对事物的抽象表示。但是数据并不等于数据资源。数据资源是可利用或可能被利用的数据集合，作为数据资源

① 维克托・迈尔-舍恩伯格，肯尼思・库克耶. 大数据时代：生活、工作与思维的大变革. 盛杨燕，周涛，译. 杭州：浙江人民出版社，2013：28.

的数据集合，应当具有一定的数量和可用的质量，从而能够满足特定的用途。① 因此数据资源不是自然存在的，而是需要经过资源化过程才能够生产出来。

第一，数据的采集和形成需要成本投入。数据的形成需要通过电子技术、服务器和电能等获取有关事物的相关表示，并且利用数字比特固化下来。② 通过对数据有关或者其描述的对象（即数据源）进行数字化记录、描述和呈现，将数据与所描述的对象分离，实现描述对象的数据化，才能实现数据生产。③ 随着信息技术（特别是物联网、传感器）的发展，描述对象的数据化采集过程的成本不断下降。数据甚至变成一种副产品④，随着用户与信息系统的交互被自动采集生产，采集成本进一步下降。但是数据的生产过程依旧需要相关采集技术与系统的开发和投入才能进行。特别是为满足特定需求而采集构建的数据，其需要投入的成本更显著。因此数据的生产本身是需要投入的，具有成本性。

第二，数据和数据资源的存储所依赖的介质载体需要成本投入。数据和数据资源都具有虚拟性、无形性，是依赖于介质载体存在的无形资源。只有将数据资源存储在相应介质上并通过设备显示，才能以更加直观的方式被人们感知、度量、传输、分析和应

① 魏鲁彬，黄少安，孙圣民. 数据资源的产权分析框架. 制度经济学研究，2018（2）：1－35.

② 许可. 数据权属：经济学与法学的双重视角. 电子知识产权，2018（11）：23－30.

③ 高富平. 数据生产理论——数据资源权利配置的基础理论. 交大法学，2019（4）：5－19.

④ Prüfer J，Schottmüller C. Competing with big data. The Journal of Industrial Economics，2021，69（4）：967－1008.

用。例如，据 Raconteur 统计[①]，Facebook 每天将会产生 4PB 数据，其中包括图片和视频。即使将这些数据以文件形式存储在廉价的存储设备上，按照每月 0.033 元/GB 的云存储价格简单计算，每年也需要投入约 6 亿元的存储费用。为了维持数据本身的存在，数据和数据资源的存储也需要相应成本的投入。

第三，数据通过融合整理才能形成对客观对象的描述。针对同一个描述对象，在不同时间、采用不同采集工具、利用不同采集方式、通过不同交互方式可能产生多样化的数据记录，这些数据共同构成了对同一对象的数字化描述。这些数据的结构可能各异，甚至在内容逻辑层面上也看似杂乱无章。只有对这些原始数据进行处理，通过关联分析比对等进一步的操作，才能形成围绕同一对象的数据集，成为后续可以利用的数据资源。因此，将数据进行整理形成数据资源的过程，需要显著的成本投入，才能保证生成的数据资源的质量。

第四，数据资源价值的释放需要对数据进行进一步的处理，提升其价值密度。大数据的一个典型特点就是低价值密度，这意味着需要从一定规模的数据当中提取出有价值的信息。并不是所有数据都可以成为可利用或可供利用的数据集，形成数据资源，典型的例子如白噪音数据，它并不具备成为数据资源的潜力。甚至有些数据反而会损害数据资源的价值，比如数据投毒，通过加入伪装数据、恶意样本等手段，破坏数据资源的完整性，导致基于数据资源开发

---

① A day in data. www.raconteur.net/infographics/a-day-in-data/. 2022-03-24.

出来的算法、模型、决策等出现偏差。①

第五，数据资源的开发过程需要消耗相应的资源。不仅数据资源的生产过程需要成本投入，数据资源的开发过程也需要为应用场景寻找数据资源、为数据资源寻找应用场景、开发相关数据服务以及模型服务、寻找合作伙伴等，这都需要大量的成本投入。数据资源服务的利用同样需要考虑不同服务之间的协同与整合，才能满足具体业务的实际需求，才能持续集成发挥数据服务的价值，才能最终形成核心竞争力。更重要的是，数据资源生产、开发和利用的成本可能会相互影响。例如，数据资源生产环节增加成本投入以提高产出数据资源的质量，能够大幅降低数据资源开发和利用过程中的成本。而数据资源开发环节的有效投入可以提高数据服务的质量和可集成性，引导数据资源更高效地生产，降低数据资源服务利用环节所需投入的成本。

因此，数据资源化过程需要大量成本投入，缺乏对数据资源化过程的充分投入，将影响产生的数据资源的质量以及后续的数据资源价值释放过程。事实上，数据资源化过程的成本投入是参与跨域数据治理过程的各方主体参与共建共享共治决策的重要依据。

2.1.2 数据资源的可复制性

数据资源的一个典型特征在于可复制，即数据资源一旦形成，便可以通过复制的方式形成多份复制品。这些复制品从价值释放的角度而言并无差异，不会带来损耗。使用者的增多并不影响数据资

---

① Hengtong Zhang, Tianhang Zheng, Jing Gao, et al. Data poisoning attack against knowledge graph embedding. Proceedings of the Twenty-Eighth International Joint Conference on Artificial Intelligence (IJCAI-19), 2019: 4853 - 4859.

源本身的价值，从而使数据资源具备一定的非竞争性。① 这是数据资源与其他资源最本质的区别，也是鼓励数据资源流通和使用以充分发挥数据资源价值的根本出发点。

然而，这种可复制性也成了跨域数据治理的核心挑战。首先，数据资源的可复制性意味着在开发利用过程的各个环节均可能因为复制行为导致复制版本的存在，这将损害数据资源的稀缺性，不可避免地影响数据资源源于稀缺性的价值。研究表明，当数据资源的复制（再生产）边际成本接近于零②，并且不会直接损害个人或厂商的福利，甚至会为分享者创收时，即使理论上可以进行数据确权，也很难防止用户将数据资源进行二次转售，从而损害数据资源生产者的利益。③

其次，复制版本与原始版本从内容上讲毫无差异，任何针对复制版本进行的数据滥用均可能被溯源到原始版本。与此同时，任何复制版本的数据泄露事故均意味着原始版本数据资源的数据泄露。事实上，数据供应链问题导致的连锁数据泄露事故越来越多。④ 而且，基于供应链的网络安全攻击也正成为一种典型。⑤ 因此，数据

---

① Moody D L，Walsh P. Measuring the value of information：an asset valuation approach. Seventh European Conference on Information System（ECIS' 99），1999：496 - 512.

② Josh Lerner，Parag A. Pathak，Jean Tirole. The dynamics of open-source contributors. American Economic Review，2006，96（2）：114 - 118.

③ 熊巧琴，汤珂. 数据要素的界权、交易和定价研究进展. 经济学动态，2021（2）：143 - 158.

④ Kelly Sheridan. The Ripple Effect of Data Breaches：How Damage Spreads. 2019 - 11 - 13. www.darkreading.com/threat-intelligence/the-ripple-effect-of-data-breaches-how-damage-spreads.

⑤ Keman Huang，Keri Pearlson，Stuart Madnick. Is third-party software leaving you vulnerable to cyberattacks. Harvard Business Review，2021 - 03 - 21.

资源的可复制性给数据资源本身带来了不可控的外溢风险。

2.1.3 数据资源的多粒度性

可分割性和可融合性是数据资源的重要特性。其中可分割性是指把逻辑上是统一整体的数据分割成较小的、可以独立管理的物理单元进行存储、分析和使用。而可融合性则是指将多个数据资源的数据和信息相结合，以实现比单独使用单个数据资源所能实现的更高的准确性和更具体的推论，从而获得更多价值。可分割性和可融合性在提升数据资源使用价值的同时，也意味着数据资源本身的多粒度性具备不同的详细描述程度，这种多粒度性给数据资源的开发利用过程的安全保护带来了挑战。

首先，数据资源的可分割性和可融合性使数据资源的独创性判定变得困难。数据资源与知识产权（专利、商标等）一样具有无形性、可复制性等特点，因此从知识产权的视角来探索数据资源价值的保护具有天然的可行性。然而，知识产权法的目的在于鼓励和奖励创造性贡献，采用知识产权方式保护数据资源存在明显的不足。[1] 现实中大量的数据资源仅是对社会生活的记录，难以达到创造性贡献的要求。更重要的是，由于数据资源的可分割性和可融合性，当前知识产权体系下的数据资源独创性保护容易被数据资源内部结构和编排的调整规避。尽管从数据库特殊权的角度来讲，数据资源生产者有权阻止他人未经许可向公众传播其通过实质性投入形成的大规模数据集。但是，由于数据资源的独创性难以认定，并且在数据资源开发利用过程中，通过分割和融合进行重新整理易导致

---

① 包晓丽. 数据产权保护的法律路径. 中国政法大学学报，2021（3）：117－127.

独创性受损，该权利事实上难以实践。

其次，数据资源的可分割性和可融合性意味着在开发利用过程中，数据资源的溯源变得困难。一方面，尽管“谁投入、谁贡献、谁受益”是一种基本原则，但数据资源的分割和融合导致在开发利用过程中，各个数据资源对产生价值的贡献难以确定，从而给数据资源价值的公平分配带来了困难。另一方面，数据资源可能在开发利用过程中被恶意篡改、滥用，甚至数据资源的来源可能并不合法。由于难以明确数据资源的来源，因此难以确责溯源，这导致数据滥用但数据资源提供方需要承担责任，或者数据源不合法但数据资源开发利用者需要承担责任。

2.1.4 数据资源的价值后验性

数据资源的价值具有很大的不确定性，受众多因素的影响①，具有典型的后验性，体现为事前不确定性②、协调性③、自生性和网络外部性④。

第一，事前不确定性是指对于数据资源所包含的信息，买方并不能事前完全了解。如果买方在交易前不了解数据资源的详细信息，则难以明确该数据资源能带来的效用价值；但如果买方在交易

① 熊巧琴，汤珂. 数据要素的界权、交易和定价研究进展. 经济学动态，2021（2）：143－158.

② Wolfgang Kerber. A new（intellectual）property right for non-personal data? an economic analysis. Gewerblicher Rechtsschutz und Urheberrecht，Internationaler Teil，2016（11）：989－999.

③ Babaioff M，et al. Optimal mechanisms for selling information. Proceedings of the 13th ACM Conference on Electronic Commerce，2012：92－109.

④ Glazer R. Measuring the value of information：the information-intensive organization. IBM Systems Journal，1993，32（1）：99－110.

前了解了数据资源包含的全部信息，则购买该数据资源能够带来的价值将大幅降低，从而形成了信息悖论。

第二，协调性是指不同的数据集组合可以带来不同的价值，即数据集通过不同的融合能够应用于多个场景，产生不同的价值，这使得数据资源具有范围经济的特征。更重要的是，这意味着数据资源的价值存在多种实现路径，这些路径不能事先确定，价值转化路径多元，结合不同的场景能够产生不同的价值。① 单个数据具有价值，但是其价值在不同应用场景中融合其他数据可能会产生更大的价值，达到“一加一大于二”的效果。数据资源能够应用的场景越多维，其潜在价值就越高。然而，这些结合场景开发利用过程形成的价值难以在开发利用之前确定，即难以进行有效的评估。

第三，自生性是指同一组织或个人拥有的数据资源组合越多，这些数据资源越可能相互结合而产生新的数据资源，从而带来更大的价值。

第四，网络外部性是指数据资源的使用者越多，其价值越高，比如谷歌、微信等平台企业，使用个体越多，吸引的使用者就越多，平台积累的数据资源价值也就越大。这意味着数据资源在开发利用过程中能够产生的价值取决于共同使用的其他数据资源。

第五，数据资源的价值与本身的体量、质量、时效性、整合程度之间的关系也具有一定的不确定性，受具体应用场景的影响。例如，在大多数情况下，数据资源具有规模报酬递增的特性，即数据资源包含的数据量增多，意味着其包含的有效数据内容越多，具备

① 中国电子与清华大学数据治理工程联合课题组. 2021·中国城市数据治理工程白皮书. 2021. https://static2.17youhui.com.cn/uploads/sites/23/2021/12/842c0463e1743b0745f97aabc139fc46.pdf.

的价值也就越高，这也是大数据的魅力所在。然而，部分运用数据进行企业产品需求预测的实证研究发现，数据量对预测和决策改善的价值达到顶峰之后可能下降。① 新增数据对搜索结果质量和广告投放精准度的提升效果将随着数据规模的增加而递减②，从而体现出规模报酬递减的特性。相比数据规模，数据资源对描述对象本身的描述完整程度更重要③，然而如上文所述，描述完整程度事先无法确定。

第六，不同的使用方式、范围和来源将会导致数据资源的价值完全不同。例如，不同授权许可模式下的数据资源的价值可能是不同的，通过非法渠道获得的数据资源的价值将大打折扣。随着数据合规监管的日趋严苛，一旦违法，数据资源的价值可能清零④，甚至会给数据资源的开发利用带来风险。

第七，数据资源的价值受时效性的影响。数据资源的价值可能会随着时间的推移而递减。⑤ 特别是在实时性要求高的场景中，旧数据资源的价值将会迅速衰减。例如，未经加工的原始数据中的70%经过 90 天就会过时⑥，而消费者的住址、定位和消费习惯等往

---

① Bajari P，et al. The impact of big data on firm performance：an empirical investigation. AEA Papers and Proceedings，2018（109）：33－37.

② Andres V. Lerner. The role of “big data” in online platform competition. 2014－08－27. https://papers.ssrn.com/sol3/papers.cfm?abstract_id=2482780.

③ Alhanoof Althnian，Duaa AISaeed，Heyam AI-Baity，et al. Impact of dataset size on classification performance：an empirical evaluation in the medical domain. Applied Sciences，2021，11（2）：796.

④ 普华永道. 数据资产化前瞻性研究白皮书. 2021. https://www.yunbaogao.cn/index/partFile/1/pwccn/2022-03/1_38712.pdf.

⑤ 李振华，王同益，等. 数据治理. 北京：中共中央党校出版社，2021：14.

⑥ 方燕. 论经济学分析视域下的大数据竞争. 竞争政策研究，2020（2）：33－59.

往只有最新的数据才有价值。但在学者研究、行为预测等场景中，历史数据和当前数据的重要性差别并不大，甚至早期的数据可能价值更大。

第八，数据资源的价值受其整合度影响。数据资源整合是指将不同的数据资源进行融合以形成新的数据资源。一般整合度越高，价值越大。但 Goodhue 等人（1992）指出，数据价值与整合度呈抛物线关系，20%的整合度可以达到 80%的效用价值。① Azevedo 等人（2020）的研究则表明，互联网搜索中的 A/B 随机试验结果的分布可能是厚尾的——罕见的结果可能有非常高的回报，因而通过许多低质量和低统计能力的小型实验来测试大量创意反而更有利于发现大的创新。②

第九，数据资源的价值与使用者密切相关。③ 这主要是因为数据资源只有被使用才会产生价值。因此，使用者的目的、知识、能力、私有信息、已有数据资源不同，都会导致同样的数据资源对不同买方的价值差异很大。

2.1.5 数据资源的可替代性

在具体应用场景中，数据资源具有一定的可替代性。第一，数据资源的使用具有一定的可替代性，即对于同一个目的，可以通过不同类型和不同来源的数据资源实现。例如，Graef（2015）发现，

---

① Goodhue D L, et al. The impact of data integration on the costs and benefits of information systems. MIS Quarterly, 1992, 16 (3): 293 - 311.

② Azevedo, E M, et al. A/B testing with fat tails. Journal of Political Economy, 2020, 128 (12): 4614 - 5000.

③ Bergemann D, et al. The design and price of information. American Economic Review, 2018, 108 (1): 1 - 48.

搜索引擎借助搜索排序记录揭示的特定群体的音乐偏好结果，与同一群体在社交平台上（社交网络中）的共享记录揭示出的音乐偏好信息基本相同。① 同理，Lerner（2014）证明，亚马逊收集到的购物记录数据在提升广告精准化方面与谷歌拥有的数据一样高效。②

第二，数据资源的采集具有一定的可替代性③，即针对同一数据对象或者同一类信息，可以通过不同途径进行收集，不具有排他性，从而形成具有可替代性的数据资源。典型例子如在零售行业，大部分用户往往同时使用多个机构/商家的服务，具有多栖性，从而使得相似的数据掌握于不同的机构/商家。而在政府开放数据场景中，描述同一对象的相同语义的数据普遍存在于多个不同的数据资源中，也就是所谓的一数多源问题非常突出。

2.2　跨域数据资源的内生挑战

如图 2-1 所示，在跨域数据治理的视角下，数据资源具有成本性、可复制性、多粒度性、价值后验性、可替代性等特性。这些特性导致跨域数据资源在开发利用中存在风险外溢性和价值分配不对称性，影响了各方主体参与跨域数据资源开发利用的决策。

---

① Inge Graef. Market definition and Market power in data: the case of online platforms. World Competition: Law and Economics Review, 2015, 38 (4): 473-506.

② Andres V. Lerner. The role of "big data" in online platform competition. 2014-08-27. https://papers.ssrn.com/sol3/papers.cfm?abstract_id=2482780.

③ 李振华，王同益，等. 数据治理. 北京：中共中央党校出版社，2021：12.

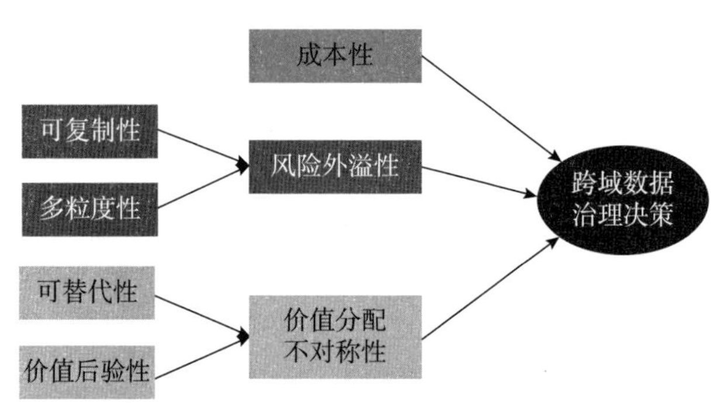

图 2－1　数据资源特性影响跨域数据治理的决策模型

2.2.1　数据资源的风险外溢性

数据资源的可复制性和多粒度性不可避免地带来了数据资源开发利用过程（特别是在跨域背景下）中的风险溢出效应。风险溢出的概念源于系统性金融风险研究领域，是指一个市场的风险会逐渐传播到其他相关市场，并且通过不同的渠道被放大，从而引发系统性金融危机。①

在跨域数据资源开发利用场景中，一方面，数据资源的可复制性导致多个参与者在其各自参与的环节都会不同程度地获得数据资源的复制版本。任何一方的数据资源泄露事故必然会传导至所有参与者，使得所有参与者均需要承担风险。因此，数据资源的安全风险取决于参与跨域数据资源开发利用中的短板，即安全防护能力最差的一方。事实上，愈演愈烈的供应链网络攻击针对的正是数据资源的可复制性这一典型特征。

另一方面，数据资源的多粒度性导致各个参与者在各自参与的

① Longstaff，F. A. The subprime credit crisis and contagion in financial markets. Journal of Financial Economics，2010，97（3）：436－450.

环节均可以对数据资源进行处理，包括分割或者融合等操作。如果这些操作变成恶意篡改或者滥用，数据资源的可复制性和可分割性就会使得难以进行溯源确责，导致相应的风险将传播至所有参与者，包括所有数据资源提供者和使用者。典型的例子如政府开放数据行动中，政府部门往往担心公布一些真实数据会引起不必要的社会影响，甚至担心公布的数据被滥用从而导致国家机密、商业秘密或者个人隐私被泄露，因此本着“多开放多出错、少开放少出错”的原则，选择不提供数据资源。

2.2.2　数据资源的价值分配不对称性

数据资源的价值后验性以及可替代性为数据资源的价值公平分配带来了重大的挑战。

第一，数据资源的价值后验性和可替代性使得数据资源的生产者在数据资源价值分配中处于弱势地位。由于数据要素的人格化禀赋效应（禀赋效应是指如果一项产权与持有者的人格密切相关，人们对其拥有的物品的价值评价会变得更高）以及低复制成本，在数据资源开发利用过程中，强势一方（比如企业、平台）很容易通过合同、协议将数据资源所有权低价甚至免费“交易”到自己手中①，从而获取数据资源带来的大部分收益。

第二，数据资源的价值后验性导致数据资源的价值并不能直接体现出来，而是需要完成整个价值链之后才能实现。因此，数据资源价值的创造与数据资源价值的分配是分开的。价值创造并不能决定财富分配，这在数据资源这种价值后验性强的生产要素方面更加

---

①　熊巧琴，汤珂. 数据要素的界权、交易和定价研究进展. 经济学动态，2021（2）：143－158.

突出。当前，数据资源作为生产要素参与价值分配的模式主要有按所有权分配、按贡献分配以及按劳分配和按生产要素分配相结合三大类。但是这些分配方式往往将数据资源的生产过程归属于按劳分配的范畴，不利于激发数据生产要素生成的关键力量即数字劳动者的积极性。①

第三，数据资源的开发利用过程会涉及多个跨域主体。这些主体相互影响，相互依赖，对分配过程具有不同的决策能力，带来了分配主体的不确定性，以致难以有效平衡不同主体的利益、难以做到公平分配。② 而且，参与者离数据资源价值变现越远（如数据资源生产者等），对数据资源最终创造的价值就越缺乏基本知情权，越发不具备参与价值分配的能力。这种信息不对称和能力的不足带来的数据资源价值分配的不对称容易导致价值分配的不平等，这不仅严重阻碍了各方参与者参与数据资源开发利用的积极性，而且阻碍了数据资源价值的充分发挥。

2.3 数据资源价值与风险的对立统一

数据资源的价值释放需要相应的成本投入。而数据资源的可复制性、多粒度性、可替代性、价值后验性等特性导致了跨域数据资

① 李政，周希禛. 数据作为生产要素参与分配的政治经济学分析. 学习与探索，2020（1）：109－115.

② 牛凯功，黄再胜. 政治经济学视角下数据作为生产要素参与分配的研究综述. 党政干部学刊，2021（6）：61－68.

源在开发利用过程中存在风险外溢性和价值分配不对称性。各方主体对这些特性的感知共同决定了跨域数据治理中的最终决策行为。因此，在跨域数据治理的场景下，理解数据资源价值与风险的对立统一变得至关重要（见图 2-2）。

数据资源开发利用必然带来数据资源安全风险。通过融合、流通、加工对数据资源进行开发利用，以实现数据资源的潜在价值，必然会带来数据资源安全风险。

对立？

数据资源安全保护可能限制数据资源开发利用。过分强调数据资源安全保护和零风险将导致有价值的数据资源变得不可用，无法体现出价值。

数据资源开发利用（价值）

数据资源安全保护（风险）

数据资源开发利用促进对数据资源的安全保护。为了保护数据资源开发利用过程中获得的价值，更有动力对数据资源的安全保护机制进行建设。

统一？

数据资源安全保护提升数据资源开发利用的效益。数据资源安全保护能够保证数据资源的可用性和质量，管控风险，从而保证开发利用的可持续价值体现。

图 2-2　数据资源价值与风险的对立统一

从对立的角度来讲，一方面，数据资源的潜在价值需要通过加工和开发利用体现出来。若只是为了保证数据资源的安全，则不恰当的数据安全措施将导致数据资源的使用过程变得困难重重或者成本过高，从而限制数据资源的价值释放。例如，在极端情况下，为了保护数据资源，数据资源无法参与到开发利用过程当中，从而使其价值无法真正地发挥出来。另一方面，由于数据资源的可复制性，数据资源开发利用过程中不可避免地会带来数据资源泄露和滥用等安全风险。如果忽略这些数据资源可能面临的安全风险，将有可能导致数据资源开发利用的收益大大缩减，甚至可能为参与数据资源开发利用的各方主体带来如个人隐私、商业秘密甚至国家安全的极大侵害和挑战。特别是在跨域场景下，这些安全风险会随着参与主体的增加而放大。因此，当数据资源开发利用过程中产生的价值以及面临的风险无法匹配时，数据资源主体可能选择不提供数据资源的供给、不参与数据资源的开发利用过程，从而体现出数据资源价值与风险两者的对立性。数据资源价值和风险的对立成为跨域数据资源开发利用和价值释放的根本阻碍。

反之，从统一的角度而言，当且仅当数据资源具备足够的开发利用价值时，数据资源的相关主体才会有持续的动力去切实地保护数据资源。这是因为数据资源的安全保护同样不可避免地需要相应的成本投入，无法实现价值开发的数据往往无法得到合理的安全保护。在分配数据资源安全保护的投入时，被保护的数据资源的价值是主要依据，投入安全保护的成本不高于被保护的数据资源的价值是一个基本原则。典型例子如历史系统备份数据，由于缺乏开发利用价值，得到的安全保护投入往往是比较少的。而对于高价值的数据资源（如关键客户数据等），数据安全事故的发生反而可能会成为促使主体增加数据安全相关投入的动力。① 另外，只有当数据资源得到合理的安全保护，保证其开发利用过程中价值体现能够得到合理的保护，并且有效管控开发利用过程中的安全风险时，数据资源的开发利用才能够可持续地开展。如果开发利用的价值无法得到保护，数据资源主体将不会继续从事数据资源的开发利用。可见，当数据资源具备相应的价值，并且价值的分配能够得到有效保护，安全风险能够得到有效管控时，数据资源的价值与风险将相互促进，从而体现出两者统一的一面。

---

① Keman Huang, Stuart Madnick. A cyberattack doesn't have to sink your stock price. Harvard Business Review, 2020 - 08 - 14. https://hbr.org/2020/08/a-cyberattack-doesnt-have-to-sink-your-stock-price.

2.4　跨域数据价值风险错配带来的困境

2.4.1　公共数据授权运营中的数据困境

首先，我国各级政务部门开放的公共数据普遍存在数据质量不高、数据价值低、机读性差等问题，在促进社会公众办事创业中的实用性还不高。① 我国各个地方、省市县电子政务系统建设的时间不一致，各种业务系统标准规范不同，数据标准和格式规范不一，这导致获取的公共数据的质量参差不齐。此外，由于我国各个部门之间的界限比较明确，存在部分公共数据重复的情形，因此，对公共数据进行清洗、脱敏、去重等加工处理，使其变成公共数据资源所需的成本较高，需要较大的投入。公共数据具有公共属性，原则上应当无偿提供给社会使用，但是这样做可能会打消行政机构加工维护公共数据资源的动力。如果对授权经营对象收费，这又可能背离了公共数据的公共性。② 因此，如何对公共数据授权经营收费仍处于一个探索实践的阶段。同时，数据资源又具有价值后验性，企业看不到加工处理原始公共数据可预期的收益，因此积极性并不高。

---

① 王晓冬. 我国公共数据开放面临的问题及对策. 中国经贸导刊（中），2021（10）：78－79.

② 常江，张震. 论公共数据授权运营的特点、性质及法律规制. 法治研究，2022（2）：126－135.

其次，数据资源的可替代性带来公共数据授权运营的重复授权问题。由于目前我国的公共数据授权运营还处在探索阶段，国家鼓励省市县不同的行政区域开展自己的公共数据授权试点探索工作，因此可能存在相同数据重复授权的情况：一家企业若获得了某一省域内所有城市的公共数据资源的授权，它也变相地获得了该省公共数据资源的授权；同样，一家企业若获得了省政府的公共数据整体授权，那么它也获得了各个城市的公共数据资源。当省市都授权给同一家企业时，公共数据授权运营产生的收益又该如何分配呢？是交由省级政府还是市级政府？这都有待商榷。此外，当省市公共数据授权给了不同的企业时，若发生公共数据泄露的安全事故，如何判定事故责任方也是一个严峻的问题。

最后，数据资源的价值后验性给公共数据授权运营带来了收益分配问题。公共数据授权运营整个过程涉及多个主体，包括公共数据提供方、授权运营方、数据加工处理方、数据开发利用方以及数据使用方等。公共数据资源需要多个主体的协同工作才能释放出完整的价值，在这个过程中，不同主体的贡献也是不同的，如何通过衡量各方贡献来进行收益分配也是一个仍需探讨解决的问题。此外，数据的价值又和场景结合在一起，对于不同的数据使用方，需求不同，其价值也不同。因此，如何设计合理、公平的公共数据产品或服务的定价机制是一个仍需探讨的问题。由于数据资源的可复制性，如何保障公共数据资源在授权运营整个流程中的安全也需要加以考量。

2.4.2 智慧城市治理中的数据困境

在智慧城市治理中，数据资源的成本性、可复制性、多粒度性、价值后验性以及可替代性同样会带来一些数据困境。

首先，数据的采集、处理、存储和分析可能需要显著的成本投入，这些成本可能涉及硬件、软件、人力和基础设施等方面。智慧城市治理需要使用大量的传感器、网络设备和计算资源来收集和处理数据，这需要一定的成本。同时，智慧城市治理又和时间紧密结合，数据的价值也离不开时效性。举例来说，对于高速公路应急管理系统，时间就是生命，高速公路事故的监控视频、事故状况、路况、天气等信息的数据都需要极高的时效性，而这通常意味着不菲的成本。

其次，由于数据可以轻松地复制和传播，这意味着数据在不同的系统中流通传播时，在不受控制的情况下被多次复制和使用，甚至更改，这就导致数据的一致性出现问题。不同部门的系统中可能使用的是不同版本的数据，从而严重破坏整体决策的协同性和正确性。此外，数据资源的可复制性也可能导致数据的安全性和隐私性受到威胁，可能存在未经授权的个人或实体访问、使用、滥用或者篡改数据。

再次，在智慧城市治理中，根据不同的业务需求，数据可以在不同的粒度级别上收集和分析，例如从整个城市到特定地区甚至单个居民。然而，这种多粒度性可能增加数据整合和分析的复杂性，因为不同粒度的数据可能需要不同的处理方法和技术。浙江德清的“数字乡村一张图”涵盖了乡村规划、乡村经营、乡村环境、乡村服务和乡村治理 5 个领域，数字养殖、水域监测、危房监测、智慧气象、医疗健康、智慧养老等 120 余项功能，实时感知整个村庄生产、生活、生态的动态详情。① 虽然其涵盖的领域广，功能多，但

---

① 德清“数字乡村一张图”行政村全覆盖. 浙江日报，2020 - 12 - 02. http://dsjj.wenzhou.gov.cn/art/2020/12/2/art_1228999627_58998251.html.

由于数据粒度较多，给日常系统管理人员的运营维护带来了麻烦。在走访调研中发现，仍存在中年干部不熟悉“数字乡村一张图”的使用方法的情况。

这些数据困境会对智慧城市治理产生影响，因此需要综合考虑数据的特性来平衡数据的潜在价值与相关的挑战和风险。

2.5 小 结

数据资源的价值释放需要成本投入，并且该成本是不可忽视的。而数据资源的可复制性和多粒度性带来了数据资源开发利用过程中的风险外溢性；数据资源的可替代性和价值后验性带来了价值分配不对称性。这些特性成为影响数据资源开发利用与安全保护的对立与统一的内在机制，导致数据资源价值和风险的对立与统一的动态变化。因此，对于跨域数据治理而言，其关键任务在于从数据资源的特性出发，通过理论、方法和工具的提供和应用，有效抑制数据资源价值和风险的对立，并且促进两者统一。

具体而言，从成本性出发，跨域数据治理需要通过挖掘数据资源的潜在价值场景来提升价值，通过提高数据资源化过程的效率来降低成本。从风险外溢性出发，跨域数据治理需要有效管控数据资源复制、分割、融合等操作过程中的风险传播，通过对操作过程的有效跟踪溯源来明确风险责任主体。从价值分配不对称性出发，跨域数据治理需要着眼于提升各方主体参与数据资源价值分配的能力和凭证，使得各方主体能够获得与其投入相匹配的价值。

第 3 章

跨域数据治理视角下的数据价值

数据价值的实现需要多方协同，通过各方的协同合作才能最大化地发挥数据的价值。数据提供者需要提供高质量、完整、准确的数据；数据分析师需要对数据进行深入分析，提炼出有价值的信息，为数据价值的实现提供基础；数据应用开发者需要将分析结果转化为实际应用，为数据价值的实现提供具体的场景和使用方式；数据安全人员需要保障数据的安全性和隐私性，为数据价值的实现提供保障。此外，数据价值的实现还需要跨行业、跨领域的协同。本章围绕数据价值的高效释放，介绍数据资产全生命周期模型，依次从政府数据、工业数据、数据治理的角度介绍数据治理价值链模型，讨论数据治理价值链中多主体协同分工的机制，明确以数据为中心的多主体协同对数据价值高效释放的基石作用。

3.1 数据资产全生命周期模型

3.1.1 数据资产

数据是一种重要的资源，已经成为一种新型的社会生产要素，与土地、劳动、资本和技术并列。麦肯锡公司称，数据已经渗透到当今每个行业和业务职能领域，成为重要的生产因素。人们对海量数据的挖掘和运用预示着新一波生产率增长和消费者盈余浪潮的到来。此外，数据科学家和权威专家维克托·迈尔-舍恩伯格在其《大数据时代：生活、工作与思维的大变革》中指出，虽然大数据还没有被列入企业的资产负债表，但这只是一个时间问题。① 中国信息通信研究院在《数据资产管理实践白皮书（5.0 版）》中指出，数据资产是指由企业合法拥有或控制的数据资源，以电子方式记录，例如文本、图像、语音、视频、网页、数据库、传感信号等结构化或非结构化数据，可进行计量或交易，能直接或间接带来经济效益和社会效益。②

2023 年 8 月 1 日，财政部正式发布了《企业数据资源相关会计处理暂行规定》，并于 2024 年 1 月 1 日起正式施行，其中明确企业使用的数据资源，在满足要求的前提下可以确定为无形资产，进入

---

① 维克托·迈尔-舍恩伯格，肯尼思·库克耶. 大数据时代：生活、工作与思维的大变革. 盛杨燕，周涛，译. 杭州：浙江人民出版社，2013：27.

② 中国信息通信研究院. 数据资产管理实践白皮书（5.0 版）. 2021. http://cbdio.com/BigData/2022-01/10/content_6167594.htm.

资产负债表。该规定指出，企业使用的数据资源，符合《企业会计准则第 6 号——无形资产》（财会〔2006〕3 号）规定的定义和确认条件的，应当确认为无形资产。作为无形资产的数据资源，需要符合无形资产定义中的可辨认性标准：（1）能够从企业中分离或者划分出来，并能单独或者与相关合同、资产或负债一起，用于出售、转移、授予许可、租赁或者交换；（2）源自合同性权利或其他法定权利，无论这些权利是否可以从企业或其他权利和义务中转移或者分离。此外，无形资产同时满足下列条件的，才能予以确认：（1）与该无形资产有关的经济利益很可能流入企业；（2）该无形资产的成本能够被可靠地计量。

因此，数据资产作为一项新的无形资产，是企业在生产经营活动中产生的或从外部渠道获取的、具有所有权或控制权的、预期能够在一定时期内为企业带来经济利益的数据资源。可见，实现数据资源的资产化，高效、可持续地释放数据资源的价值，并且对数据资产的价值进行合理度量，将是跨域数据治理的核心使命之一。

3.1.2　数据资产管理

数据作为一项资产，只有通过有效的管理才能释放其价值。如果缺乏恰当有效的管理手段，数据也可能会成为一项负债。同时，相较于实物资产的管理，数据资产的管理目前还处于初级阶段，数据质量、数据安全、资产评估、资产交换交易等精细管理、价值挖掘和持续运营也较为薄弱。

数据资产管理（data asset management，DAM）是指规划、控制和提供数据及信息资产的一组业务职能，包括开发、执行和监督有关数据的计划、政策、方案、项目、流程、方法和程序，从而控制、保护、交付和提高数据资产的价值。数据资产管理需要充分融合业务、技术和管理，以确保数据资产保值增值。①

在数据治理体系中，数据资产管理位于数据应用和数据底座中间，具有承上启下的重要作用（见图 3－1）。对上支撑以数据价值创造与释放为导向的数据应用的开发利用，对下依托数据底座实现数据全生命周期的管理。数据资产管理主要包括两个方面：一是数据资产管理中数据质量管理、数据安全管理、资产评估、资产交换交易等核心活动职能；二是确保这些职能在企业或组织系统中落地实施的保障措施，包括战略规划、组织架构、制度体系等。

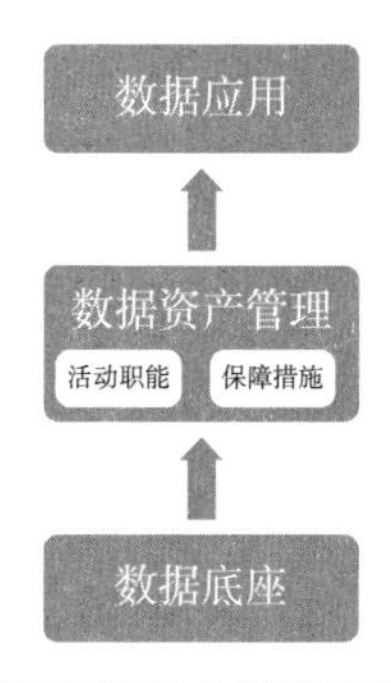

图 3－1　数据资产管理在数据治理体系中的定位

数据资产管理贯穿数据采集、存储、应用和销毁的整个生命周期。企业管理数据资产就是对数据进行全生命周期的资产化管理，促进数据在“内增值，外增效”两方面的价值变现，同时控制数据在整个管理流程中的成本消耗。在数据的生命周期开始前，企业先制定数据规划、定义数据规范，以期获得数据采集、交付、存储和控制所需的技术能力。

① 中国信息通信研究院云计算与大数据研究所，CCSA TC601 大数据技术标准推进委员会. 数据资产管理实践白皮书（4.0 版）. 2019. http://www.caict.ac.cn/kxyj/qwfb/bps/201906/P020190604471240563279.pdf.

3.1.3　资产全生命周期管理

资产全生命周期是指资产从构思、决策、设计、建造、使用，经过有形磨损，直至在技术或经济上不宜继续使用，需要进行更新所经历的时间。

资产全生命周期管理通常是一项较资产管理更全面、更系统的资产创新型的企业现代化管理工作。它是基于企业的全周期成本管理开发的，本质上是系统工程理论在资产管理中的应用。它研究的主要对象是企业的整体资产，以企业的经济发展情况为基础，探究市场的发展走向，从而对资产运用进行整体的规划设计，其中包括一些必要设备的采购、项目的投资、流通过程管控、后期资产价值报减报废和资产退役等。资产全生命周期管理是资产在企业经营流通时，使资产使用周期最长、使用成本最低但却能满足整个企业经济发展需要的一种现代的科学管理办法。

开展资产全生命周期管理的目的就是加强资产管理，降低资产维护检修成本，延长资产使用时间，提高资产利用率。

资产全生命周期包括资产的规划、调研、采购、报废、处理等。图3-2以典型的设备资产为例，展示了资产的全生命周期。

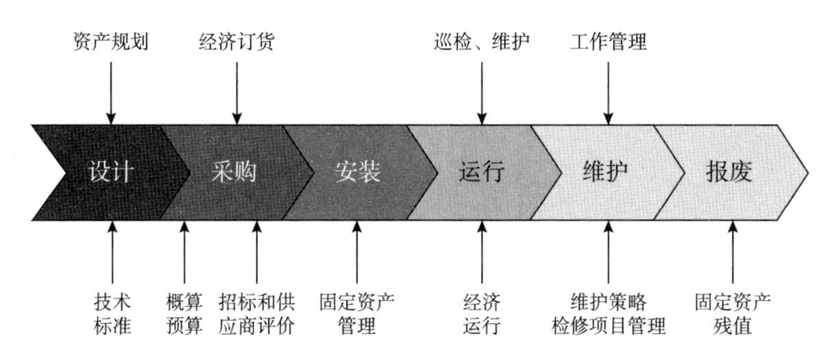

图3-2　设备资产全生命周期

从设备设计、采购、安装开始，直至设备运行、维护、报废为止进行全生命周期管理；将基建期图纸、采购、资料信息带到设备台账中，实现对设计数据、采购数据、施工数据、安装数据、调试数据等的后期移交和设备系统生产运维所需要的完整数据的平滑过渡，实现基建、生产一体化，提升企业资产利用率和企业投资回报率。同时结合成本管理、财务管理，既实现对资产过程的管控，又实现对资产价值的管理。

由此可见，资产全生命周期管理体系的建立是从长远利益出发的，而且是一种动态的现代化企业管理工作，以设备全生命周期整体最优为管理目标，打破部门界限，将规划、基建、运行等不同阶段的成本统筹考虑，获得设备资产经济效益的最大化，在最佳的可靠性水平和有效地利用资产之间寻求平衡。

3.1.4 数据全生命周期管理模型

数据全生命周期是依据科研过程管理数据，从数据产生、加工到数据发布、利用的一个循环过程①，科学数据在生命周期各阶段都有其各自的状态、特征与规律。数据全生命周期管理模型的目标是优化数据管理、提高效率、降低成本，以提供适合最终用户使用的数据产品，满足预期的质量要求，这和资产全生命周期管理的目标是一致的。数据全生命周期管理模型是设计良好的用于组织数据资产的框架。

截至目前，国内外尚未形成统一的数据全生命周期管理的相关模型，在数据管理领域，学术界和企业界根据数据的特征

---

① 师荣华，刘细文. 基于数据生命周期的图书馆科学数据服务研究. 图书情报工作，2011，55 (1)：39－42.

及其管理目的，提出了不同的数据全生命周期管理模型（见表3-1）。

表3-1　常见的数据全生命周期管理模型

模型名称	来源	特点	模型结构
DataONE数据周期模型	美国国家科学基金会	环状结构凸显数据管理的周期性	模型是一个环形的循环结构，每个循环包含以下步骤：制定管理计划，收集数据，确认数据，描述数据，保存数据，发现、整合和分析
DAMA模型	国际数据管理协会(DAMA)	没有考虑数据安全、数据质量和数据共享分布等内容	先制定数据规划，定义数据规范，然后进行开发实施、创建和获取、维护和使用、存档和检索，最后予以清除
英国数据存档模型	英国国家数据档案馆	提供了完整的数据生命周期，包括采集、管理和保存，但是此模型不包括数据质量	模型包括创建数据、处理数据、分析数据、保存数据、访问数据和复用数据等主要阶段
UCSD数据生命周期模型	美国加利福尼亚大学圣迭戈分校		模型为封闭的环形循环结构，基本流程为：数据提出→数据收集、创建→数据描述→数据分析→数据发布→数据利用、保存
DDI模型	大学间政治和社会研究联合会(ICPSR)	几乎是一个全面的模型，但似乎对数据质量和数据安全没有任何关注	模型包括数据概念化、数据收集、数据处理、数据发布、数据发现、数据分析、数据复用和数据归档八个阶段

续表

模型名称	来源	特点	模型结构
DigitalNZ模型	DigitalNZ网站	为存档和使用数字信息而设计，该模型不提供数据分析、数据集成、数据安全和数据质量等功能	模型包括选择、创建、描述、管理、保存、发现、使用和复用等阶段

资料来源：www.dataone.org/about；www.data-archive.ac.uk/about；http://hfiiz 95712c1c07d942e9scnbp9vqpw0co6pfv.fcya.libproxy.ruc.edu.cn/?detailStory=pew-parents-love-the-library；http://www.digitalnz.org.

数据全生命周期管理模型为科学数据管理提供了一个有用的框架结构，可用于识别数据资产管理的复杂过程及其阶段演变特征。通过对比这些数据全生命周期管理模型，可以发现，尽管不同学科之间具有较大的差异性，但依然可以从中提取出科学数据生命周期的核心阶段，即数据产生→数据收集→数据分析→数据发布→数据利用。因此，与之对应，数据全生命周期管理也应该包括以下几个阶段：制定数据管理计划→数据收集管理→数据分析与加工管理→数据保存管理→数据共享与利用管理。

3.1.5 数据资产全生命周期模型

通过分析描述大多数数据生命周期模型，我们发现数据全生命周期管理模型的出现对数据管理和流动性提出了一些新要求，这给传统的数据全生命周期管理模型增加了一些具体内容，如数据质量、数据安全、数据复用等。此外，许多模型都是为解决数据管理中的一个特定问题或特定目的而设计的，当然，每个模型对于其研究或项目需求来说都是合适的设计。然而，它们可能会留下一些挑战需要解决，因为这些挑战超出了它们的目标范围。

在上文中，我们提到数据已经成为一种新的无形资产，数据资产管理模型既包括数据作为资产的一些特征，也包括数据管理的一些特征。基于这个原因，可以结合前文介绍的资产全生命周期管理和数据全生命周期管理模型形成一个相对综合的模型，以满足数据资产管理的需求。数据资产全生命周期模型（data asset life cycle model，DALCM）的主要贡献是站在数据资产的角度，用“入”“存”“用”“出”四个字来概括数据资产在组织内部的全生命周期，从而进行相应的管理、运营和维护（见图 3－3）。

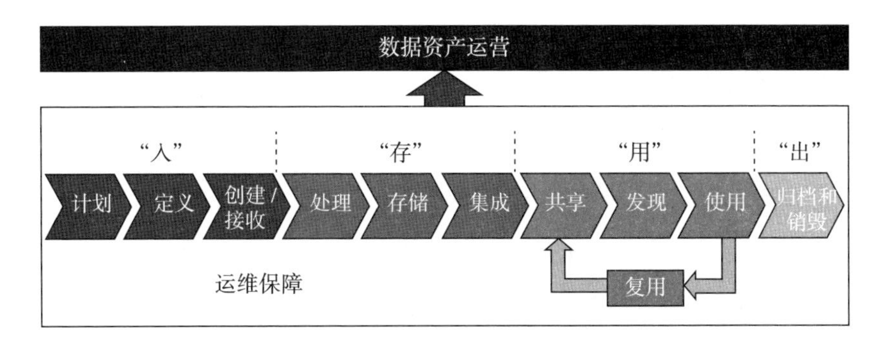

图 3－3　数据资产全生命周期模型

资料来源：https://baijiahao.baidu.com/s?id=1712111299125082373&wfr=spider&for=pc.

数据资产全生命周期分为 4 个期和 11 个阶段。4 个期包括数据资产生成的“入”期、数据资产保存的“存”期、数据资产应用的“用”期和数据资产退出的“出”期。4 个期中包含 11 个阶段：计划、定义、创建/接收、处理、存储、集成、共享、发现、使用/复用、归档和销毁以及运维保障。

（1）数据资产生成的“入”期：有效的数据资产管理不仅仅指数据的创建与接收，而是要前推到数据产生之前。在这个阶段，组织首先应该做好规划和计划，包括数据资产盘点、数据治理计划、数据需求计划等；然后对数据标准进行定义，制定数据管理规范，确保数据按照标准产生，从源头抓起；最后才是数据资产的创建和接收。在当今数字经济时代，数据不仅来自企业内部，更多时候需要采集外部数据，甚至需要与内部数据进行融合，因此，企业需要结合自身的数据战略来定义数据采集范围和采集策略。

（2）数据资产保存的“存”期：这个时期也是组织数据资产形成的时期。正如前面章节所提到的，由业务系统生产出来的或者从外部采集来的原始数据资源，在经过一系列的清洗、脱敏等加工处理之后，才能转变为组织的数据资产，继而对数据资产进行后续的管理和操作。如今，数据的形式是多样的，需要对结构化、半结构化和非结构化等多样式的数据结构进行存储和处理。因此，考虑到不同数据结构、数据形式、时效性与性能要求以及存储与计算成本等因素，应该使用合适的存储形式与计算引擎。在“存”期，除数据处理和存储外，还要考虑数据集成，数据资产管理需要打破“数据孤岛”，数据只有集成起来才能发挥更大的价值。只有实现了数据集成，数据仓库才能被称为数据仓库，否则即使把数据集中起来存储也只能叫作数据垃圾堆。

（3）数据资产应用的“用”期：“用”期是数据产生价值的时期，其他时期都是投入成本。数据因使用而升值，用处越多，价值越大。在“用”期，要特别强调“数据复用”这个阶段，对于当下比较流行的数据中台架构，最大的价值就是数据复用和服务复用，这对于节省成本、提高效率非常重要。未来企业或组织评估一个数据产品是否值得开发的一个很重要的指标就是能不能复用。当然，如果不能复用，只要单个项目的收益足够大，也是可以开发的。

（4）数据资产退出的“出”期：“出”是指将生命周期步入尾声的数据资产归档保存在低性能的存储介质中或直接销毁，这是数据资产全生命周期管理必不可少的步骤。虽然现在存储的价格越来越低，但是如果不加以管理，也会产生很大的负担，对数据资产整体效益不利。另外，若不加以区分，将本该归档或者销毁的数据和活跃的数据存放在一起会严重拉低效率。对于数据的销毁，企业应该有严格的管理制度，建立数据销毁的审批流程，并制作严格的数据销毁检查表。只有通过检查表检查并通过流程审批的数据才可以被销毁。

（5）数据运维提供保障，主要负责对数据库进行日常维护，对数据进行备份、恢复，确保数据完整性、一致性、时效性，保证数据质量。此外，还要提供数据安全方面的防护，包括用户授权、身份认证和访问行为监控等，并对保密级别较高的数据进行数据加密、脱敏、匿名化等操作。

（6）数据资产运营是数据资产全生命周期模型区别于数据全生命周期的不同之处。数据资产运营以数据资产效益最大化为目标，包括数据资产全生命周期成本核算、数据资产价值评估、数据资产变现、数据资产活性分析和数据资产投资收益分析等内容。

综上所述，数据资源是组织的核心资源，根据其自身的特性，结合其作为资产的特点，有效地管理数据资产的生命周期对于释放数据资源的价值以及企业获得长期的成功具有重要意义。更重要的是，它明确了数据资产化过程的相关活动，涉及参与数据资产化和价值释放过程的多方主体。这些主体通过多方协作，围绕数据资产全生命周期的相关活动构成数据治理价值链，共同实现数据价值。

3.2 数据治理价值链

跨域数据治理的核心目标在于实现数据价值的高效、可持续释放。而谈到价值释放，则必须从价值链理论说起。

价值链理论由美国著名战略学家迈克尔·波特在其著作《竞争优势》中首次提出。该理论强调价值镶嵌在企业运营活动的链条上，并且技术作为价值的支撑，能够影响价值链的形成，在竞争优势、成本和差异性方面起着强大甚至决定性作用。① 企业价值不应仅限制在企业内部一系列生产性活动中，更应该被扩展至企业的外部市场。Powell（2001）认为价值链理论强调企业利用知识增值并创造价值，知识的开发和应用能够产生价值，一系列知识活动能够形成知识价值链，表现为知识加工、利用和转移的系列性活动。② Roper 和 Arvanitis（2012）认为价值链具有较高的创新性，基于知识收集、知识转化和知识开发三个环节或活动提出了创新价值链的概念，通过开放创新创造价值，保持竞争优势。③

价值链理论认为，从过程视角看，价值链镶嵌在一系列相关的活动中，这些活动共同产生最终用户的利益。企业价值链包含基本

① 迈克尔·波特. 竞争优势. 陈小悦，译. 北京：华夏出版社，2005：40.

② Powell T. The knowledge value chain (KVC): how to fix it when it breaks. National Online Meeting, 2001 (22): 301－312.

③ Roper S, Arvanitis S. From knowledge to added value: a comparative, panel-data analysis of the innovation value chain in Irish and Swiss manufacturing firms. Research Policy, 2012, 41 (6): 1093－1106.

活动和辅助活动两个链条，企业的价值镶嵌在这两个链条上。基本活动是与企业价值创造直接相关的系列活动，包含生产作业、发货后勤、市场销售、产品的生产和制造、产品的销售、产品的售后等多个链条，成为价值镶嵌的载体。① 辅助活动是对企业价值创造基本活动给予支持的辅助性条件，包含采购、人力资源管理、基础设施管理等多个辅助性链条。在企业价值创造的过程中，基本活动和辅助活动并非相互独立，而是相辅相成，相互依存，共同为企业价值生成提供有利条件。② 类似地，价值链理论也被应用到具体的数据应用领域，如政府数据和工业数据等。

3.2.1　政府数据治理价值链模型

政府数据治理就是通过数据采集、数据开发、数据利用等一整套动态化的数据管理过程，最大限度地挖掘数据资源的价值，以促进公共价值的实现。

如图 3－4 所示，政府数据治理价值链中的基本活动主要包括数据采集、数据开发、数据利用三个环节。数据采集是政府数据治理的基础与源头，数据采集功能在于识别各类信息源以获取数据信息；数据开发是政府数据治理的关键，在完成了数据采集后，政府要想实现公共价值创造的最大化，就需要对手中的各类数据资源进行有效的加工与处理；数据利用是政府数据治理的归宿，政府数据治理的立足点是通过有效的数据利用来满足公共服务需求，强调通

---

① Nina C，Lia P. Bringing service design to manufacturing companies：integrating PSS and service design approaches. Design Studies，2018，55（3）：112－145.

② 王伟玲. 基于价值链的工业数据治理：模型构建与实践指向. 科技管理研究，2020，40（21）：233－239.

过政府、企业、公民等各类主体对数据的共同利用，提升数据资源的利用效率，创造更大的公共价值。

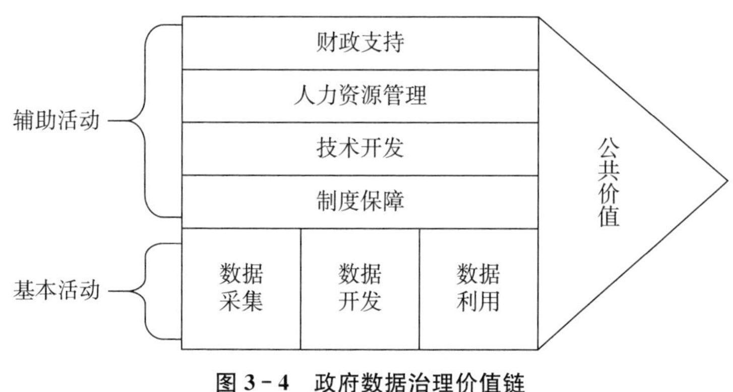

图 3－4　政府数据治理价值链

辅助活动是协助基本活动实现数据公共价值最大化的各项活动的总和。辅助活动虽然不直接创造公共价值，但对整个数据治理过程的公共价值促生具有重要的支持作用。政府数据治理价值链中的辅助活动主要包括财政支持、人力资源管理、技术开发和制度保障等四方面内容。财政支持是指通过财政资金的投入，支持政府数据治理各项活动的展开，为政府数据治理提供物质保障。人力资源在政府数据治理价值实现中起着关键作用，政府中数据专业技术人才的规模及其能力状况对政府数据治理工作的高效运行至关重要。政府数据加工处理的全过程离不开信息平台及专业技术的支持。另外，政府数据治理涉及诸多环节和内容，需要完善的制度体系作为支撑。

3.2.2　工业数据治理价值链模型

工业数据治理被定义为“从流程上通过数据采集汇聚、数据分类分级、数据共享流通、数据开发应用、数据产品和服务等一系列动态化数据管理活动，最大限度地挖掘工业数据价值”，其价值链如图 3 - 5 所示。

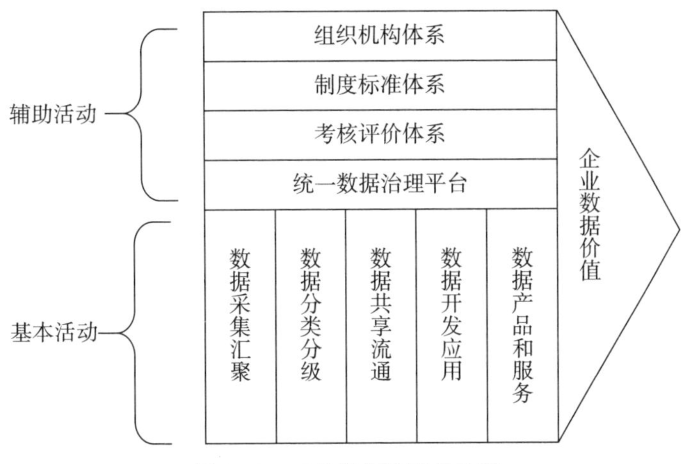

图 3 - 5　工业数据治理价值链

工业数据治理价值链的基本活动是指贯穿工业数据全生命周期的实质性治理活动，主要包括数据采集汇聚、数据分类分级、数据共享流通、数据开发应用以及数据产品和服务等环节。数据采集汇聚是指通过各类终端和系统识别获取各类工业数据资源，将不同渠道的数据整合迁移到统一的数据管理平台，实现多源异构数据的整合汇聚，是工业数据要素价值挖掘和创生的前提和条件。数据分类分级是指对工业数据采集汇聚获取的大量数据，按部门、职能、主题等不同基准进行分类编目，以类定级，形成工业数据资源目录，它是对工业数据进行资产化管理、保障工业数据安全的基础条件。数据共享流通是指不同主体之间通过数据共享、交换、交易等方式，实现工业数据的社会化流动，形成工业数据要素市场体系。数据开发应用是指通过对工业数据进行数据清洗和预处理等操作，提高数据质量，让数据更好地适应特定的挖掘技术或工具，从而以工业数据支持包括个性化定制、智能化生产、网络化协同、服务化延伸等在内的制造业新模式新业态。数据产品和服务是指基于工业研发设计、生产制造、运营管理等领域的数据开发设计的相应数据产品或服务，包括工业应用 APP，或针对某项业务开发提供数据支持服务。

工业数据治理价值链中的辅助活动主要包括组织机构体系、制度标准体系、考核评价体系、统一数据治理平台等内容。组织机构体系是工业数据治理的组织保障，需要建立专业的数据治理组织体系，开展数据资产盘点，制定相应的制度标准，培养整个组织的数据治理意识，统筹协调所有业务部门对企业数据进行统一的管理和使用。制度标准体系是工业数据治理的基本依据，从制度来看，企业应围绕数据质量、数据安全、数据标准、元数据、主数据等数据治理对象，建立相应的规章制度和操作流程，积极营造数据治理的支持环境，实现对数据产生、流转、使用、销毁等整个生命周期的管控。考核评价体系是贯彻工业数据治理制度标准的促动手段，针对数据采集、使用、质量、安全等重点领域，建立明确的考核评价体系，设计合理的考核指标，并将评估结果与部门和个人绩效挂钩，以评促改，推动工业数据治理水平的整体提升。统一数据治理平台是工业数据治理的有效载体，总体来讲，数据治理平台是实现工业数据汇聚、存储、开发、应用、运维、安全的工具和技术，一般包括元数据管理、主数据管理、数据标准管理、数据质量管理和数据安全管理等功能。

工业数据治理价值链模型从企业的角度，以释放企业数据价值为目标，通过数据采集汇聚、数据分类分级、数据共享流通、数据开发应用以及数据产品和服务等基本活动，以组织机构体系、制度标准体系、考核评价体系、统一数据治理平台作为支撑，对企业内部的数据进行治理。

3.2.3　数据治理价值链模型

价值链理论以价值创造为核心，将企业管理各环节和各要素统筹在一起，强调各个环节、各个部分之间高度的关联性，任何环节的运行以及每个管理要素都会对其他环节以及整体价值的创造产生至关重要的影响。对于数据资源开发利用与安全保护而言，价值创造和风险控制处于整个数据资源治理的中心地位。数据资源治理是典型的价值驱动的组织管理活动，如前文所述，数据资源的全生命周期中包含以数据为对象、以价值创造为目标的全生命周期管理活动，并且各个活动之间相互关联，对整体价值的创造均存在影响。因此将价值链模型引入数据资源治理具有内生的契合性，并且在政府数据和工业数据等具体领域均有所体现。

为此，进一步地，如图 3－6 所示，从价值链理论的角度出发，数据治理就是一系列围绕数据价值释放的基本活动和辅助活动所组成的过程，通过有效协同各利益相关主体，最大限度地挖掘和释放数据价值。

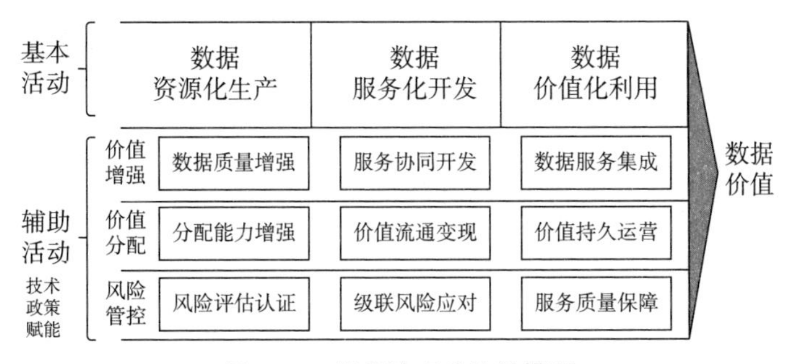

图 3－6　数据治理价值链模型

结合前文提到的数据资产全生命周期，数据价值创造的基本活动包括数据资源化生产、数据服务化开发和数据价值化利用，以实现从数据到数据资源、数据服务和数据价值的转换。

（1）数据资源化生产。数据资源化生产包括原始数据生产和数据集生产两个环节。原始数据生产是指对客观世界的对象进行数字化记录、描述和呈现，并实现数据与描述对象分离的过程；数据集生产则是指对原始数据进行初步加工处理形成数据集，使其具备产品属性。[①] 由此可见，数据资源化生产的价值创造在于将数据与描述对象分离，利用载体进行存储，并形成后续可供开发利用的数据资源（即可利用或者有利用价值的数据集），实现从数据到数据资源的转换。

（2）数据服务化开发。数据服务化开发是对数据集进行再加工，如对数据资源进行分割、融合、再组织，在此基础上构建相应的数据资源分析模型，最终形成可供利用的数据资源服务或者产品（以下简称数据资源服务）。形式上体现为通过应用程序编程接口（application programming interface，API）等方式对外提供服务化的数据资源，或者以数据模型服务对外输出数据分析模型，如预训练模型等。由此可见，数据服务化开发的价值创造在于实现数据资源到数据服务的转换，对数据资源进行再加工，将其转换成数据服务，从而减少对数据资源本身的直接访问，使通过数据资源语义层面的操作来满足具体业务场景的需求成为可能。

（3）数据价值化利用。数据价值化利用关注数据服务的集成化利用，包括对不同来源的数据服务（包括数据资源或者数据模型）

---

① 高富平. 数据生产理论——数据资源权利配置的基础理论. 交大法学，2019（4）：5-19.

进行动态集成和组合，并将其应用到具体的场景中以产生最终价值，进而对最终产品进行固化和持续优化，形成可持续产出价值的解决方案。由此可见，数据价值化利用的价值创造在于实现数据服务的场景化和集成化利用，完成从数据服务到数据价值的持续变现。

需要注意的是，这三项基本活动并不完全是线性或者单向的。例如，在数据服务化开发过程中，可能会发现缺失的数据资源，从而触发新的数据资源化生产活动以进行数据资源的定制化生产。对于在数据价值化利用过程中形成的系统或者解决方案，其本身可能会成为新的描述对象，对其采取的跟踪、监管等行为将驱动新的数据治理价值链。另外，在数据价值化利用过程中，也可能发现新的数据服务需求，从而催生新的数据服务化开发活动。

辅助活动的目的在于协助基本活动以实现数据价值最大化。在数据治理价值链中，虽然辅助活动并不直接围绕数据进行价值创造，但这些辅助活动伴随着数据资源化生产、数据服务化开发和数据价值化利用，能够降低整个价值创造过程的成本和风险，提高整个价值链的价值产出，对于整个数据治理价值链具有不可或缺的支持作用。因此，这些辅助活动本身也是重要的价值创造活动，它们不仅可以支撑各项基本活动，还可以将不同的活动连接起来，实现彼此的协作，弥补各方知识、资源和能力的不足①，是整个数据治

---

① RANDHAWA K，WILDEN R，GUDERGAN S. Open service innovation：the role of intermediary capabilities. Journal of Product Innovation Management，2018，35（5）：808－838.

理价值链得以正常运转和发展的重要基石。[①] 围绕数据价值创造基本活动面临的成本性、风险外溢性和价值分配不对称性，辅助活动主要包括以下三个层面的功能：价值增强、价值分配、风险管控。

在数据资源化生产、数据服务化开发和数据价值化利用过程中，数据价值都得到了增强：质量较差的原始数据经过加工处理，变为可利用的数据资源，数据的价值得到了提升；对数据资源进行相应的服务化开发，形成了价值更高的数据产品或服务；根据应用场景，把数据产品或服务利用到实处，数据的价值就实现了最大化。然而，不同活动的产出将会影响其他活动的最终产出，为此，需要对各项活动的成本进行协调。例如，如果数据资源化生产过程生产的数据资源质量不高，则对数据资源进行服务化开发后，需要的成本也会更高，而且形成的数据产品的价值无法保证。如果数据服务的可靠性不足，则数据价值化利用的成本将提高。而对于数据价值化利用而言，不同数据服务的集成难度将直接影响价值的可持续变现。为此，一项关键的辅助活动在于通过技术赋能，协调各个利益相关主体在生产、开发和利用等基本活动中的有效投入，在降低自身活动成本的同时，提升数据的价值。与价值增强相关的辅助活动包括如下几种。

（1）数据质量增强。通过传感器等设备采集的原始数据往往体量大、价值密度低，因此需要通过一定的数据加工处理技术来提高数据资源的质量，从而保障后续的服务化开发和价值化利用等活动。

---

① SANTORO G，VRONTIS D，THRASSOU A，et al. The internet of things：building a knowledge management system for open innovation and knowledge management capacity. *Technological Forecasting and Social Change*，2018（136）：347 - 354.

（2）服务协同开发。在数据服务化开发的过程中，需要依据数据应用场景来开发数据产品和服务，而不同服务开发商负责加工处理、开发利用的方向也不相同，因此，一个复杂的应用场景需求往往需要多个服务开发商协同进行开发并集成。

（3）数据服务集成。支持数据服务的标准化和可持续性集成，支持不同数据服务标准之间的适配，从而实现多个数据服务的动态融合。通过数据服务标准化集成，满足更加复杂的应用场景的需求，提高数据服务集成的效率，从而支持价值的可持续释放，为通过数据服务集成形成核心竞争力提供可能。

数据具有典型的价值后验性，即最终价值需要通过数据价值化利用才能形成。但是一个活动距离数据价值变现越远，对数据价值的知情程度可能就越低，参与价值分配的能力可能也就越弱。例如，数据资源化生产往往由于距离数据价值化利用较远而处于价值分配的弱势位置。此外，在数据资源开发利用过程中，强势一方（比如企业、平台）很容易通过合同、协议将数据所有权低价甚至免费“交易”到自己手中。[①] 然而过分夸大数据资源化生产和服务化开发的价值贡献，则可能导致最后的价值化利用无利可图，整个价值链无法正常运转。因此，价值的公平合理分配成为数据价值释放的关键，是实现利益相关主体协同进行数据开发利用的重要机制。[②] 与价值分配相关的辅助活动包括如下几种。

---

① 熊巧琴，汤珂. 数据要素的界权、交易和定价研究进展. 经济学动态，2021（2）：143－158.

② 王昊，陈菊红，姚树俊，等. 服务生态系统利益相关者价值共创分析框架研究. 软科学，2021，35（3）：108－115.

（1）分配能力增强。在数据资源的生产、开发和利用过程中，不同的主体可能会因为价值变现知情权以及参与分配能力的不足，无法获得最终价值的公平合理的分配。因此，该辅助活动在于提高价值链上各利益相关主体参与公平合理的价值分配的能力。典型的例子包括数据资源确权以明确参与价值分配的资格，以及通过数据资源的托管等方式提高参与价值分配的能力，从而实现价值分配的相对公平。该辅助活动的价值创造在于通过分配能力平等化，激发各方主体的积极性，创造更大的整体价值。

（2）价值流通变现。各方主体通过参与数据治理价值链基本活动（包括生产、开发和利用等）使数据增值，但是价值变现需要通过最终的数据利用才能实现，存在长期不确定性。因此，通过协助利益相关主体开展价值分配权的交易，实现价值的提前变现，降低长期不确定性成为一个重要原则。

（3）价值持久运营。要实现数据价值的充分释放，需要实现数据价值化利用过程的持久化，使得相应的集成化服务持续地产生价值。更重要的是，形成的集成化数据资源服务可能被应用于不同的场景，可以通过二次开发利用产生新的价值。此外，持续利用过程中形成的经验和数据可能触发新的数据治理价值链活动，从而产生新的价值。因此，构建持久化运营平台，实现数据服务的持久化运营和二次价值开发，对于整个价值链至关重要。由此可见，该辅助活动的核心贡献在于提高了整个价值链的价值输出，并且提供了启动新的价值链活动并创造价值的可能。

由于数据的可复制性和可分割性，数据风险会在价值链中的所有主要活动之间传播，导致所有活动均需要面对整个价值链中的所有风险，承担整个价值链的风险成本。例如，数据资源化生产过程的不合规风险会传播到数据服务化开发过程。如果在数据服务化开发过程中发生数据泄露事故，则涉及的相关价值链活动均会面临数据泄露风险。如果数据利用者存在滥用行为，则会将风险回溯传播到数据服务化开发以及数据资源化生产过程。因此，这类辅助活动的职能是降低各项基础活动面临的风险，对风险进行有效隔离，并分担风险管控成本。与风险管控相关的辅助活动包括如下几种。

（1）风险评估认证。通过快速构建原型系统、合规审计、价值零知识验证等方式，对基本活动中的数据安全风险进行识别认证，并以认证结果为基础对数据和数据资源进行分级分类组织管理。这种辅助活动能够有效降低数据治理价值链中各方主体面临的数据安全风险。

（2）级联风险应对。针对数据治理价值链的相关活动开展风险评估，并协助相关利益主体进行外溢风险的隔离和阻断。同时分担级联风险带来的系统性成本，提高整个价值链应对风险的弹性，并且协助应对数据安全风险，以降低可能的级联损失。这类辅助活动的价值在于通过对级联风险的控制，降低整个价值链面临的系统性风险。

（3）服务质量保障。通过对数据治理价值链活动的产出（如数字资源、数据服务质量等）进行持续评估和监控，为数据资源和服务的选择提供依据，从而保证整体的持续可用性。更重要的是，通过冗余培育、动态替代等方式，在不确定的环境下保障最终基于数据的解决方案的持久可用性，实现价值的持续产出。

3.3 数据治理价值链中多主体协同分工机制

3.3.1 数据治理价值链中的社会分工机制

数据治理价值链模型体现了数据价值释放过程中需要具备的基本活动以及辅助活动。这些功能各异的数据价值化利用活动自然而然地形成了相应的社会分工。从事不同社会分工的主体围绕数据治理价值链相互协作，便形成了面向数据价值释放的多主体协同分工机制。根据各类主体从事的活动类型，可以将主体划分为两类：从事数据资源价值链基本活动的“数商”，以及从事辅助活动、构成营商环境的“营商”。需要注意的是，在整个数商生态中，数商从事基本活动，是整个社会分工机制的主要部分。营商则形成支撑数商活动的环境。但是由于数据治理价值链辅助活动的特殊性，这些营商本身也是数据价值创造的主体。为此，我们提出如图 3－7 所示的数据治理价值链中的社会分工机制。

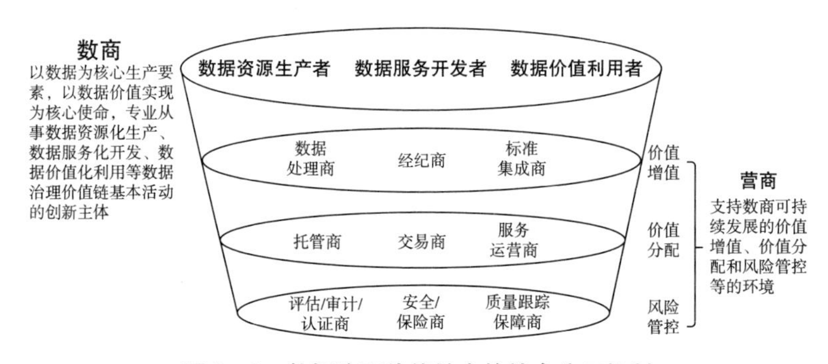

图 3－7 数据治理价值链中的社会分工机制

数商是一类以数据为核心生产要素，以数据价值实现为核心使命，专业从事数据资源化生产、数据服务化开发、数据价值化利用等数据治理价值链基本活动的创新主体。其中数据资源生产者主要进行数据资源化生产，产出数据资源，形成具有利用价值或者潜在利用价值的数据集。数据服务开发者主要从事数据服务化开发，通过对数据资源的再加工，输出数据资源服务，包括数据服务和数据分析模型等。而数据价值利用者则将不同的数据服务或者模型进行整合，并应用到具体场景中，实现价值的变现。需要注意的是，这三类角色不一定要由不同的主体担任。事实上，为了保证数据资源价值的充分获取，规避外溢的风险，降低协调成本，部分企业可能会涵盖整个价值链，同时承担这三类角色。

营商是一类专门从事数据治理价值链辅助活动的创新中介主体，共同形成能够支持数商可持续发展的价值增值、价值分配和风险管控等的环境。围绕数据治理价值链的辅助活动，一个营商环境需要具备以下营商主体。

（1）从事价值增值的营商主体，包括从事数据加工处理的数据处理商，协助搜索、匹配与撮合合作伙伴的经纪商，以及从事数据服务标准化集成的标准集成商。

（2）从事价值分配的营商主体，包括促进数据价值分配能力平等化的托管商，支持数据产品或服务交易流通的交易商，以及从事数据价值持久化发挥和二次价值开发的服务运营商等。

（3）从事风险管控的营商主体，包括从事数据潜在价值认证的评估/审计/认证商，对数据风险进行评估隔离、成本分担、风险应对和安全能力供应的安全/保险商，以及从事数据服务质量评估与保障的质量跟踪保障商等。

总之，要实现数据治理价值链的高效运转，就需要形成一个多主体价值共创的数据治理生态系统机制，其中既包括从事基本活动的三类数商主体，也包括从事辅助活动的九类营商主体。这些主体相辅相成，共同实现数据价值的创造。而且，由于分工不同，缺少任何一方都会影响整个生态的价值创造，因此，要形成一个完整的数据治理生态系统，就需要有效吸引和培育不同主体。

同样，由于辅助活动之间的相关性，一个主体可能会同时提供多种辅助功能。例如，一个市场主体可能同时提供数据服务标准化集成、质量评估与保障以及持久化运营的功能，从而同时承担标准集成商、质量跟踪保障商和服务运营商的职能。数据交易所则可能在担任交易商的同时，担任评估/审计/认证商和经纪商的角色。

3.3.2 多主体数据资源价值和风险的协同框架

正如数据治理价值链模型所示，数据资源在加工生产与开发利用过程中，有多个主体参与到各个环节，并且在不同程度上赋予数据资源不同的价值和承担相应的安全风险。而数据资源的治理特性使得众多参与者之间难以进行清晰的权责划分，风险的级联外溢导致彼此需要共同承担整个价值开发利用过程的所有风险。此外，彼此之间的依赖导致价值贡献难以明晰，叠加上价值分配的不对称性，不同主体在数据资源开发利用过程中对价值和风险形成共识、协同共创变得至关重要。

为了理解数据资源加工生产与开发利用过程中的多主体协同关系，我们在多层次多维度数据治理体系框架①的基础上，根据主体

---

① 梅宏. 数据治理之论. 北京：中国人民大学出版社，2020：133.

的层次提出数据资源开发利用与安全保护的多主体数据资源价值和风险协同框架（见图 3－8），以进一步明晰多方参与主体在数据资源开发利用与安全保护中价值和风险认知的异同及相互影响。

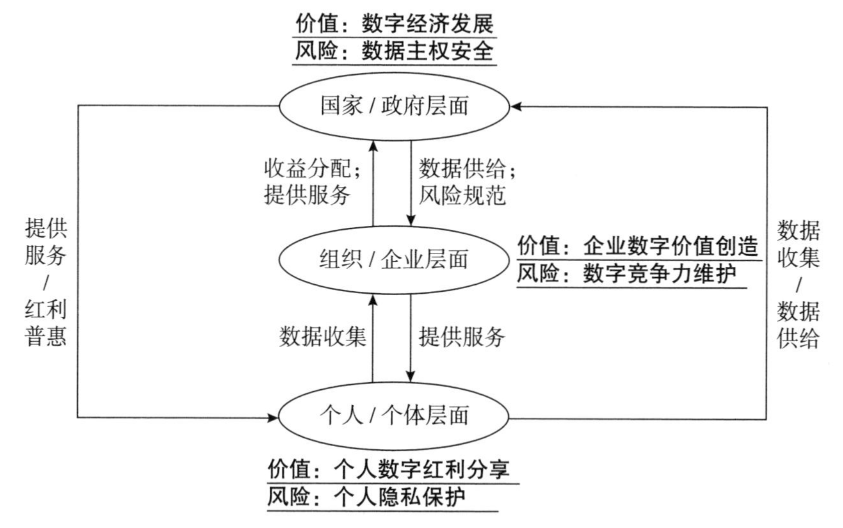

图 3－8　多主体数据资源价值和风险协同框架

如图 3－8 所示，在多主体数据资源价值和风险协同框架中，国家/政府通过建立相关法律法规和指导性政策等方式向行业和组织提供指导和监督。而组织/企业则在国家/政府（包括行业）的指导、监督和规范下，做好组织内部的数据治理工作，并向国家/政府输出成功的应用实践。由于个人/个体往往是非常重要的数据资源提供者或者数据描述对象，所以个人/个体也是数据资源开发利用与安全保护的一个重要的参与主体。

在国家/政府层面，由于国家/政府本身并不具备数据资源开发利用的能力，因此国家/政府通过为组织/企业提供数据资源，或者组织/企业为其提供开发利用能力的方式，对数据资源进行充分的开发利用以获得数字红利。与此同时，数据主权事关国家总体安全，而风险的级联外溢以及数字市场的易垄断性可能对整个数字经济的发展带来系统性风险，甚至威胁到国家总体安全。因此国家/政府往往通过制度法规、标准规范和应用实践来规范相关风险。

在组织/企业层面，组织/企业自然倾向于在提供服务的同时，通过数据采集进一步积累相关数据资源，以降低成本、提高服务质量，同时将这些数据资源进一步转化为相关领域的竞争优势。与此同时，由于数据资源的风险外溢性和价值后验性，当组织/企业需要跟外部合作进行数据资源的开发利用时，需要维护其基于数据资源构建起来的数字竞争力。

在个人/个体层面，个人在使用相关数字产品，享受数字产品带来的便利的同时，也面临着个人的隐私数据作为附属产品被组织/企业收集，从而导致个人隐私泄露的风险。更重要的是，由于数据资源的可复制性、人格禀赋带来的价值后验性，即使将这些个人隐私数据确权为个人/个体所有，这些个人数据也很容易被以低成本甚至零成本的方式交换到强势的一方（如企业）。虽然提供的个人相关数据能够在后续过程中产生价值，但由于能力的不足，个人/个体往往并不能获取到相应的数据价值的分配。因此往往需要借助国家/政府的相关规范来实现红利的普惠。当然，国家/政府为个人/个体提供服务的同时，也可能收集相关数据，形成数据资源的积累。

从以上协同框架可以看出，三个层次主体之间的风险和价值诉求不仅存在一定的异同，而且同样存在对立与统一的相互转换。

从对立的角度而言，如果国家/政府为了追求数字经济发展而强制要求组织/企业公开相关数据资源，那么这可能转换成对组织/企业数字竞争力的风险。这种风险超过一定阈值后将导致组织/企业退出数据资源价值的创造，反过来影响数字经济的发展。如果组织/企业为了追求数字价值创造而无视可能形成的国家数据主权安全风险或者个人隐私保护，加上风险的外溢性以及数字市场的易垄断性，可能会形成对整个数字经济发展的系统性风险，压制相关数字创新的发展，最终抑制整体数字经济的发展。这反过来将导致国家/政府层面法律法规的介入，同时也会因为整个市场数字创新环境的恶化，以及个人对数字服务消费的抵触，影响企业数字价值的创造和获取。如果个人/个体过分追求个人隐私保护，可能会导致相关数字红利获取较困难，然而过分追求数字红利而无视个人隐私保护反过来也将会影响数字红利的获取。典型的例子如愈发猖獗的鱼叉式钓鱼，通过个人隐私数据的获取来实现精准化的网络钓鱼攻击。

从统一的角度而言，国家/政府层面对数字经济发展的诉求往往需要通过组织/企业的参与，利用组织/企业的数据资源开发利用和安全保护能力才能够实现，因此，国家/政府为组织/企业提供相关的数据资源或者引入组织/企业的能力以释放政府所掌握的数据资源的价值，就成为一种重要的选择手段。

与此同时，国家/政府的数据主权安全并不仅仅通过自身能力就可以实现，而是一方面需要组织/企业做好对其掌握的数据资源的安全保护，防范数据资源的外溢风险，另一方面则需要组织/企业提供安全保护能力。组织/企业则通过国家/政府提供的数据资源，结合自身掌握的数据资源，在数据资源融合中获得更多价值，提升其数据竞争力。

在个人/个体层面，由于个人/个体往往不具备充分保护个人隐私的能力，因此国家/政府层面的法律法规和标准规范的介入变成了一种迫切需要的方式。此外，个人/个体同样不具备参与相关数据资源价值分配的能力，通过国家/政府层面的参与，为实现价值的红利普惠提供了一个可能的途径。

总之，国家/政府、组织/企业以及个人/个体三个层面的主体在数据资源开发利用与安全保护中的风险认知和价值诉求存在差异。与此同时，不同主体的价值与风险之间同样存在对立和统一的相互转换。这些对立与统一并不是一成不变的，而是会动态变化。降低彼此的对立，促进相互的统一，就成为实现国家/政府、组织/企业以及个人/个体三个层面的主体在数据资源开发利用与安全保护中协同的核心。

3.4 小 结

跨域数据治理的核心使命在于实现数据价值的高效、可持续释放。为此需要将数据转换为资产，从数据资产的全生命周期角度保障数据资产的价值实现。进一步地，基于价值链理论，我们通过对数据价值化过程中基本活动、辅助活动的梳理，明晰有效支撑跨域数据治理需要形成的数商生态。在厘清数商生态关键主体的基础上，我们强调了跨域数据治理过程中需要重点关注的社会分工机制和协同框架。这些概念和框架突出了以数据价值释放为导向的跨域数据治理过程的关键要点，而这些关键要点的落地迫切需要相应技术体系和系统工具的支撑，这为我们构建以数据为中心的社会化信息系统提供了重要的理论基础和实践指引。

第4章

数据为中心的社会化信息系统构建方法

对数据进行有效组织和治理，实现数据资源化，并且通过快速构建能够满足跨域场景、动态需求的应用，实现数据价值高效释放，是数智时代的诉求。然而当前组织内部和组织之间，数据质量参差不齐、标准规范不一致、“数据孤岛”林立，数据共享和流通困难，传统的信息系统开发方法无法有效应对跨域场景下数据资源化和数据价值释放面临的挑战，跨域业务难以协同和构建，数据价值也就无法有效释放。为此，本章从跨域数据资源化和价值释放的特点出发，围绕数据治理，提出了以数据为中心的社会化信息系统构建理论和方法，探讨了社会化信息系统构建过程中的基本原则，以及支撑社会化信息系统构建的技术体系和落地实现模式，以此指引后续关键技术的突破。

4.1 社会化信息系统的提出

4.1.1 信息系统的演变历程

信息系统（information system）是由计算机硬件、网络和通信设备、计算机软件、信息资源、信息用户和规章制度组成的以处理信息流为目的的人机一体化系统，包括信息的输入、存储、处理、输出和控制等五个基本功能。如图 4－1 所示，从数据价值主要来源的视角出发，我们认为，信息系统经历了面向单一业务的业务信息系统、面向单一主体的企业信息系统到面向多主体的社会化信息系统三个发展阶段。

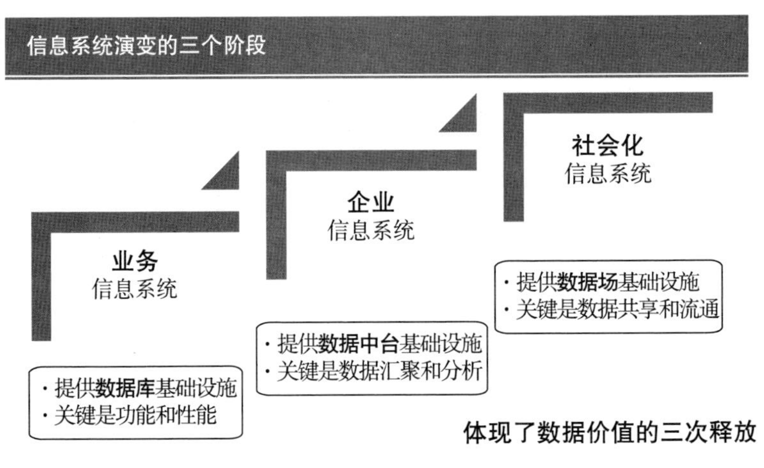

图 4－1　信息系统的演变历程

业务信息系统（business information system，BIS）是信息系统发展的早期阶段，企业主要通过计算机化系统来处理特定的业务功能，如财务、销售、生产和库存管理，即信息系统是为单一的业务部门服务的。虽然这些单一的业务信息系统能大幅提高相应的业务工作效率，但这些系统之间通常是相互孤立的，各自独立运行，没有很好地整合。在此阶段，业务信息系统提供了数据库软件、硬件、通信设备等基础设施；业务信息系统更注重自身信息系统的功能和性能，追求业务处理的效率。从数据价值释放的角度而言，该阶段的业务信息系统重点关注如何更高效地组织单一业务内部的数据。

企业信息系统（enterprise information system，EIS）的产生源于企业逐渐意识到需要更好地整合各个业务功能，以实现更高效的业务运营。因此，EIS 旨在整合不同部门和功能的信息系统，以实现更好的信息流和协同工作。例如，企业资源计划（enterprise resource planning，ERP）系统集成了财务、人力资源、生产、供应链等多个方面的数据和流程，整合了企业内外部资源进行优化管理，以实现企业或组织的最大经济效益。在此阶段，企业信息系统提供了诸如数据中台、业务中台、数据仓库等基础设施；企业信息系统集中组织内部的数据，对信息资源进行汇聚、整合、分析、管理，以提升企业效益为目标。从数据价值释放的角度而言，该阶段的企业信息系统从企业的视角出发，重点关注如何更高效地汇聚企业内部的数据，以数据来支撑企业的决策。

社会化信息系统（social information system，SIS）的出现则是由于在当今时代，数据作为关键生产要素，成为企业之间相互合作、协同、共同构建数字生态的关键纽带。企业也意识到注重自身数据资源的重要性。面向快速、动态变化的场景需求，如何更高效地释放数据资源的价值已经成为企业组织共同关心的问题。因此，社会化信息系统以数据为中心，从数据的视角来审视和支撑多主体跨域协同，以期进一步释放数据资源的价值。从数据价值释放的角度而言，社会化信息系统的焦点从单一企业开始转向数据在不同主体之间的共享和流通，通过跨域数据协同来进一步挖掘数据的价值。显然，社会化信息系统与跨域数据治理密不可分。

可见，业务信息系统、企业信息系统、社会化信息系统的演变过程正好体现了数据价值的三次释放过程，特别是数据价值主要来源的变更：业务信息系统着眼于处理具体的业务事项，根据获取到的相应数据信息，进行资源的分析、计划、处理，大幅提高了组织人员的工作效率，这是数据价值的第一次释放，价值的来源在于数据的有效组织以提升业务效率；企业信息系统整合企业内外部的相关资源，打破了部门壁垒，为企业的战略规划和决策提供了相应的数据支持，实现了企业整体效益的最大化，这是数据价值的第二次释放，价值的来源在于通过数据获得洞察以更好地支撑企业决策；而第三次数据价值的释放正是通过社会化信息系统进行的，突破了企业组织壁垒，通过跨域数据之间的融合，实现了数据价值的进一步放大，并且实现了多方主体的数据资源的价值增值和共享。

4.1.2 社会化信息系统的基本概念

从数据价值的主要来源的视角来看，与传统信息系统相比，社会化信息系统的焦点在于有效支撑跨域数据治理。因此，它是一种以数据为中心、多主体参与、跨域业务协同工作的信息系统。

首先，与传统信息系统以业务为中心不同，社会化信息系统以数据为中心，强调各个主体将组织内外部数据有效整合、汇聚到数据底座中，对数据进行统一的、标准化的、规范化的加工处理之后，形成相应的数据资源。在这一过程中，数据有了清晰的定义、格式结构等，数据的可用性和可读性都得到了大幅提升。社会化信息系统以数据为对象进行组织和管理，业务流程的构建和优化也是从数据出发，组织的决策和计划也可以用数据作为支撑，并且通过数据的共享和流通来支撑不同主体之间的交流与协作。

其次，与传统信息系统往往在同一组织主体内部不同，社会化信息系统天然需要跨域，涉及多主体参与。在社会化信息系统中，每个主体都有自己的角色和职责，同时它们也需要按照一定的规则和协议进行数据资源共享和业务协作。这些规则和协议可以通过人工制定，也可以通过机器学习等技术自动学习和优化。以公共数据授权运营为典型案例，构建一个完整的公共数据授权运营系统，会涉及数据提供商、数据加工处理商、数据运营商、数据利用商以及数据经纪商等，这些主体之间有效地协同工作，使得公共数据在授权运营的过程中得到了充分的价值释放。

最后，社会化信息系统以数据的跨域流通实现跨域业务协同。传统信息系统从业务出发，以业务流带动数据流。而在社会化信息系统中，数据跨域流通将成为主要推动力。各个主体一方面有着明确分工，自主控制其自身负责的业务；另一方面通过数据资源的跨域流通，实现各个业务模块的连接，支持跨域业务的协同和构建。

总之，社会化信息系统以数据为中心，围绕跨域数据治理，旨在满足数智时代对数据价值释放的高效需求，因此需要能够满足其诉求的理论方法以及技术体系来支撑。接下来的章节中，我们将重点讨论社会化信息系统的构建原则、关键技术体系以及主要实现模式，为进一步完善社会化信息系统的构建提供基础。

4.2 社会化信息系统构建的基本原则

4.2.1 数据与组织分离和数据跨域流通

为了支撑社会化信息系统中数据的跨域流通，有效连接不同主体的自主业务，实现数据与组织的分离、支撑数据跨域共享是构建社会化信息系统的一个基本原则。

数据与组织分离是指将组织的数据管理与业务逻辑进一步解耦，使数据在整个组织中能够独立于具体的业务流程存在和流动，实现数据的组织属性的进一步剥离。这种分离的好处在于，数据不再完全依赖于业务，部分不再受业务动态变动的影响，从而变得更加稳定、一致且易于维护。需要注意的是，数据更加稳定并不意味着数据不再变动，而是强调数据不再需要依托业务，能够脱离业务自我存在。在此基础上，可以通过剥离数据的业务属性，从数据的视角出发，建立一个相对统一的数据资源体系，支撑数据的快速汇聚和跨域共享，同时能够支撑甚至催生新的业务，突破企业组织边界，为企业的跨域合作提供更大的灵活性和可扩展性，使其能够更快地适应不断变化的市场需求和业务要求。

进一步地，以剥离业务的数据资源体系为基础，数据跨域共享在不同的业务领域和组织之间共享数据，从而打破“数据孤岛”。数据跨域共享可以促进信息的共享和协作，提高决策的准确性和时效性，还可以促进创新和合作，为企业带来新的商业机会和竞争优势。更重要的是，在数据与组织分离的前提下，数据本身的业务信息被有效剥离，数据的安全性和隐私保护能够得到进一步的保障，从而有助于跨域共享满足监管和合规要求，提高其数据安全性和隐私保护，促使多方主体参与到跨域数据流通的进程中来。

4.2.2　数据对象化和标签化组织

社会化信息系统中，数据脱离组织，通过资源化过程以数据资源的形式独立存在。为了有效组织和使用数据资源，必然需要对数据进行对象化、标签化组织，从而实现对数据资源的标识。因此，数据对象化和标签化组织成为构建社会化信息系统的一个关键手段。

具体而言，数据对象化是指将数据转化为具体对象，以便更好地理解和操作。通过数据对象化，数据不再是原始的二进制或文本形式，而是被赋予了更多的上下文和语义。通过对数据更精确地描述和建模，可以使其具备更高层次的抽象和封装，这种对象化将数据组织成有意义的结构化形式。在数据对象化过程中，数据被赋予特定的属性和行为，使其更接近于现实世界中的对象。通过数据对象化，企业可以更好地理解数据的含义和关系，从而更准确地进行数据分析、数据使用和决策支撑。

数据标签化是将数据与标签相关联的过程。在对象化的原则下，通过给数据添加标签，可以对数据进行分类、归类和检索。在数据标签化中，通过赋予数据特定的标签，可以为数据提供更多的描述性信息和元数据，使其更易于管理和利用。一方面，标签化使得数据可以被有效地分类和组织，以便快速地搜索、筛选和访问。通过给数据添加标签，可以基于不同的属性、特征或标准对数据进行归类、分类或分组。这些标签可以包含数据的关键词、属性、时间戳、地理位置、格式等信息，也可以是用户自定义的。另一方面，标签化使得数据可以按照不同的标准和视角进行组织，方便用户根据需要进行数据的查找和利用，也方便赋予数据对象不同的业务属性和价值场景。更重要的是，数据对象化和标签化可以促进不同部门和团队之间的协作和共享。一方面，由于数据被统一标签化，不同团队可以更容易地理解和使用数据；另一方面，标签的流通共享比数据资源本身的流通共享更方便，难度更低，因此有助于加强多方合作，实现知识共享和技术交流。

需要注意的是，数据标签化的过程可以手动进行，也可以自动进行。手动标签化需要人工干预，通过人工为数据添加标签来描述其属性和特征。自动标签化则借助机器学习、自然语言处理等技术，自动从数据中提取相关的特征和标签。自动标签化可以提高效率和准确性，尤其是在大规模数据的情况下。事实上，要实现数据对象化和标签化组织，企业需要采取一些关键技术。首先，建立统一的数据模型和标准，确保数据对象化的一致性和可持续性。其次，制定适当的标签规范和分类体系，以便有效地组织和检索数据。再次，采用先进的数据管理和分析工具，以支持数据对象化和标签化的实施与应用。最后，培养数据驱动的文化，增强组织中的数据意识和数据素养，鼓励员工积极参与数据对象化和标签化的过程。

4.2.3 跨域业务快速构建和协同开发

伴随着数字经济时代数据要素流通的大趋势，传统的业务管理正处于从面向单主体单部门到单主体多部门再到多主体的跨域协同工作的阶段，即跨域业务协同阶段。在此阶段，社会化信息系统面对的是外部动态、复杂的场景需求，会涉及不同的技术、数据和流程，需要多主体协同合作才能更好地满足市场需求。因此，实现跨域业务的快速构建和协同开发，以实现数据的共享与流通是社会化信息系统的主要目标。

跨域业务协同是指多主体为完成一致的业务目标而开展分工合作的过程，随着当前数据治理问题的复杂化与公众需求的个性化，这将成为一种治理常态。根据跨域的类型，可以将跨域业务协同分解成跨空间域的业务协同、跨管辖域的业务协同和跨信任域的业务协同三个层次。

跨空间域的业务协同通常涉及跨越地域边界，不同地理位置的主体通过相应协同分工来共同实现特定的业务目标或完成项目任务。这种协同可能涵盖各种领域，包括商业、政府、学术研究、非营利组织等。例如，在新冠疫情期间，各个省份的健康码互认业务正是这一层次的典型代表。在社会化信息系统中，通过跨空间域的业务协同，可以实现不同地区主体间的数据资源共享以及其他资源配置，从而提高效率。此外，通过跨空间域的业务协同，组织可以扩展其市场范围，更好地满足多样化的场景需求。

跨管辖域的业务协同是指在不同的管理部门或领域之间，通过社会化信息系统，促进协同合作和信息共享，以实现更高效的业务运营和决策制定。其中，最常见的是跨部门的业务协同，ERP 系统整合财务、销售、市场、生产、供应链等部门的资源，合理规划，通过各业务流程的协同来实现最优的计划或决策。此外，跨管辖域的业务协同在政务系统中也较为常见，例如为新生儿办理出生证明、登记入户这一业务，在传统的办理过程中，需要经过医院出具证明、户籍部门户口登记注册等流程。但通过社会化信息系统，就可以实现跨部门的业务协同工作，在浙江“浙里办”APP中，通过“出生一件事”这一主题集成服务，就可以实现出生证明办理、户籍登记等业务的一体化，足不出户就可以完成办理，大大提高了工作人员的办事效率，给人民群众带来了便利。可见，跨管辖域的业务协同的快速构建不仅可以打破不同部门之间的“数据孤岛”，而且可以通过多部门之间的合作，简化业务流程，提高效率。

跨信任域的业务协同是指在不同信任域之间通过社会化信息系统促进合作和协同工作，以实现业务目标。其中，信任域主要是指各企业、组织或机构设置本地认证服务形成的相对独立的域，即在不同主体之间形成的基于信任关系认证的范围。在社会化信息系统中，可以通过适当的身份认证和审核机制来建立不同主体之间的信任，从而促进数据的共享和流通，构建跨信任域的业务协同。因此，跨信任域的业务协同构建的关键之处在于定义清楚同一流程不同业务模块中主体的义务和权责，并制定相应的身份认证和审核机制来确保数据共享和流通的安全性。

因此，要实现不同主体间的跨域业务协同的快速构建和协同开发，首先，建立共同的业务目标是一个关键因素。在社会化信息系统中，每个主体都有自己的目标和利益，这些目标和利益可能并不一致。因此，需要建立一个共同的目标，以便各个主体可以围绕共同的目标协同工作。其次，建立适当的信任关系是另一个关键因素。在社会化信息系统中，各个主体之间需要互相信任才能实现数据流通共享和业务协作。再次，建立有效的数据流通共享机制是实现跨域业务协同快速构建的必要条件。最后，也需要监控和反馈机制来保障不同主体间的跨域业务协同的安全等工作。

4.3　技术体系

社会化信息系统以数据与组织分离和数据跨域流通、数据对象化和标签化组织以及跨域业务快速构建和协同开发为基本原则。围绕这些原则和特点，相应地，我们认为，社会化信息系统需要涵盖三大技术体系：数据资源体系、服务支撑体系以及业务应用体系。

4.3.1　数据资源体系

数据资源体系是社会化信息系统的核心支柱，它为跨领域场景和动态需求的业务协同提供了坚实的数据基础。数据在这个系统中被视为关键生产要素，其价值和潜力在数据资源化的过程中被高效释放。如图 4-2 所示，社会化信息系统的数据资源体系主要包括数据对象体系、数据资源管理体系和数据质量管理体系三个核心模块。其中数据对象体系旨在实现数据的对象化和标签化，支撑数据资源化过程，实现数据与业务的剥离。数据资源管理体系着眼于对

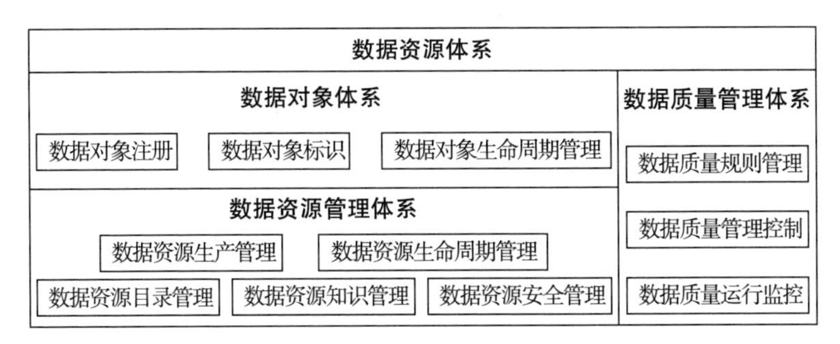

图 4-2　数据资源体系

形成的数据资源进行全生命周期和长效的管理，支撑数据价值的可持续变现。而数据质量管理体系贯穿始终，着眼于提升数据资源的质量。

1. 数据对象体系

数据对象体系着眼于实现对数据资源的统一抽象，将各种类型和来源的数据视为数据对象进行管理，以提高数据资源的可用性、可访问性和可维护性，同时促进不同系统之间的数据共享和集成，包括数据对象注册、数据对象标识、数据对象生命周期管理等关键技术。

数据对象注册是指通过制定统一的标准，基于参与者、数据资源类型、来源、采集地基础设施等特征对数据资源进行统一的对象化注册。

数据对象标识是指在数据对象注册时，基于现有的标准，以各种符号对数据对象进行唯一的标识，同时提供高效、迅速的解析服务。根据数据对象的标识，可以迅速查询数据对象的状态，获取数据对象的存储位置、访问方式、所有者、时间戳等和数据对象访问直接相关的状态信息。

数据对象生命周期管理是指从数据对象的创建、访问、修改、删除以及索引和搜索等全生命周期对其进行管理。

2. 数据资源管理体系

数据资源管理体系在数据对象化的基础上，将业务系统积累的无序、混乱的原始数据加工处理，转换成有序、规范、具有高价值的、可信的数据资源。对数据资源的管理和运营可以大大提高组织的业务工作效率、完整地释放数据的价值。我们认为，其功能主要包括数据资源生产管理、数据资源生命周期管理、数据资源目录管理、数据资源知识管理以及数据资源安全管理等方面，这些功能可以帮助组织长效地管理其数据资源。

数据资源生产管理是指对采集的原始数据进行规范化的加工处理，形成相应的数据资源。

数据资源生命周期管理是指面向数据资源的全生命周期进行总体管理，包括数据资源的识别、盘点、变更、处置、应用和治理等内容。

数据资源目录管理是指识别现有的数据资源，并进行统一的登记、分类，提高数据资源的可用性。

数据资源知识管理是指在数据资源管理过程中沉淀的各类知识管理，包括规则管理、模型管理和指标管理等内容。

数据资源安全管理是指对数据资源的安全进行保障，包括对面向数据资源的敏感度、等级和血缘关系等进行管理。

3. 数据质量管理体系

数据质量管理体系着眼于应对目前组织在信息系统中遇到的数据形式结构不统一、格式不正确、数据来源不同导致难以融合、原始数据错误导致难以检测等问题，帮助组织提高数据资源的价值和可靠性，降低成本和风险，促进数据资源的共享与流通。数据质量管理体系主要包括数据质量规则管理、数据质量管理控制、数据质量运行监控等内容。

数据质量规则管理是指通过定义数据质量和规则来明确数据质量的标准和度量方式，根据用户的数据质量需求对整个系统中各个部分的数据进行管理。

数据质量管理控制是指通过相应的手段方式来提高和控制数据资源的质量，包括数据质量检测评估、整改修复以及反馈管理等活动。

数据质量运行监控则是指在业务运行过程中对数据的操作进行全面的监控管理，以确保数据资源的质量。

4.3.2 服务支撑体系

社会化信息系统的服务支撑体系是为满足跨域业务的数据资源供需而构建的。它的焦点在于数据资源的有效交付，以满足跨域业务需求为导向，以数据资源服务化和模型化等为交付手段，为社会化信息系统的高效运作提供支持。通过数据服务、模型服务等方式，可以使组织更好地管理和使用数据资源，释放数据价值，提高工作效率，降低开发和维护成本；可以使系统更加灵活和可扩展：当业务需求发生变化时，可以相对容易地添加或修改数据服务或模型服务，以满足不断变化的要求。

如图 4-3 所示，社会化信息系统的服务支撑体系主要包括数据服务、模型服务以及服务建模、部署管理三项主要内容。

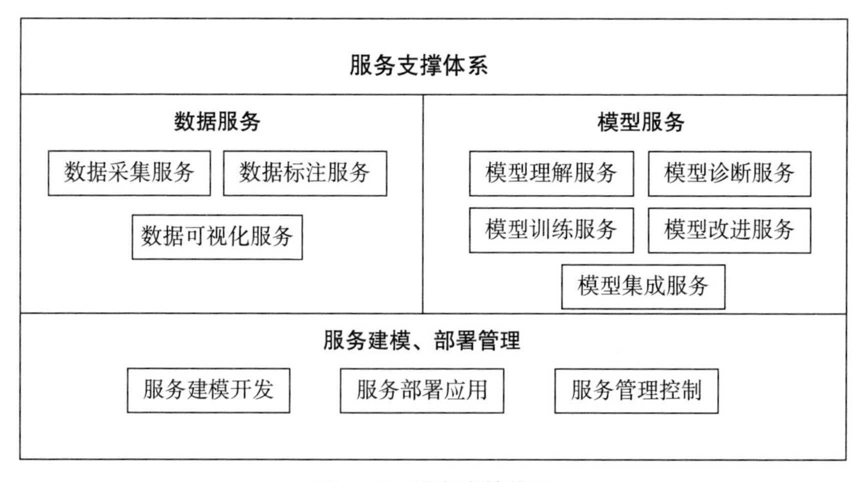

图 4-3 服务支撑体系

1. 数据服务

数据服务是一种数据管理和交付模型，它强调将数据资源转化为可供其他应用程序、系统或用户使用的服务。主要方式是将数据资源通过软件技术和服务模式进行开放、共享和重用，以满足业务需求。数据服务的目的在于将数据资源交付应用到实际的业务场景中，进而让数据产生价值。典型的数据服务包括数据采集服务、数据标注服务以及数据可视化服务等类型。

2. 模型服务

模型服务是指将经过数据训练的机器学习或者深度学习模型部署到云环境或者实际系统中，使得使用者不必关心模型所涉及的具体技术细节，而是专注于构建和运行可输出有效结果的业务模型。模型服务可以提高模型的可重用性，减少重复性的模型训练和维护工作；同时其适应性也更强，可以根据实际的业务需求调用不同的模型服务和数据服务；模型服务可以提高数据资源的利用效率、减少资源浪费等。在社会化信息系统中，模型服务要想顺利部署到系统中，需要经历模型理解、诊断、训练、改进、集成等过程。

3. 服务建模、部署管理

服务建模、部署管理是指根据实际的业务需求，设计、开放和接入服务的过程，同时也需要将接入的服务部署到实际业务流程和系统中，并对其进行相应的管理。服务建模、部署管理主要包括服务建模开发、服务部署应用、服务管理控制等内容。其中，服务建模开发包括服务需求描述、服务定义、数据与服务交互方式设计等，主要目标就是根据业务需求，对服务进行建模开发，形成相应的数据或模型服务目录。服务部署应用主要将服务部署到实际的系统环境中，包括接口设计管理、数据传输安全保障等工作。服务管理控制主要是对服务的应用过程进行监督、管理和控制，以保证服务过程的顺利进行和数据流通的安全。

4.3.3 业务应用体系

社会化信息系统的业务应用体系着眼于满足“新场景动态涌现、应用快速构建、事件快速处置”的新需求，实现面向数据跨域协同场景的业务流程快速构建和部署。因此，该技术体系需要理解业务场景，将涌现的业务场景转换成数据资源和服务需求；在此基础上，使数据资源和服务的动态组合形成跨域业务流程；最终将构建的跨域数据业务流程进行有效部署，以满足业务场景的需求。如图 4－4 所示，社会化信息系统的业务应用体系主要包含业务流程统一建模、业务场景数据协同、业务流程部署应用等三个主要部分。

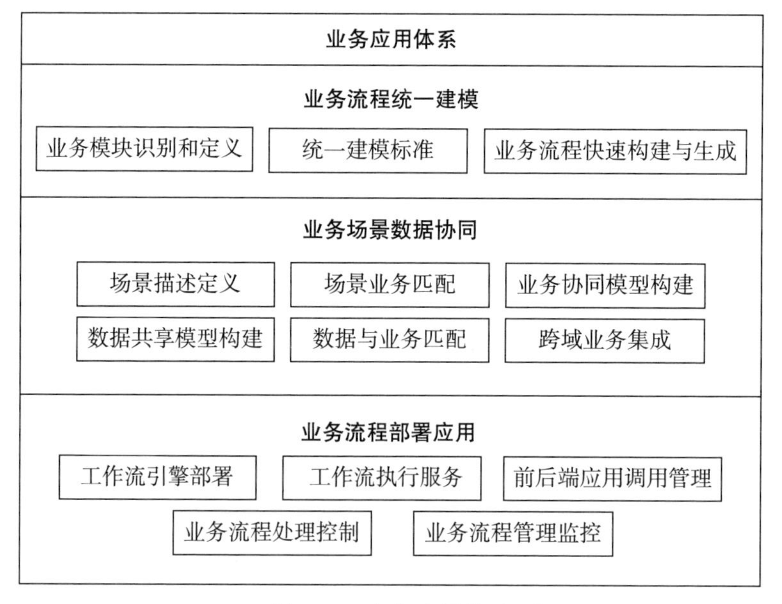

图 4－4　业务应用体系

1. 业务流程统一建模

业务流程统一建模是指根据动态的应用场景需求，将业务场景进行标准化、规范化的业务流程建模，协作各方主体理解和管理其执行过程。首先，业务流程统一建模的关键就是核心业务模块的识别和定义，即通过业务拆分的方法，将一个完整的业务流程拆解为一个个功能具体的业务模块，并以此进行定义和建模。其次，需要统一建模标准，确保系统内各个业务流程的描述方式和表示方法是统一的，从而提高流程的可理解性和可比性，便于主体之间的沟通和协作，降低沟通成本和风险。最后，根据定义清晰的业务模块、业务单元，采用统一的建模标准，应用"拖拉拽"的低代码方式快速构建和生成一个完整的业务流程。

2. 业务场景数据协同

业务场景数据协同是指根据场景需求，以数据为驱动，构建业务协同、数据共享、数据集成三阶段模型，完成跨域业务协同的设计和开发过程。在业务协同过程中，需要完成场景描述定义，包括场景的名称、主要参与主体、涉及的数据资源、核心业务模块；需要根据描述好的场景，梳理构建完善的业务流程，实现场景业务匹配；需要构建业务协同模型，即确定核心业务，将其拆分细化为更具体、功能明确的业务单元和业务事项，明确之间的协同关系，从而构建完整的业务协同模型；需要根据构建的业务协同模型，完成数据共享模型的构建，建立相应的指标体系，汇总数据需求，制定数据和服务共享清单，实现数据、服务与业务的对接匹配，协同工作；需要对设计好的业务协同模型和数据共享模型进行业务事项、业务单元的集成。

3. 业务流程部署应用

业务流程部署应用是指将设计和构建好的业务流程部署实施到实际环境中，并确保流程能够顺利运行，以满足特定的业务需求，其包括工作流引擎部署、工作流执行服务、前后端应用调用管理、业务流程处理控制以及业务流程管理监控等主要活动。其中，工作流引擎部署是业务流程以可视化的方式，将业务流程解析成一套简单的可执行代码框架并放入系统中，帮助我们编排所需要实现的业务；而工作流执行服务的主要功能是创建、管理流程定义，创建、管理和执行流程需要的相应服务。同时，值得注意的是，由于不同的前后应用可能调用同一组数据或服务，因此需要明确其调用过程的优先顺序，根据输入输出内容，划分一定的界限，完成调用的管理工作。另外，在业务流程执行期间，我们也要实时监控、管理，及时处理好故障流程。

4.4 实现模式

基于社会化信息系统的“数据资源—服务支撑—业务应用”三层技术体系，在落地实践上，对应地形成了一个“数据空间—服务工厂—业务中台”的基本架构。需要注意的是，这个基本架构在实践过程中需要根据具体业务进行细化。事实上，这个架构中的大部分技术模块并不是全新的，而是在传统的企业信息系统技术体系中就已经存在。本节我们将介绍每个层次的架构和实现模式，并在后续章节中介绍每个层次中社会化信息系统构建需要实现的关键技术。

4.4.1 数据空间的架构

1. 数据空间的定义及内涵

2005 年，Franklin 等人第一次提出了“数据空间”的概念，指出数据空间不是一种数据集成方式，而更像是一种数据共存方法。它不在乎数据的集成程度，而是以一种“pay-as-you-go”的方式对外提供服务。① 它更聚焦于数据的价值应用，在此基础上深入剖析数据空间的应用场景和目标，对数据空间进行拓展定义。数据空间也是一种通用的多源异构数据组织和管理模式，它实现了非可信环境下多方数据的按需融合，为跨组织场景的数据共享、数据分析以及数据服务提供了新途径。② 可以认为，它是一个建立在异构数据源上的信息系统，旨在支持数据的智能应用，在实现场景的基础上适应不同的技术，使其适用于不同级别的需求。③ 特别是，数据空间更专注于讨论数据关系和数据组织，旨在通过构建数据的统一描述来集成来自多个数据源的数据，强调对数据的理解。

因此，我们认为，社会化信息系统的数据底座应是一个数据空间，承担不同主体间的数据汇聚、标识存储、共享流通等功能。根据主体对象的不同，可以进一步细分为个人数据空间、企业数据空

---

① Franklin M, Halevy A, Maier D. From databases to dataspaces: a new abstraction for information management. ACM SIGMOD Record, 2005, 34 (4): 27 - 33. doi: 10.1145/1107499.1107502.

② 范淑焕，侯孟书. 数据空间：一种新的数据组织和管理模式. 计算机科学，2023，50 (5)：115 - 127.

③ Guo J, Cheng Y, Wang D, et al. Industrial dataspace for smart manufacturing: connotation, key technologies, and framework. International Journal of Production Research, 2021, 61 (12): 3868 - 3883. http://hfcfb391f4815d8064db7 sqbwfxpw05wf066xv.fzzh.libproxy.ruc.edu.cn/10.1080/00207543.2021.1955996.

间、行业数据空间甚至社会整体数据空间。数据空间是以标准体系和技术措施为基础、多方主体共同参与、以促进数据资源共享流通和价值释放为核心的虚拟空间。首先，数据主权是数据空间的一个核心方面，可以被定义为自然人或企业实体对数据完全自主的能力，主体可以对自己的数据资源进行操作和管理。其次，构建一个安全可信的共享环境是数据空间中各个主体共享交流数据的基本要求。最后，搭建一个数据空间的主要目的在于通过数据的共享与流通以及与业务流程之间的相互映射，实现跨域业务的协同，释放数据价值。

2. 多主体参与的数据空间的参考架构

德国于 2015 年在全球率先发起工业数据空间建设，由弗劳恩霍夫协会承担基础研发工作，并通过成立工业数据空间协会（IDSA）来连接 130 多家成员公司，共同推动工业数据空间的行业应用和全球推广。2017 年，工业数据空间参考架构模型发布。2019 年 4 月，工业数据空间参考架构模型升级为国际数据空间参考架构模型 3.0 版（简称 IDS 架构），其在架构搭建、机制设计、行业生态等方面形成了先行优势，因此，我们可以参考学习其功能架构、建设路径。

具体而言，IDS 架构的总体结构如图 4－5 所示。IDS 架构包含业务层、功能层、流程层、信息层、系统层五层架构，以及安全、认证、治理三个原则维度。业务层和功能层分别定义了数据空间的业务服务模式和功能技术需求；流程层和信息层分别规定了数据空间组件间的动态交互过程和共享协议信息；系统层涉及支持数据可信交换的核心技术设施。安全原则包括基于现有标准实践的一般性原则，并支持安全级别的可扩展性；认证原则基于标准进行评估和审查；治理原则涵盖数据生态系统的协同治理和数据治理本身。

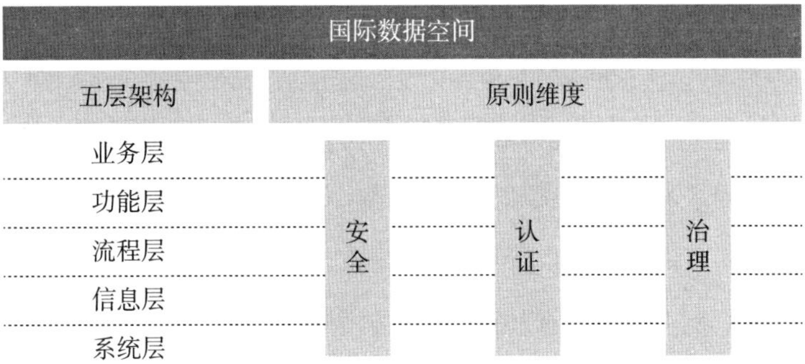

国际数据空间

五层架构：业务层、功能层、流程层、信息层、系统层

原则维度：安全、认证、治理

图4-5　IDS架构

业务层规定并分类了国际数据空间参与者可以承担的不同角色，包括核心参与者、中介机构、软件或服务提供者和治理监管机构等四类主体，并规定了与这些角色相关的主要活动以及权利和义务。例如，作为中介机构的一种典型主体，身份提供者负责为国际数据空间的参与者提供创建、维护、管理、监控和验证身份信息的服务。

功能层定义了国际数据空间的功能要求以及由此产生的具体功能，主要解决信任、安全、数据主权、数据生态系统、增值应用、数据市场等需求。例如，由信任需求催生出的身份管理、用户认证等功能也是在此层中实现的：对参与数据共享的每个数据连接器都进行标识、认证审核，对每个参与者都进行严密的安全认证审核，以此来搭建一个可信的数据共享流通的交易环境。通过签订使用协议来确保数据使用者根据数据提供者和数据所有者制定的使用策略来处理和使用数据，以保证数据主权。

流程层规定了内部数据空间中不同组件之间发生的交互，从而提供了IDS架构的动态视图，主要包括三步流程：第一步，注册，即如何作为数据提供商或数据用户访问国际数据空间；第二步，交换数据，即搜索合适的数据提供者并调用实际的数据操作；第三步，发布和使用数据应用程序，即分别作为应用程序提供商和数据应用程序用户与IDS进行交互。

信息层定义了一个概念模型，即信息模型，该模型利用链接数据原理来描述国际数据空间组成的静态和动态方面。因此，信息模型支持数据产品和可重复使用的数据处理软件（以下均称为“数字资源”或简称“资源”）的描述、发布和识别。一旦识别了相关资源，就可以通过语义注释、易于发现的服务来交换和使用这些资源。除了这些核心商品外，信息模型还描述了国际数据空间的基本组成部分以及参与者。

系统层关注逻辑软件组件的分解，考虑这些组件的集成、配置、部署和可扩展性等方面。在系统层，业务层指定的角色被映射到具体的数据和服务架构上，以满足功能层指定的要求。

需要注意的是，IDS架构相对狭隘，并没有从跨域的角度来讨论数据资源的生产、流通和使用的过程，但可以作为参考。事实上，在面向跨域数据治理的社会化信息系统中，数据空间强调以数据为对象，关注数据在多个主体之间的共享与流通，支撑数据的跨域流动。而且要完整地释放数据的价值，还需要根据主体自身的需求，结合相应的业务流程，最终在场景的实际应用中实现价值。

4.4.2 服务工厂的架构

在社会化信息系统中，由于面对的业务需求通常是动态的、复杂的、反复变化的甚至需要跨域协同合作的，因此需要使用多种第三方提供的工具和服务来支撑业务。然而，这些工具和服务往往由不同服务开发商提供，在集成中很难共享数据和统一管理。因此，我们认为，在社会化信息系统中，可以通过“服务工厂”来构建服务支撑体系，实现服务与数据的对接传输、服务与业务的组合集成，并且通过这些工具和服务的集成来改善业务流程并提高协同效率。

“服务工厂”的目标就是将第三方服务与工具集成到同一系统中。在集成过程中，组织内部的系统能够满足不同类型工具和服务接入的需求，且不需要更改自身的代码。集成后，系统能够复用第三方工具以及它所提供的服务，减少开发、集成的工作量，也可以根据特定的场景、业务需求，将服务组合后提供给用户使用。如图 4-6 所示，服务工厂架构需要包括以下几个模块。

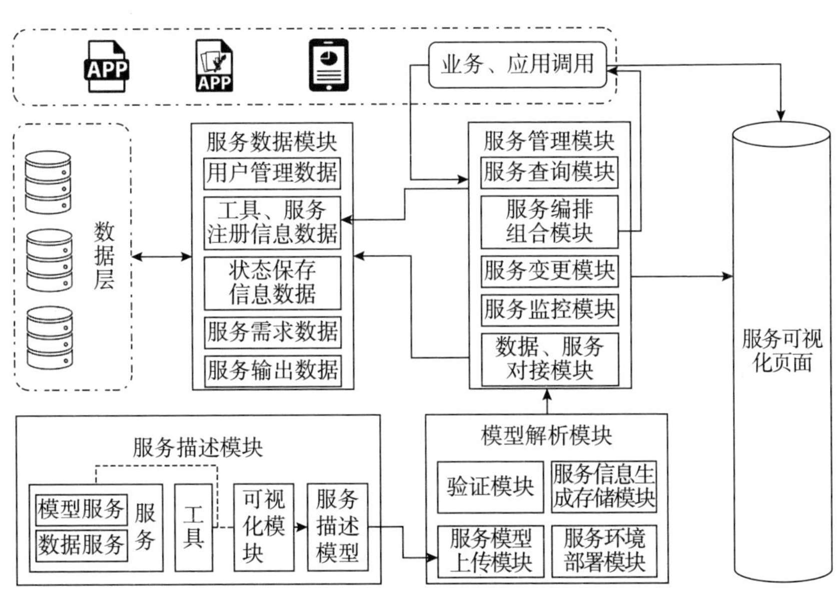

图 4-6　服务工厂参考架构

1. 服务描述模块

服务描述模块主要根据第三方提供的服务和工具进行集成，并且通过可视化模块生成统一的服务描述模型。其中，服务描述模型部分可以采用 XML 格式，内容主要包括服务描述、服务协议、输入、输出等几个部分。服务描述包括服务名称（name）、简要描述（description）和服务地址（address）等信息；服务协议表示数据传输信息；输入描述服务的输入参数，包括每个参数的名称（param-name）、格式（param-format）、取值范围（param-value）等信息；输出描述服务的输出成果。

2. 模型解析模块

模型解析模块首先会接收用户上传的服务描述模型，并且验证其正确性，包括文件的格式及其完整性。只有通过验证，才会进入下一步的服务环境部署模块。同时，也会将具体的错误信息返回给用户。这一模块会根据服务的类型，将服务部署到实际的系统环境中。最后，服务描述模型包含的服务信息（如服务的名称，需要的输入、输出以及是否需要格式转换等）将会存储到数据库中，以供服务管理模块查询使用。

3. 服务数据模块

服务数据模块的主要功能是实现服务和数据的对接和传输，首先，在该模块中，会将服务用户管理的数据保存下来，包括用户名、密码、使用服务信息数据等；其次，该模块会将工具和服务的注册数据保存到数据库中，这部分信息数据将会用于服务管理模块的查询和变更工作。最重要的是，在该模块中，需要实现服务需求数据传出以及服务输出数据传入的核心功能，从而保证数据和服务的顺利对接。最后，在该模块中，需要传入服务的状态信息数据，以支撑服务管理模块中的服务监控功能，保障数据、服务的安全运行和传输。

4. 服务管理模块

服务管理模块主要包括服务查询、编排组合、变更、监控、与数据对接等主要功能。其中，服务查询模块的功能是当应用层模块需要调用服务时，会首先向该模块发出申请，模块查询系统是否存在该服务，以及该服务运行是否正常，然后把查询的结果返回给应用层模块，最后应用层模块会根据该结果决定是否发起该服务。服务编排组合模块的功能是根据业务应用层的需求，对已有的服务进行顺序编排、组合、调用，以构建和支撑相应的业务流程。服务变更模块的功能是当用户不再需要某个服务或者对其进行修改时，模块会对其保存的服务信息数据做出相应的变更。服务监控模块的功能是在服务运行过程中，对其进行监管，保障数据传输和使用过程中的安全，以及对运行中遇到的故障或者错误信息进行及时的维护和记录。数据、服务对接模块的功能是根据服务需求的数据信息，生成数据传输清单，并且由人工进行审核决定是否传输数据。

4.4.3　业务中台的架构

1. 业务中台的定义及内涵

社会化信息系统中的业务应用体系可以通过业务中台的形式来实现。“中台”这一概念最早出现在美军的作战体系中，原指为前线士兵提供支援的火力、信息和后勤的综合化体系。2015年，阿里巴巴在其组织架构升级中借鉴了这一思想，提出了“大中台、小前台”战略，把公共的、通用的业务功能抽取到中台，这样既避免了功能的重复建设和维护，又提升了迭代效率，还能更合理地利用数据、信息以及技术等资源，更好地适应前台业务灵活多变的特性。①

① 易中文，胡东滨，曹文治. 面向企业信息化系统集成的中台架构研究. 科技管理研究，2021，41（1）：166－174.

2019 年，腾讯公司在召开的全球数字生态大会上也高调提出“开放中台能力，助力产业升级”的口号，进一步使中台的概念广为流传。①

自此业内掀起了业务中台、数据中台和 AI 中台等一系列技术型中台的概念风潮。尽管目前对这些概念尚未形成统一的定义，但是各种中台概念的共同特征就是通过制定技术标准和重构业务规范，更大限度地提升和释放已有能力，为上层应用提供基础性、通用性和引导性的技术服务，实现这些技术服务的动态协同。因此，业务中台的主要目标和内容就是面向外部动态、复杂的应用场景需求，以后台的数据和服务作为基础，支撑前台跨域协同业务的快速构建和协同开发，这是社会化信息系统构建业务应用体系的一种有效模式。

2. 业务中台参考架构

如图 4－7 所示，社会化信息系统中业务中台的整体框架包含业务梳理集成、数据协同、服务协同三个方面。

（1）在业务梳理集成这一层次中，首先需要确定和识别出组织或者企业的核心业务，将其划分为不同的业务模块；紧接着，把业务模块再拆解成不可拆分的、功能具体的、可通用的业务组件单元；然后，根据组织外部的应用场景需求，梳理其业务事项；再者，根据梳理清楚的业务事项，明确业务流程中的业务模块、业务单元以及各个主体之间的协同关系；最后，进行业务单元的组合、业务事项和业务模块的集成，以形成新的业务流程，同时根据数据

---

① 李玮，熊文剑，刘鹏，等. 基于业务中台的信息化系统架构演进研究. 电信工程技术与标准化，2020，33（11）：8－12. DOI：10.13992/j.cnki.tetas.2020.11.002.

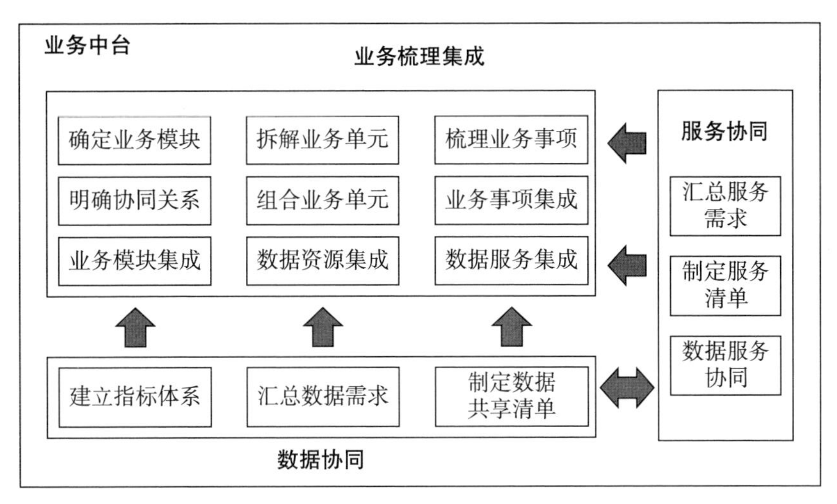

图 4－7　业务中台参考架构

需求清单和服务需求清单将数据资源和数据服务集成到相应的业务流程当中。

（2）在数据协同这一层次中，业务中台的主要功能是，根据拆分后的业务单元组件汇总其数据需求，并建立相应的指标体系和数据共享清单，以此来支撑业务流程中的数据资源集成。

（3）在服务协同这一层次中，基于业务梳理的过程，整理汇总服务需求且制定相应的服务清单，以及数据和服务之间的相互协同工作。和数据协同一样，服务协同的目的也是为构建跨域业务协同做支撑。

总之，业务中台在落地实现上以数据协同业务流程统一建模为核心，采用标准的业务流程模型，使得用户无须关心底层技术架构，通过 Web 可视化界面的流程编辑器和表单编辑器，以“拖拉拽”、搭积木的低代码方式快速建立一个新的业务流程。但是如何将现有业务模块拆分为更细的业务事项、业务组件单元，还需要用户自身进行设计。在此基础上，各流程通过统一认证平台与其他业务系统实现身份互通，多流程联动结合商业智能（business intelligence，BI）工具进行数据分析展示，即可实现一个业务系统的功能。同时，各流程产生的过程性数据和结果数据通过相应的接口并根据实际需要传入企业或组织的数据空间或者共享给价值链其他主体系统。

总之，社会化信息系统的“数据空间—服务工厂—业务中台”三层实现模式是相辅相成的。数据空间对数据资源进行有效整理，提升数据资源的可用性和价值。服务工厂提炼各个业务线的共性需求，形成统一的组件化资源包，构建基于数据资源的个性化功能组件。业务中台根据业务需求，动态选择和快速集成数据资源服务以形成业务应用，支撑数据资源跨域流通共享以实现跨域业务协同。三者相互补充、相互融合，并反哺至各业务，通过不断的更新迭代、创新拓展和资源积累，最大限度地释放组织数据资源的价值，提升业务敏捷性和创新性，推进企业或组织向跨域协同化、数字化体系效能型组织转变。

4.5 小　结

本章我们探索了以数据为中心的社会化信息系统的构建方法、技术体系以及实现模式。以信息系统的演变历程作为背景，剖析数据价值的主要来源，明晰社会化信息系统的发展阶段，探索社会化信息系统构建理论，重点强调社会化信息系统以数据为中心、多主体参与、数据驱动的跨域业务协同等基本特征，明晰构建社会化信息系统过程中数据与组织分离和数据跨域流通、数据对象化和标签化组织、跨域业务快速构建和协同开发的原则以及“数据资源体系—服务支撑体系—业务应用体系”的三层技术体系，在此基础上形成“数据空间—服务工厂—业务中台”的三层系统实现方案，以支撑社会化信息系统的设计和开发。

需要注意的是，社会化信息系统应跨域数据治理的需求而产生，是业务信息系统、企业信息系统在数智时代的延展，因此并非这三层技术体系中的技术模块都是社会化信息系统所独有的。在本书第二篇，我们将围绕这三个关键技术体系，从跨域数据治理场景下的特定需求和挑战出发，介绍社会化信息系统中这三层技术体系中的关键技术。在第三篇跨域数据治理的应用部分，我们将进一步结合社会化信息系统理论，探究这些关键技术在公共数据授权运营和智慧城市治理等典型场景中的应用。

PART

2

第二篇

技 术 篇

第 5 章

数据资源体系：数据资源对象化组织

面向跨域数据治理的社会化信息系统需要以数据资源对象化组织为核心的数据资源体系、以数据资源服务化交付为核心的服务支撑体系和以数据场景协同化构建为核心的业务应用体系三大关键技术体系的支撑。本章将围绕数据资源体系关键技术展开，其中，数据资源体系中的基本活动和核心技术涵盖了数据资源管理、数据质量管理以及数据资源标识三个主要方面。这些体系的建立和技术的应用能够有效地帮助企业组织和管理数据资源，提升数据资源的价值和可用性，是建设以数据为中心的社会化信息系统的基础。

5.1 数据资源管理体系及构建技术

5.1.1 基本概念和内涵

在社会化信息系统中，数据会随着业务不断积累，但并非所有数据都能成为数据资源。许多数据由于质量、权属、应用场景等原因无法共享流通，数据价值也就无法释放。因此，构建数据资源管理体系的首要前提是将数据资源化，将无序、混乱的原始数据转化成有序、有使用价值、规范标准、可信的数据资源。在此基础上对相应的数据资源进行管理、运营以及维护，从而为数据资源后续的共享流通、价值释放奠定基础。

数据资源管理体系涵盖整个数据生命周期，其主要目标是确保数据资源在其整个生命周期中保持高质量和高价值。社会化信息系统的数据资源管理体系主要包括数据资源目录管理、数据资源生命周期管理、数据资源生产管理、数据资源知识管理以及数据资源安全管理等方面，旨在帮助组织更好地管理其数据资源，提高数据的可用性、可靠性和安全性，从而更好地支持业务决策和战略规划（见图 5-1）。

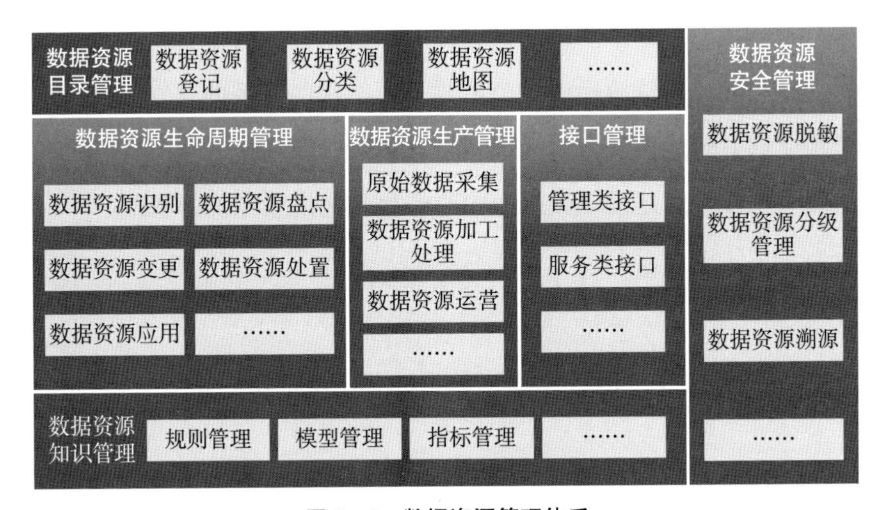

图 5-1 数据资源管理体系

1. 数据资源目录管理

数据资源目录管理通过对已识别的数据资源进行统一登记、统一分类和统一展示，可以实现数据资源的多维度、多样式展示，例如数据资源树、数据资源地图、数据资源网络等。数据资源登记信息主要包括基本属性（包括数据的来源、类型、结构、规模、更新周期、标准和质量等）、业务要素（包括业务描述、业务指标、业务规则和关联关系等）、管理要素（包括数据权属、分类分级、安全信息、数据溯源、职责权限和应用情况等）、价值要素（包括市场信息、领域信息、地域信息、应用价值和金融属性等）。

2. 数据资源生命周期管理

数据资源生命周期管理面向数据资源的全生命周期进行总体管理，包括数据资源的识别、盘点、变更、处置、应用和治理等功能。其中，数据资源识别是指发现和标识数据资源，并登记到数据资源目录中；数据资源盘点是指确保数据资源对象与数据资源登记信息的一致性、完整性和准确性等；数据资源变更是指当数据资产管理活动或业务需求触发数据资源变化时，及时更新数据资源目录；数据资源处置包括通过数据资源的销毁、转移等，优化数据资源配置等数据资产处置手段，降低管理成本，挖掘剩余价值；数据资源应用是指围绕具体业务场景，在确保安全、合规的前提下，识别数据应用的途径和渠道，建立服务和权责等机制，对数据资源内部共享交换和外部服务提供等过程进行统一管理，促进其价值实现；数据资源治理主要是确定数据资源治理域，通过数据资源的治理方法、策略和工具等，实现数据资源的质量和价值提升。此部分功能会与数据架构管理、数据标准管理和数据质量管理等工具存在互访问和互操作接口。

3. 数据资源生产管理

数据资源生产管理通过采集原始数据并进行规范化标准化的加工处理，形成相应的数据资源，并在此基础上进行数据资源的运营管理。其中，原始数据采集是指通过传感器或者业务系统将数据收集到相应的数据库或数据仓库中；数据资源加工处理是指根据相应的标准对数据库或数据仓库中的原始数据进行清洗、规范化处理，形成相应的可信、质量高、有使用价值的数据资源；数据资源运营是指对形成的数据资源进行日常的运营管理，包括在系统中流通和应用。

4. 数据资源知识管理

数据资源管理过程中沉淀的各类知识管理主要包括规则管理、模型管理和指标管理等。

5. 数据资源安全管理

数据资源安全管理主要面向数据资产的敏感度、等级和血缘关系等进行管理。其中，数据资源脱敏通过设定敏感数据规则，自动实现敏感数据的发现和脱敏；数据资源分级管理可按部门和角色等多维度构建数据资产分级体系，实现数据资源的安全访问监管；数据资源溯源可通过数字水印、数据标识、区块链等一系列技术，实现数据资源全生命周期可追溯。

总之，数据资源管理体系是一种全面的数据资源管理方法，目的在于更好地组织和管理数据资源，提高数据资源的价值和可靠性，从而更好地支持业务决策和战略规划。随着数据体量的不断增长和复杂性的不断增加，数据资源管理体系将变得越来越重要，成为组织成功开发利用数据资源的关键因素之一。

5.1.2 数据资源管理中的问题

当前企业在数据资源管理中面临诸多问题，这些问题阻碍了数据的互联互通和高效利用，成为数据价值难以有效释放的瓶颈。这些问题主要包括①：

（1）缺乏统一的数据视图。企业的数据资源大都散落在不同的业务系统中，企业领导和业务人员无法及时感知到数据的分布与更新情况，无法快速找到符合自己需求的数据，因此也无法发现和识别有价值的数据并纳入数据资源。

（2）“数据孤岛”普遍存在。目前，大部分企业业务系统之间的联系比较割裂，存在“数据孤岛”问题。造成“数据孤岛”的原因既包括技术上的，也包括标准和管理制度上的。这阻碍了业务系统之间的数据流通与共享，降低了数据资源利用率和数据的可得性。

（3）数据质量低下。数据质量低往往意味着有效的信息较少，而这将直接导致数据统计分析结果不准确、高层领导难以决策等问题。根据数据质量专家 Thomas Redman 的统计，不良的数据质量使企业额外花费 15％～25％的成本。② 数据质量越高，数据蕴含的价值也就越大，因此只有质量高的数据才可以当作资源。

（4）缺乏数据价值管理体系。大部分企业还没有建立起一个有效管理和应用数据的模式，包括数据价值评估、数据成本管理机制等，对数据服务和数据应用也缺乏合规的指导，没有找到一条释放数据价值的最优路径。

应对这些数据资源管理体系中的问题，一个关键核心在于把同一对象散落在不同孤岛式信息系统中的各类数据汇聚在一起，建立

---

① 中国信息通信研究院云计算与大数据研究所，CCSA TC601 大数据技术标准推进委员会. 数据资产管理实践白皮书（4.0 版）. 2019. http://www.caict.ac.cn/kxyj/qwfb/bps/201906/P020190604471240563279.pdf.

② https://www.techtarget.com/searchdatamanagement/definition/data-quality.

数据资源体系中统一的数据视图，从而支撑整体治理。为此，我们需要实现三方面的关键技术：

（1）元数据标准化采集与管理：建立域内元数据标准化模型，提高数据质量。

（2）元数据语义自动标注：建立孤岛式信息系统中关系属性到标准元数据的自动映射，即孤岛式信息系统中元数据的标准化治理。

（3）对象化知识图谱构建：把同一对象散落在不同孤岛式信息系统中的各类数据关联在一起，构建以对象为中心的关联知识图谱。

5.1.3 元数据标准化模型

元数据是描述数据的数据，包括数据的定义、结构、关系和使用等方面的信息。元数据标准化模型是一个用于描述和管理元数据的框架，旨在确保元数据在整个组织中的一致性和可管理性。元数据标准化模型可以帮助组织更好地理解和管理其数据资产，提高数据的可用性、可靠性和安全性。

元数据标准化模型包括一系列元数据标准、规范和术语，用于描述和定义元数据的内容、结构和使用。这些元数据标准可以帮助组织更好地理解其数据资产，并确保数据在不同部门和应用程序中的一致性和互操作性。具体包括：

（1）元数据：用于描述文档的基本信息，包括标题、作者、日期、主题等。

（2）基本元数据集：用于描述数据仓库和数据集的基本信息，包括数据仓库的名称、描述、所有者和数据集的名称、描述、创建日期等。

（3）统一建模语言（unified modeling language，UML）：用于描述软件系统的结构和行为，包括类、接口、关系等。

（4）内部控制对象：用于描述内部控制的信息，包括控制的名称、描述、评估日期等。

元数据标准化模型还包括一些通用的元数据术语和定义，用于描述元数据的不同方面。以下是一些常见的元数据术语：

（1）数据项：是指数据中的一个单独元素，例如一个字段或属性。

（2）数据集：是指一组相关的数据项。

（3）数据字典：是指一个集中的、一致的数据定义库，用于描述数据的结构和使用。

（4）元数据存储库：是指一个中央化的、可访问的元数据存储位置，用于存储元数据。

表5-1给出了《浙江省地方标准 人口综合库数据规范》“基本登记信息”的数据元目录，包括每个数据元的标识符、名称、说明、格式、值域和提交机构。

表5-1 《浙江省地方标准 人口综合库数据规范》“基本登记信息”的数据元目录

类目	标识符	数据元名称	说明	数据元格式	值域	提交机构
基本登记信息	DA010001	公民身份号码	身份证件上记载的、可唯一标识个人身份的号码	C18	参考GB 11643	省公安厅
	DA010002	姓名	在户籍管理部门正式登记注册、人事档案中正式记载的姓氏名称	C..100		省公安厅

续表

类目	标识符	数据元名称	说明	数据元格式	值域	提交机构
基本登记信息	DA010003	曾用名	公民过去在户籍管理部门正式登记注册、人事档案中正式记载并正式使用过的姓氏	C..100		省公安厅
	DA010004	性别	自然人的男女性别标识	C1	参考 GB/T 2261.1	省公安厅
	DA010005	出生日期	出生证签署的，并在户籍部门正式登记注册、人事档案中记载的日期	YYYYMMDD		省公安厅
	DA010006	民族	个人所属的、经国家认可在户籍管理部门登记注册的民族名称	C2	参考 GB/T 3304	省公安厅
	DA010007	国籍	公民所属的、并经认定具有特别地理和政治意义的国家	C3	参考 GB/T 2659	省公安厅
	DA010008	出生地国家和地区	自然人出生所在国家或地区	C3	参考 GB/T 2659	省公安厅
	DA010009	出生地省市县	自然人出生所在省市县	C6	参考 GB/T 2260	省公安厅
	DA010010	政治面貌	政治面貌是一个人的政治身份最直接的反映，是指一个人所属的政党、政治团体	C2	参考 GB/T 4762	省公安厅
	DA010011	宗教信仰	自然人的宗教信仰	C2	参考 GA 214.12	省公安厅、省民宗委等

引入元数据标准化模型对提升数据资产管理的作用显著。首先，通过标准化元数据，组织能够提高数据的可用性，这意味着能

够更好地了解数据资产，从而可以更轻松地定位、访问和利用数据。其次，元数据标准化模型通过统一和规范元数据，能够确保数据的准确性、完整性和一致性，这有助于减少数据错误和冗余，提高数据质量，增强对数据的信任，为业务分析和决策提供可靠的基础。再次，元数据标准化模型还可以提升数据的安全性，通过深入理解和记录元数据，组织能够更好地识别和保护敏感数据和隐私信息。这有助于加强数据安全，减少数据泄露和滥用的风险，确保合规性，并增强组织和客户的信任。最后，元数据标准化模型提高了数据的效率，通过建立一致的元数据管理方法，组织能够更有效地管理其数据资产，这包括更好地组织和分类数据，简化数据访问和查询过程，提高数据处理和分析效率。

5.1.4　元数据语义自动标注

基于内容的元数据语义自动标注技术可以解决不同孤岛系统中长期存在的“同名不同义、同义不同名”问题。具体来说，给定一个孤岛系统中的数据库模式，对于数据库模式中的任意一个关系表，基于该关系表中每一列的内容，分析该列所表达的含义，对列名进行自动语义标注。因此，元数据语义自动标注可以细化为列语义识别问题。

列语义识别问题的定义：给定 m 个属性、n 条记录的关系表 T，以及具有 k 个标准数据元的类目 D，列语义识别就是将表 T 中的每个属性映射到类目 D 的标准数据元上。

例如，类目 D 规定了纳税数据的规范，包括纳税单位、纳税金额、纳税项目、纳税日期四个数据元；现有一个关系表 T，包含四个字段，这些字段没有按照类目 D 的规范来命名。那么列语义识别的目标就是将未规范命名的关系表 T 中的属性映射到标准规范命名的数据元上。

如何借助深度学习模型来实现列语义的自动识别呢？一个基本想法就是利用关系数据的属性值和上下文信息。比如，对于某一列属性值，包括“腾讯”“中国人民大学”“字节跳动”等（见图5-2），这一列的语义大概率和单位相关，这里的单位可能是类目中的数据元——“企业名称”“参保单位”“纳税单位”等，但仅仅依赖单独列的属性值，无法区分该列是哪个数据元。这时，需要借助待预测关系表中的其他列来进一步确定列的语义信息，例如，第三列中的“行为税类”“财产税类”“财产税”表明第三列是关于纳税的一个类别。结合第三列的信息，第一列属于“纳税单位”的概率最大。本小节将介绍基于两阶段的列语义识别模型。

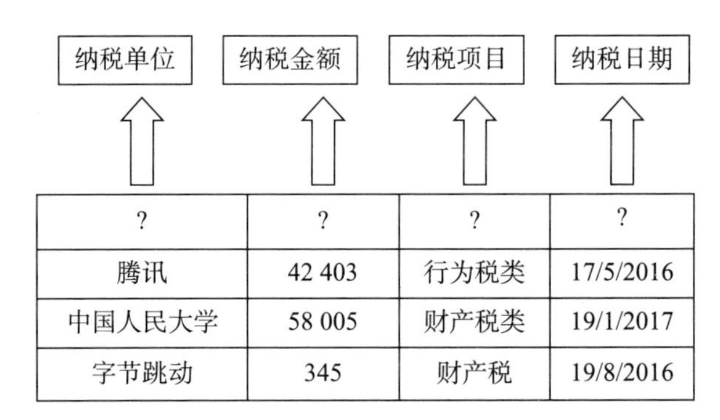

?	?	?	?
腾讯	42 403	行为税类	17/5/2016
中国人民大学	58 005	财产税类	19/1/2017
字节跳动	345	财产税	19/8/2016

图5-2 列语义识别举例

1. 模型的基本思想

模型可以分为两个阶段：预测阶段和纠错阶段（见图5-3）。其中，预测阶段的CAI模型（co-occurrence-attribute-interaction model）又分为三个模块：

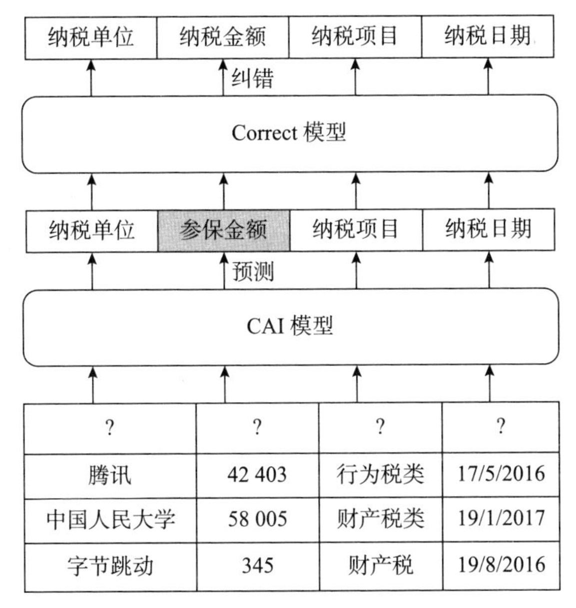

?	?	?	?
腾讯	42 403	行为税类	17/5/2016
中国人民大学	58 005	财产税类	19/1/2017
字节跳动	345	财产税	19/8/2016

图 5-3　两阶段的列语义识别过程

（1）线性化属性列编码：针对结构化的关系数据，将属性列线性化，利用预训练模型 BERT 对线性化的属性列编码，并将 BERT 中的特殊标识符［CLS］对应的输出向量作为初步的列向量。

（2）共现属性列交互模块：利用关系表内部属性列之间的共现依赖进行交互，让每个列向量都可以学习到其共现属性列的信息，丰富各个列向量的语义信息。

（3）分类模块：对融入共现属性列信息的列向量，再经过多层感知机（multilayer perceptron，MLP）网络，利用 Softmax 函数归一化得到输出向量对应每个语义类别的概率，从而进行分类。

纠错阶段的 Correct 模型主要基于预测阶段 CAI 模型对每个属性列预测得到的类别标签，进一步考虑类别标签之间的共现性，在原预测结果的基础上进行优化，提升模型的最终识别效果。模型的整体框架如图 5-4 所示。

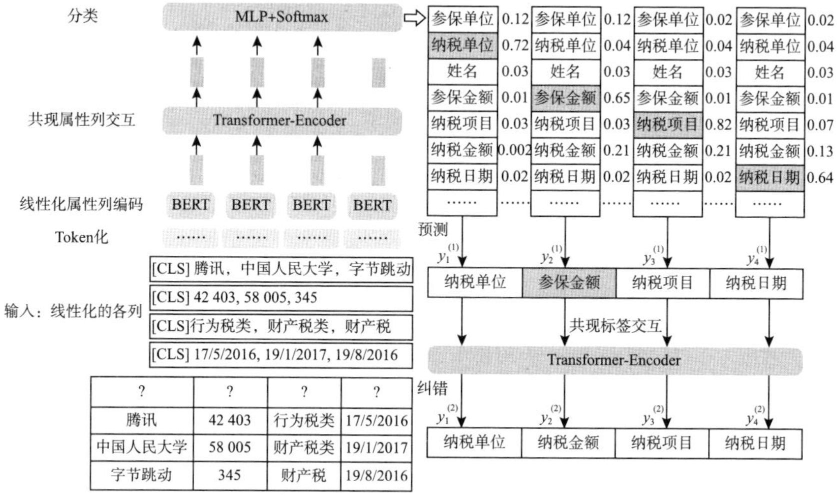

图 5－4　模型的整体框架图

2. 基于 CAI 模型的语义预测

（1）关系表的上下文信息。在自然语言理解问题中，上下文信息可以看作有助于理解目标词/句子的其他信息。对于文本数据，目标词的上下文信息可以看作同一段落中共同出现的其他词，而关系数据不同于一般的文本数据，其具有结构性，由多个行和列构成，而每个行或列又由许多单元格构成，单元格内部是一些具体数据，数据类型有多种，包括文本、数值、日期等。事实上，对于关系表包含的上下文信息，我们可以看作以下两类。

1）列级别的上下文：属性列的实例值可以看作属性名称的上下文信息。表的字段名称可以看作对属性值的抽象描述，而表的属性值可以看作对字段名称的具体描述，有助于对字段名称的理解，同时这些属性值总是和字段名称同时出现，于是在同一列中属性值所表达的语义和字段名称所表达的语义是相近的。比如，某字段名称是“GSMC”，只看属性名称可能很难理解其含义，但当我们看到实例信息为“腾讯、浙江省某票务公司、字节跳动……”时，我们可以猜到这一属性列表达的含义可能是“公司名称”，即“GSMC”的含义是公司名称。由于不同信息系统的关系数据可能存在列名缺失、命名不标准或不一致等问题，基于这种考虑，我们可以利用关系属性值的语义信息得到整列的语义信息，将其映射到正确的语义类别。

2）关系表级别的上下文：同一关系主题下的共现属性可以看作待识别列的上下文。这是因为每一张关系表不是任意列随意组合的，一张关系表总是具有一定的主题信息，这种主题信息往往通过表名体现出来，比如图 5－4 中的两张表，左表是“纳税信息”，右表是“参保信息”。但是由于设计人员对于同一关系主题的表命名总是不一致或者难获得，于是，关系表的主题信息可以体现在该关系表的共现属性列上，这种属性列之间的共现依赖性有助于列的语义识别，这是因为不同关系主题下总存在实例特征一致但语义不同的属性，它们对应的实例特征完全一样，如果仅仅考虑当前属性下的实例信息，无法对它们做出准确区分。例如，图 5－5 中都有共同列值“腾讯、中国人民大学、字节跳动”，但是上表中其语义是“纳税单位”，而下表中其语义是“参保单位”，决定这两个相同列具有不同语义的原因就在于其所在关系表的主题信息不同，或者它们的共现属性不同。因此，我们也可以把这些共现属性看作待识别列的上下文，以丰富基于属性值表示的待识别列的语义信息。同样地，图 5－5 中的两表除了第一列“纳税单位”与“参保单位”存在歧义，两表还都涉及金额或者日期类型的属性列，其特征非常相似，仅靠单列信息无法识别，此时在不同关系主题下的共现属性可以帮助确定其具体语义。

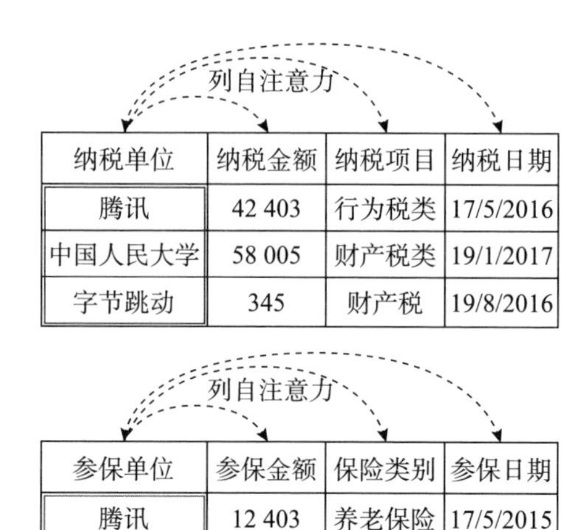

图 5-5　两个关系表下特征相似但语义不同的“纳税单位”和“参保单位”

于是，基于上述关系表不同级别的上下文信息考虑，我们选择利用关系属性值和共现属性的上下文信息对待识别列进行语义表示，从而构建模型。

（2）基于关系表列顺序无关性的共现属性交互模型。关系数据不同于一般文本数据，其具有结构性，由多个行和列构成，而各列之间具有顺序无关性，即任意交换关系数据的列的位置都不影响整个关系主题的意思表达。我们希望在不违背关系数据列顺序无关性的前提下，让待识别属性融入其共现属性的信息。

受到 Transformer 模型具有顺序无关性的启发，我们提出了共现属性交互的 CAI 模型，其利用自注意力机制实现待识别属性和共现属性的语义交互，让待识别属性学习到其共现属性（即表上下文信息）的语义特征。

接下来，我们将具体讨论预测阶段 CAI 模型的构成。CAI 模型主要分为如下三部分。

第一部分，线性化属性列编码。在这一部分，我们将待预测列按行拼接看作一段文本。例如，图 5－5 中“纳税单位”这一列，线性化之后的输入文本是“［CLS］腾讯，中国人民大学，字节跳动［SEP］”。然后，选择谷歌开源的叠加了 12 层 Transformer 编码器的预训练模型 BERT 作为这一模块的基础模型框架，将输入文本进行分字 Token 化，再转为 BERT 的输入表示，最后将特殊标识符［CLS］对应的输出向量 $c_i^{(1)}$ 作为每一列的初步列向量。事实上，关系表同一列的各个单元格之间也存在顺序无关性，我们可以利用每列各单元格嵌入的平均池化作为列的最终表示来保证这种顺序无关性。但由于在训练过程中会随机打乱关系表的行，通过之前介绍的损失函数可以保证对同一列，无论各单元格的顺序如何，其语义都是一样的，从而间接使这种基于 BERT 模型得到的列语义表示是顺序无关的。

特别地，由于不同表中的行数不同，我们打乱所有表中行的顺序，并设置固定最大行数，将每张关系表拆分成多个同样关系主题的小表，再对各列按行拼接进行线性化。因此对于线性化后的文本列，我们也设置了 BERT 的最大序列长度，当线性化的输入列长度超过该值时，模型会对输入序列自动进行截取，反之则会用零填补至最大序列长度，以保证输入序列的长度是固定的。

第二部分，共现属性列交互模块，又称为 Column-Encoder，用到的自注意力（self-attention）机制来自 Transformer 模型中 Encoder 部分的多头自注意力模块，称为列自注意力（column-self-attention），可以更好地实现同一关系主题下的共现属性交互。在这一部分，我们的输入是一张 m 列的表经过第一步得到的初步列向量，也就是 m 维向量矩阵 $cols\_embedding=[c_1^{(1)}, c_2^{(1)}, \cdots, c_m^{(1)}]$，这样经过 Column-Encoder 之后，每个输入的列向量都有对应的输出向量，即对一张表仍然输出 m 维列向量 $cols\_out=[c_1^{(2)}, c_2^{(2)}, \cdots, c_m^{(2)}]$，我们将其作为每个属性列学习到上下文之后的列语义表示。为了同时考虑列本身的特征和学习到关系表上下文之后的特征，我们将最终的列语义表示定义为式（5-1）。

$$cols\_out = Self\_Atten(cols\_embedding) + cols\_embedding \quad (5-1)$$

第三部分，分类模块。在这一部分将最终融入共现属性信息的列向量 $cols\_out$ 再经过 MLP 网络，即一层的全连接层，利用 tanh 激活函数让模型学习到非线性特征，将最终的向量经过 Softmax 归一化，得到各个列向量对应到映射为每个语义类别的概率，即式（5-2）。

$$logits = \text{Softmax}(W_2^* \tanh(W_1^* cols\_out + b_1) + b_2) \quad (5-2)$$

对第一阶段共现属性列交互模型的各个模块进行联合训练，以实现对模型各参数的联合调整。

（3）损失函数。线性化属性列编码模块和共现属性列交互模块可以分开训练，也可以联合训练。为了方便，我们在模型中采用联合训练，在两个过程中可以对模型参数进行联合微调。于是，我们的训练目标如式（5-3）所示。

$$\begin{aligned} &\max P(y_1 = S_l, \cdots, y_i = S_j, \cdots \mid Col_1, \cdots, Col_m) \\ &= \max \prod_i P(y_i = S_j \mid Col_1, \cdots, Col_m) \\ &= \max \prod_i \left(\frac{e^{Col_i}}{\sum_j e^{Col_j}} \right) \end{aligned} \quad (5-3)$$

式中，y_i 为 Col_i 的类别变量，S_j 是观察到的类别真值。

因此在训练阶段，根据 CAI 模型第三部分分类模块得到的概率值，采用的损失函数是常见的逻辑交叉熵损失函数，如式（5－4）所示。

$$\begin{aligned} Loss &= -\sum_{i=1}^{m} y_i \ln(P(\hat{y}_i \mid Col_1, \cdots, Col_m)) \\ &= -\sum_{i=1}^{m} y_i \ln\left(\frac{e^{\hat{Col}_i}}{\sum_j e^{\hat{Col}_j}}\right) \end{aligned} \tag{5-4}$$

3. 基于 Correct 模型的纠错机制

（1）基于语义标签共现的纠错模型。现有的研究中关于关系数据的上下文大都是从关系表层面进行考虑，利用关系属性值的语义信息对各列进行语义预测。尽管我们前面从关系属性值角度融入了关系表的上下文信息，但这种做法仍然是基于关系表上下文信息对列进行单独预测，忽略了同一关系主题下的语义标签之间的共现依赖性。例如，图 5－5 中上表的标签序列“纳税单位”“纳税金额”“纳税项目”“纳税日期”往往会有更大概率在同一张表里出现，表达“纳税信息”的语义，相对地，下表的标签序列“参保单位”“参保金额”“保险类别”“参保日期”有更大概率在同一张表里出现，表达“参保信息”的语义，这种标签共现是比关系列共现更直观地考虑到上下文信息的方式。

我们前面提到，各孤岛式信息系统对列的命名总是存在不标准、列名缺失或同名不同义的问题，但是，我们在预测阶段通过 CAI 模型已经初步实现了对各个关系列的语义类别检测，关系表的大部分列都可以准确地映射到标准的字段名称。基于第一阶段的预测结果，进一步结合语义标签之间的共现性，可以输出更符合在同一关系表里出现的语义标签，实现对第一阶段模型预测结果的优化，从而得到更好的识别效果。

我们将额外搭建一个共现标签交互的纠错模型，将第一阶段CAI模型预测的不完全正确的标签序列 $y^{(1)}$ 映射到更正确的标签序列 $y^{(2)}$。

Transformer模型的自注意力机制在表征上下文的共现性方面一直表现优秀，因此在纠错阶段，依然选择可以并行化且具有顺序无关性的 Transformer 模型的 Encoder 模块，这样不仅可以学习到语义标签之间的共现性，还可以提高模型训练效率。

在这一阶段，纠错模型的输入是第一阶段CAI模型对每张关系表的预测标签序列 $\{y_1^{(1)}, y_2^{(1)}, \cdots, y_k^{(1)}\}$，其中 $y_1^{(1)}, y_2^{(1)}, \cdots, y_k^{(1)}$ 不一定是完全识别正确的标签。通过考虑 $y_1^{(1)}, y_2^{(1)}, \cdots, y_k^{(1)}$ 之间的相关性，将输入序列的每个预测标签映射到该位置上真实的语义标签。将这个过程看作一个序列标注模型，这样输入序列中的每个标签经过纠错模型都可以得到一个对应的输出向量，每个输出位置都是关于输入的标签序列的概率最大化。于是，这一阶段的训练目标是：

$$\begin{aligned} &\max P(S_1, S_2, \cdots, S_k \mid y_1^{(1)}, y_2^{(1)}, \cdots, y_k^{(1)}) \\ &= \max \prod_{i=1}^{k} P(S_i \mid y_1^{(1)}, y_2^{(1)}, \cdots, y_k^{(1)}) \end{aligned} \tag{5-5}$$

式中，$\{S_1, S_2, \cdots, S_k\}$ 为对应位置观察到的类别真值。这一阶段的损失函数仍然是逻辑交叉熵损失函数（见式（5-4））。

这样，基于标签共现的纠错模型框架如图 5-6 所示。

（2）纠错模型的训练数据构建。将预测阶段训练得到的CAI模型分别在训练集、验证集、测试集上进行测试，得到关于每一列的

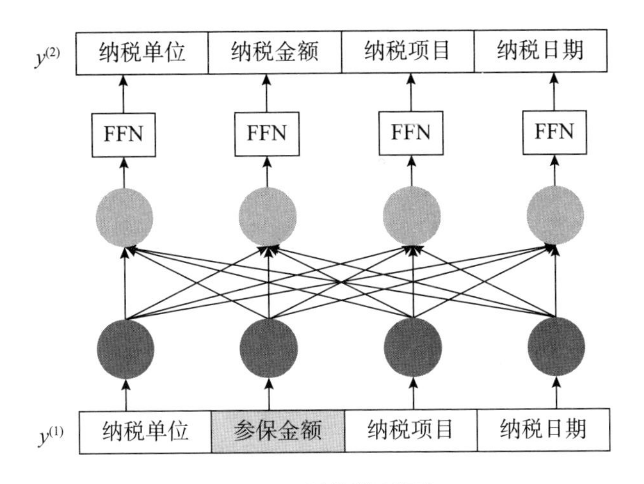

图 5－6　纠错模型框架

注：FFN 为前馈神经网络。

预测标签。由于在预测阶段，训练样本数是列总数，输入模型的是表中的各个列值，输出的也是每一列对应的概率中最大者对应的类别标签，而在纠错阶段，输入是将每个关系表预测的标签看作一条无序的序列输入，所以纠错阶段的训练样本数等于预测阶段训练集中的关系表数量。也就是说，如果预测阶段的训练样本有 Q 个关系表、一共 P 列，若预测阶段只保留对每一列的最大的预测结果，则纠错阶段的训练样本数等于预测阶段关系表的数量，所以纠错阶段的训练样本数只有 Q 条。因此，为了进一步扩充这一步的训练样本，在预测阶段，通过 CAI 模型对每一列都返回前五的预测结果，这样对于一个 M 列的关系表，每次都固定其他 $M-1$ 列，对剩下的一列从这前五的预测结果中随机选择一个值作为该位置的标签，通过这种方式实现训练样本数的增加，于是在纠错阶段仍然可以得到 P 条训练样本。

对每一条样本，将其对应的 id 映射到标签上，向量化之后，利用 Transformer 模型 Encoder 部分的自注意力机制实现标签之间的共现，每一个输入标签都可以得到对应的输出向量，进一步分类映射到真实的类别标签上。

特别地，两阶段模型是分开训练的。可以对模型最终的预测结果进行进一步反馈以更新模型，于是，当基于用户的反馈对模型进行更新时，可以针对更轻量级的第二阶段进行单独的微调。

5.1.5 对象化知识图谱构建

随着大数据时代的到来，数据资源体量急速膨胀，数据间的关系日渐复杂。传统关系型数据的表达形式对于信息的快速检索与导航存在一定欠缺，而知识图谱是一张由知识点相互连接形成的语义网络，是基于图的数据结构，由节点（实体）和边（关系）组成，是最有效的表达方式。以政务服务的对象——“自然人和法人”为例，我们将其散落在各类信息系统中的片段数据进行整合，构建以对象为中心的关联知识图谱，以完成面向城市服务的域内数据整体治理。具体地，对象化知识图谱的构建主要包括两部分：面向元数据的知识地图构建和面向实例的对象化知识图谱构建。

1. 面向元数据的知识地图构建

面向元数据的知识地图构建旨在构建元数据级别的知识地图，将业务系统中的表字段与标准的元数据对齐，从语义层面整合不同业务系统中散落的字段。具体地，我们通过 5.1.4 节介绍的元数据语义自动标注技术，将散落在不同业务系统中的同义不同名的列字段映射到相同的标准元数据上，从而构建元数据知识地图。面向元数据的知识地图构建具体包含如下步骤。

（1）标准元数据的地图构建。按照国家各行政级别及行业标准要求，元数据标准化模型通常以 PDF 格式的标准文件发布。我们基于标准文件，抽取标准文件中的数据框架、数据元目录和基本数据元信息，分析数据元间的逻辑结构，将数据元及其具体信息构建为实体，将数据元之间的关系构建为关系。例如，针对《浙江省地方标准 人口综合库数据规范》中的数据框架（见表 5－2）及数据元目录（见表5－1），将表 5－2 中的“基本登记信息”及其说明“自然人在政府部门登记注册的信息”构建为实体 1，表 5－1 中的“公民身份号码”及其相关的说明等信息构建为实体 2。由于基本登记信息这一分类中包含“公民身份号码”，我们将实体 1 和实体 2 进行关联，构建关系 1。

表 5－2　《浙江省地方标准 人口综合库数据规范》的数据框架

<table>
<tr><th>分面</th><th colspan="2">一级分类</th><th colspan="2">二级分类</th><th>三级分类</th><th>说明</th></tr>
<tr><td rowspan="9">B</td><td rowspan="9">A</td><td rowspan="9">基本信息</td><td rowspan="2">1</td><td rowspan="2">登记信息</td><td>基本登记信息</td><td>自然人在政府部门登记注册的信息</td></tr>
<tr><td>身份证件信息</td><td>自然人证明身份的信息</td></tr>
<tr><td rowspan="3">2</td><td rowspan="3">生理状态</td><td>出生信息</td><td>自然人个体的出生信息</td></tr>
<tr><td>生理体征</td><td>自然人个体的生理体征信息</td></tr>
<tr><td>死亡信息</td><td>自然人个体的死亡信息</td></tr>
<tr><td rowspan="4">3</td><td rowspan="4">家庭信息</td><td>户籍信息</td><td>自然人户籍相关的信息</td></tr>
<tr><td>婚姻信息</td><td>自然人的婚姻状况相关的信息</td></tr>
<tr><td>户籍迁移信息</td><td>自然人的户籍迁移相关的信息</td></tr>
<tr><td>亲缘关系信息</td><td>自然人的血亲相关的信息</td></tr>
</table>

（2）业务数据库中的列字段对齐。基于 5.1.3 节介绍的元数据标准化模型，我们可以得到业务系统的列字段与标准元数据之间的映射关系，将不同业务系统中同义不同名的列字段与对应的标准元数据进行连接，从而构建完整的面向元数据的知识地图。如图 5－7 所示，以公民身份号码为例，我们可以将相同身份证号、可能存在不同命名的业务系统中的数据进行关联。

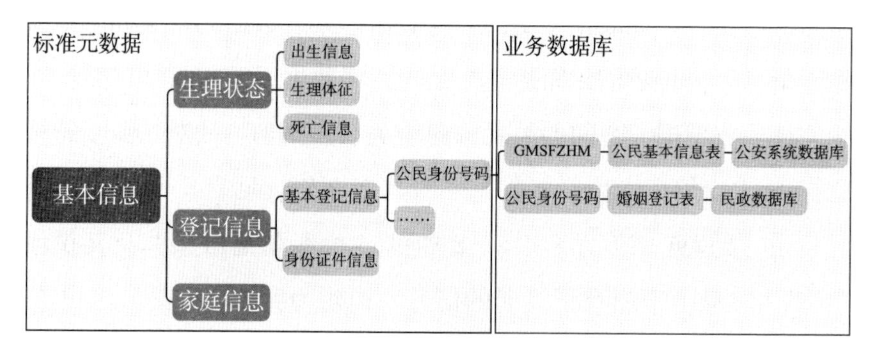

图 5-7　知识地图

2. 面向实例的对象化知识图谱构建

对象化知识图谱的构建（技术路线图如图 5-8 所示）主要包括如下步骤。

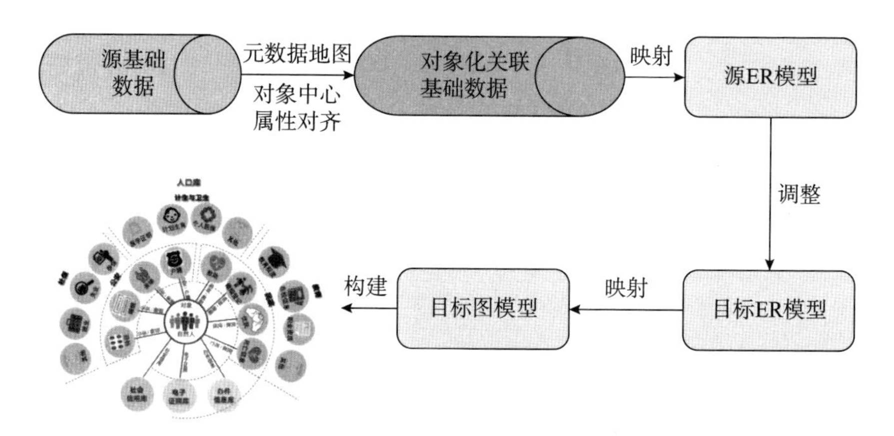

图 5-8　对象化知识图谱构建的技术路线图

（1）挑选法人、自然人的中心标准数据元集合，基于元数据地图，找到所有同义不同名的表字段，利用对齐信息，补充构建源基础数据表字段间的主外键关联。例如，我们可以指定自然人的唯一编码——公民身份号码为中心标准元数据，依据元数据知识地图，将相同公民身份号码、可能存在不同命名的信息系统中的数据进行主外键关联。

（2）通过查询关系型数据库中的元数据，自动提取关系型数据库中每个表、表中字段以及表之间的主外键连接，构建 ER 模型。

（3）对 ER 模型进行自定义调整以满足不同的图谱构建与分析需求。

（4）依据修改后的 ER 模型映射相应的图模型，具体映射规则为：表作为图结构的实体，表中字段作为实体的属性，表间的主外键关联作为实体间的关系。

（5）依据图模型将源关系型数据库导入目标图数据库中。

基于构建好的对象化数据资产与政务服务事项图谱，可以实现图数据的检索与导航，构建基于元数据的业务场景数据资产使用与追溯管理机制，实现可溯源的数据资产增删改查与交互式导航等管理。

5.2　数据质量管理体系及构建技术

5.2.1　基本概念和内涵

数据质量管理体系是一组组织、流程和技术的框架，旨在确保数据的质量和准确性。数据质量管理往往贯穿于系统内部数据收集、存储、处理、维护和派发的所有流程。一个好的数据质量管理体系需要考虑数据的完整性、准确性、一致性、及时性和可靠性等多个方面。

数据质量管理体系需要有一个清晰的目标来确保数据质量持续不断提高。它需要明确数据质量的标准和度量方式，并建立一个数据质量控制的框架，包括数据质量检测、纠正、管理和监控等环节。此外，还需要建立一个持续改进的机制，以保持数据质量管理体系的有效性和可持续性。一个完整的系统数据质量管理体系框架如图 5-9 所示，包括数据质量管理总览、数据质量规则管理、数据质量控制（评价、整改、反馈）、运行监控以及 API 接口等基本功能模块。

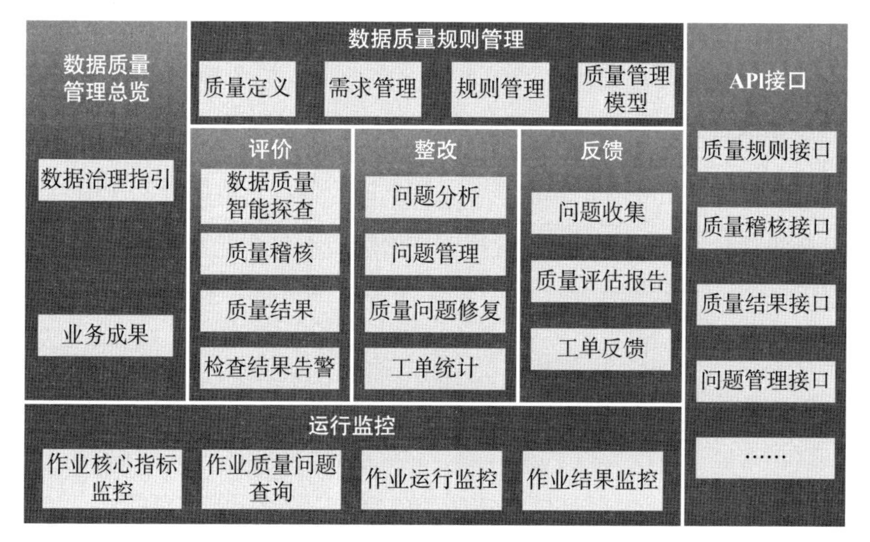

图 5-9　系统数据质量管理体系框架图

1. 数据质量管理总览

通过数据质量治理可视化指标呈现，让用户从全局掌控系统的数据质量治理成果，包括数据治理指引与业务成果两个主要功能。其中数据治理指引可以展示系统各个部分的数据质量成果，让用户对系统各个部分的数据质量一目了然，方便开展针对性的治理；而业务成果主要是展示各个系统模块数据质量治理的实时动态以及成果。

2. 数据质量规则管理

通过定义数据质量和规则来明确数据质量的标准和度量方式，

根据用户的数据质量需求进行整个系统中各个部分的数据质量管理。数据质量规则模块是数据质量管理体系的基础，它包括质量定义、需求管理、规则管理以及质量管理模型四个方面。

质量定义：是整个数据质量管理体系的基础，它通过对质量维度、检核类别、度量规则以及稽核方法的定义和管理向稽核任务模块提供必要的输入。

需求管理：管理用户的质量需求，提供数据质量的需求入口，驱动数据质量的活动。

规则管理：提供内置常用质量规则（包括 SQL 规则、正则规则、值域规则、算法包、完整规则、重复规则）模板，支持用户的快速调用，支持数据质量一致性、规范性、正确性、关联性、及时性、完整性、重复性等质量度量指标规则的自定义配置。同时，可通过元数据的智能驱动、智能算法实现规则的智能生成，支持 SQL 和组件两种类型的编排，对于灵活规则要求和零编码的规则配置要求均可满足。

质量管理模型：支持对质量管理模型的配置，包括指标配置、权重分配、评分等级，可以根据实际的数据质量情况和评估要求定义符合自己内部实际的评估模型。

3. 数据质量控制

数据质量控制包括数据质量评价、整改以及反馈三项主要活动。其中，数据质量评价是指对系统内数据进行探查、检测并反馈结果，主要包括数据质量智能探查、质量稽核、质量结果、检查结果告警等内容。数据质量整改主要通过工单来反馈数据质量评价的结果，通过分析管理，得出是否需要进行修复以及采取的修复方法，从而进行数据质量修复，主要包括问题分析、问题管理、质量问题修复、工单统计等内容。数据质量反馈是指通过工单的方式来反馈数据质量修复的结果，包括问题收集、质量评估报告以及工单反馈等内容。具体的子活动如下。

数据质量智能探查：支持无需规则的情况下，对系统内数据的基础质量进行探查，初步对数据完整性、重复性、结构等进行检测，支持概况统计、敏感信息的查看。同时，通过对记录数量、空数据和重复/非重复数据的分布统计、最小值、最大值、中间值、极值、数据长度/数据方差等进行基本分析，进一步支持对来源数据存储位置、提供方式、总量、更新情况、字段格式语义和取值分布、数据结构等进行多维度探查，帮助理解数据质量的基本情况，达到初步掌握数据情况的目的，为后续数据质量修复治理的开展提供决策支撑。

质量稽核：通过对表级数据质量实施定时/临时稽核任务，发现该表内不符合规则的数据并生成相应的稽核结果问题数据文件。提供数据事前、事中、事后的质量监控，执行数据质量规则，定期发现数据质量趋势变化。同时，支持稽核结果问题数据文件采集，对稽核结果数据进行简单的汇总操作，并将其明细数据和汇总数据分别存入结果明细表和汇总表。

质量结果：提供内置报告模板，覆盖全局、部门、系统、数据库维度，根据数据规则的调度情况、问题数据分布情况、作业数据源范围和运行时间区间、数据质量综合评分、质量检核作业分析、质量规则维度分析、异常数据分析、总结等内容，按照月度、季度、年度输出相应的质量报告。同时，支持自定义质量报告模板，模板提供多种组件、指标、维度等自由组合能力，通过简单操作即可完成设计。另外，提供用户粒度的质量分析和稽核任务质量报告、从不同视角查看名下稽核任务的运行效果、报告的浏览及多种格式的下载，满足不同场景下数据质量报告的生成和发布，帮助用户理解数据质量详细情况。

检查结果告警：支持监测结果多方式告警，包括站内信、电子邮件、短信，让用户及时了解质量检查结果，避免重大问题的延误。

问题分析：支持问题数据数量变化的趋势分析、问题数据不同稽核类别的数据分布分析以及问题数据的整体分析，帮助用户快速定位问题和解决问题。

问题管理：支持问题数据的查看和导出、查看血缘关系，可以迅速定位问题根源。同时，问题数据的派发支持整体派发和条件派发两种模式，可根据责任清单精准匹配问题整改人，并对派发的问题数据进行跟踪管理，对即将超期和已超期的业务进行督办，帮助数据管理部门与数据责任部门协同对数据质量问题进行修复。

质量问题修复：利用人工或者自动化的方式对不同类型的数据质量问题进行修复。

工单统计：利用可视化技术，统计问题修正过程中的相关工单数据。

4. 运行监控

数据质量的运行监控支持作业核心指标监控、作业质量问题查询、作业运行监控、作业结果监控等基础能力，具体如下。

作业核心指标监控：支持作业运行核心指标监控，监控指标包括运行中的任务数、运行成功任务数、运行失败任务数等。同时，支持重点关注稽核对象问题数据的监控。

作业质量问题查询：支持对数据质量问题的多维检索，包括作业名称、运行状态、异常确认、最近运行时间、责任人等。

作业运行监控：支持对作业运行历史、规则统计信息、运行代码等的监控。

作业结果监控：支持稽核结果数据查看、规则统计、异常确认等的监控。

数据质量管理体系的好处是显而易见的。首先，它可以确保数据的可信性和准确性，提高数据的价值和可靠性。其次，它可以帮助组织减少因数据错误或不准确带来的成本和风险。最后，数据质量管理体系还可以促进组织内部的协作和沟通，增强组织的决策能力和创新能力。

总之，数据质量管理体系是组织保证数据质量和准确性的重要框架，可以帮助组织提高数据的价值和可靠性，降低成本和风险，并促进组织内部的协作和提高创新能力。

5.2.2 数据质量管理中的核心问题

当前政府部门与企业在数据质量管理中面临诸多问题，这些问题阻碍了数据的准确性、一致性和可靠性，成为信息决策和业务发展的障碍，主要包括以下几点。

1. 数据的形式结构不统一

由于数据来源多样，不同来源的数据可能采用不同的数据格式和结构。常见的数据格式包括文本、表格、JSON、XML 等，这些不一致的数据格式会导致数据质量维护管理方面的问题，如数据解释困难、数据集成复杂、数据分析效率低下等。因此，在进行数据质量管理时，需要将不同来源的数据格式都统一为具有一定标准的关系型数据格式，以提高数据的一致性和可管理性。

2. 数据来源不同导致难以融合

政府部门和企业通常从多个不同的部门、系统或外部供应商获取数据，这些数据可能具有不同的数据标准、命名约定和数据结构。将这些不同来源的数据融合在一起以进行综合分析和决策变得困难。数据融合问题可能导致数据冗余、数据丢失以及数据不一致性，从而降低了数据的可信度和完整性。

3. 原始数据错误导致难以检测

原始数据中可能存在各种错误，包括数据不一致、数据缺失、异常值、重复数据等问题。这些错误通常在数据采集和录入阶段难以被及早发现和纠正，因此它们可能在后续的数据分析和决策中产生负面影响。为了解决这个问题，需要建立数据质量控制和监测机制以及数据审查和清洗流程，以确保数据的准确性和可信度。

在本节后续内容中，针对这些核心问题，我们提出了一系列模块和技术来对数据格式进行结构化统一，对多来源数据进行数据融合，并且通过预训练表格模型来检测并修正原始数据中的错误。

5.2.3　多模态数据的结构化统一——Unicorn 模型

Unicorn 模型是一个能够支持多种常见数据匹配任务的统一模型。如图 5 - 10 所示，模型框架设计为一个通用的基于预训练语言模型的编码器，将任何数据元素对转换为一个语义表示，再通过专家混合模型层增强表示，最后通过二分类器得到匹配结果。在 7 个常见的数据匹配任务的 20 个数据集上进行实验，包括实体匹配、实体链接、实体对齐、列语义标注等，实验结果表明 Unicorn 模型在大多数任务上都比为特定的任务和数据集分别训练的最佳模型表现更好，并且在零标注的新数据集上效果也更好。

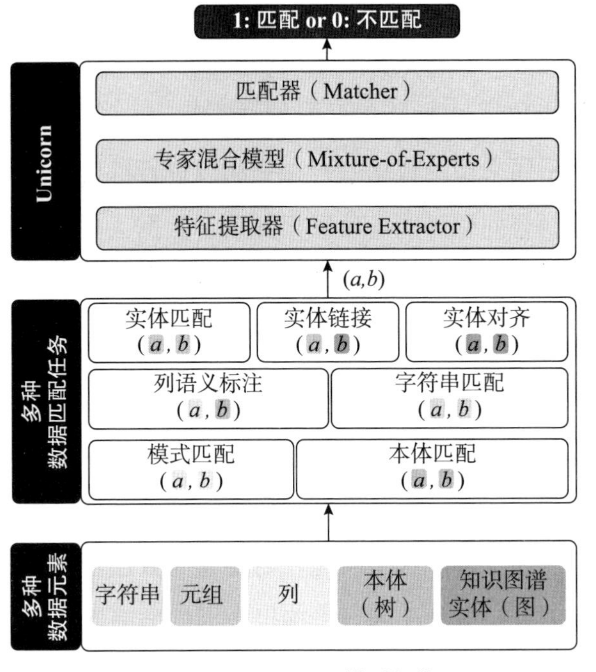

图 5－10　Unicorn 模型架构

目前的数据匹配都是为每个任务甚至每个数据集分别定制训练模型，这个做法的模型存储开销非常大，并且无法利用不同任务和数据集之间的共享知识。

为了解决上面的问题，我们提出了一个能够支持多种常见数据匹配任务的统一框架模型，既融合了多种任务，减少了模型存储代价，又能够共享不同任务和数据集之间的知识。构建这个模型有两大挑战：一是待匹配的不同模态的数据元素有不同的格式，二是不同匹配任务的匹配语义不同。为了应对第一个挑战，Unicorn 针对不同匹配任务、不同模态的数据元素设计了不同的结构化序列化方式（见图 5－11），采用了现在 Encoder-only 的预训练语言模型中能力最强的 DeBERTa 模型作为通用的编码器，将任何数据元素对（a，b）转换为一个语义表示，后面使用一个二分类器，确定 a 与 b 是否匹配。

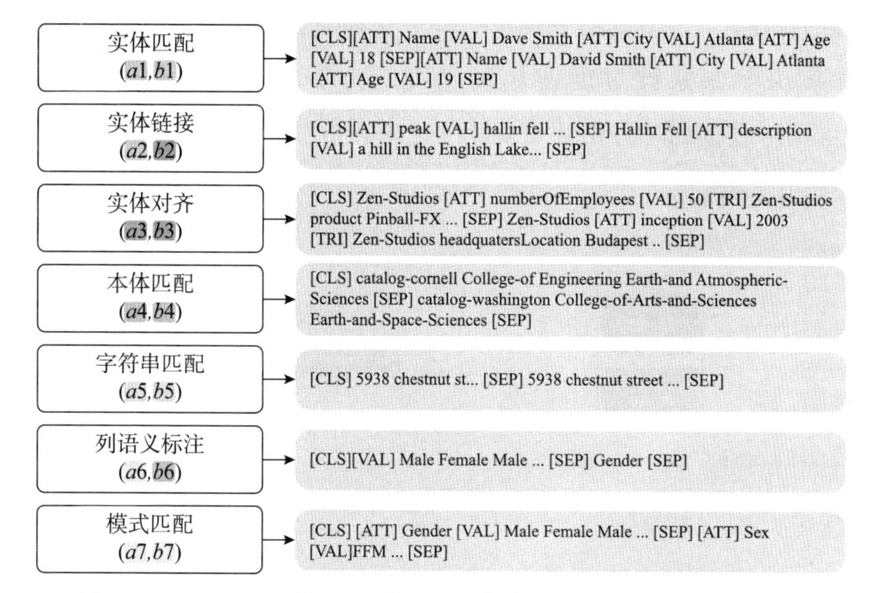

图 5-11　Unicorn 不同匹配任务、不同模态数据元素结构化序列化方式

为了应对第二个挑战，更好地融合多个任务的匹配语义，Unicorn 在编码器和二分类器中间加入了一个专家混合模型，将学到的表示增强为更好的表示，从而进一步提高预测性能。专家混合模型主要由两部分组成：一是若干个专家（expert），即若干个全连接网络；二是一个门控（gate），输出所有专家的权重分布。因此，专家混合模型就是将输入经过每个专家后的输出，进一步依据门控输出的权重，进行加权求和。在 Unicorn 中，专家混合模型的作用主要是将不同任务经过编码器分布各异的表示，再映射至更加相近的分布上，以减小最后二分类器的学习难度，可视化效果如图 5-12 所示。除此之外，专家混合模型还应具有两个性质：一是稀疏性，即对于每条数据，其中一个专家的门控输出权重较大，其余都较小，这个性质是为了让差异较大的任务使用不同的专家，尽量减少不同类任务之间的干扰，并且在保证知识共享的同时，保留每类任务单独的特性；二是在所有数据中，每个专家都要平均地被使用，不存在某几个专家被过度使用的情况。为了保证上面两个性质，Unicorn在训练时另外引入了最小化熵和负载均衡这两个损失，有效提升了性能。

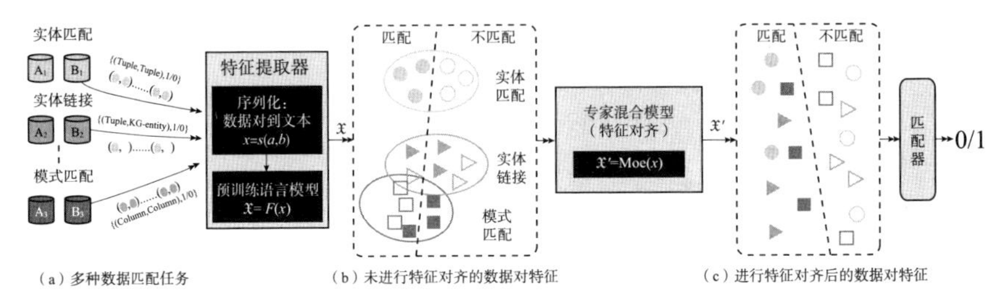

图 5－12　细化的 Unicorn 模型架构

通过实验结果可以看出，Unicorn在所有数据集上都与之前的最佳模型性能可比，并且在大多数数据集上超过了最佳模型的性能（见表5－3）。另外，在零标注的新数据集上的性能也很好，和用训练集训练过的最佳模型的性能是可比的（见表5－4）。

表 5－3　Unicorn 在各数据集上的预测性能

Type	Task	Metric	Unicorn w/o MoE	Unicorn	Unicorn ++	Previous SOTA (Paper)
EM	Walmart-Amazon	F1	85.12	86.89	**86.93**	86.76 (Ditto [30])
	DBLP-Scholar	F1	95.38	95.64	**96.22**	95.6 (Ditto [30])
	Fodors-Zagats	F1	97.78	**100**	97.67	**100** (Ditto [30])
	iTunes-Amazon	F1	94.74	96.43	**98.18**	97.06 (Ditto [30])
	Beer	F1	90.32	90.32	87.5	**94.37** (Ditto [30])
CTA	Efthymiou	Acc.	98.08	98.42	**98.44**	90.4 (TURL [10])
	T2D	Acc.	98.81	99.14	**99.21**	96.6 (HNN+P2Vec [5])
	Limaye	Acc.	96.11	96.75	**97.32**	96.8 (HNN+P2Vec [5])
EL	T2D	F1	79.96	91.96	**92.25**	85 (Hybrid I [20])
	Limaye	F1	83.12	86.78	**87.9**	82 (Hybrid II [20])
StM	Address	F1	97.81	98.68	99.47	**99.91** (Falcon [39])
	Names	F1	86.12	91.19	**96.8**	95.72 (Falcon [39])
	Researchers	F1	96.59	97.66	**97.93**	97.81 (Falcon [39])
	Product	F1	84.61	82.9	**86.06**	67.18 (Falcon [39])
	Citation	F1	96.34	96.27	**96.64**	90.98 (Falcon [39])
ScM	FabricatedDatasets	Recall	81.19	**89.6**	89.35	81 (Valentine [27])
	DeepMDatasets	Recall	66.67	96.3	96.3	**100** (Valentine [27])
OM	Cornell-Washington	Acc.	90.64	**92.34**	90.21	80 (GLUE [15])
EA	SRPRS: DBP-YG	Hits@1	99.46	99.67	99.49	**100** (BERT-INT [46])
	SRPRS: DBP-WD	Hits@1	97.11	97.22	97.28	**99.6** (BERT-INT [46])
AVG			90.8	94.21	**94.56**	91.84
Model Size			139M	147M	147M	995.5M

表 5-4　Unicorn 在零标注新数据集上的性能

Type	Task	Metric	Unicorn w/o MoE	Unicorn	Unicorn-ins	SOTA (# of labels)
EM	DBLP-Scholar	F1	90.91	95.39	**97.08**	95.6 (22,965)
CTA	Limaye	Acc.	96.2	96.59	96.5	**96.8** (80)
EL	Limaye	F1	74.16	78.92	**82.8**	82 (-)
StM	Product	F1	60.71	74.92	**78.76**	67.18 (1,020)
ScM	DeepMDatasets	Recall	74.07	92.59	96.3	**100** (-)
EA	SRPRS: DBP-WD	Hits@1	95.55	97.25	96.17	**99.6** (4,500)
AVG			81.93	89.28	**91.27**	90.2

5.2.4　人机协同的数据融合——DADER 模型

DADER 模型是从数据标注的角度研发人机协同的数据融合算法，主要思想是采用基于弱监督（weak supervision）的技术方案：将专家规则、领域知识、数据标注等统一表示成弱监督规则，并通过规则批量地完成实体与关系知识的抽取与融合工作。针对典型的数据融合任务对所提出的方法进行了验证，实验结果表明所提出的方法仅需要人的少量参与即可明显超过由斯坦福大学提出的 Snorkel 系统。

DADER 模型目前主要聚焦实体匹配这一数据融合的核心任务。现有实体匹配的解决方案主要依赖于深度学习模型的有监督训练，这需要大量的标注数据作为训练集。为每个数据集都收集标注数据需要的成本很高。

为了解决上述问题，DADER 模型应运而生。对于给定的任意数据集（称作目标数据集 T），不需要标注出训练集，仅利用现有的一些公开的已标注的数据集（称作源数据集 S）来训练模型（记为 M），从而实现在目标数据集上的良好性能。但由于 S 和 T 两个数据集可能来自两个完全不同的域，数据分布存在较大差异，直接将 M 应用于 T 可能无法取得好的性能，因此此处引出预适应技术。预适应技术在计算机视觉和自然语言处理领域已经被广泛研究过，但其在实体匹配问题上的性能还未被讨论过。DADER 设计了预适应算法来调整模型 M，从而实现 M 在 T 上的良好性能。图 5－13 展示了源数据集 S（圆点）和目标数据集 T（方块），在图（a）中，由于两个数据集的分布不同，在 S 上学到的模型 M（虚线）无法准确预测 T。于是在图（b）中，DADER 通过调整两个数据集的分布，学习既适用于 S 也适用于 T 的模型。

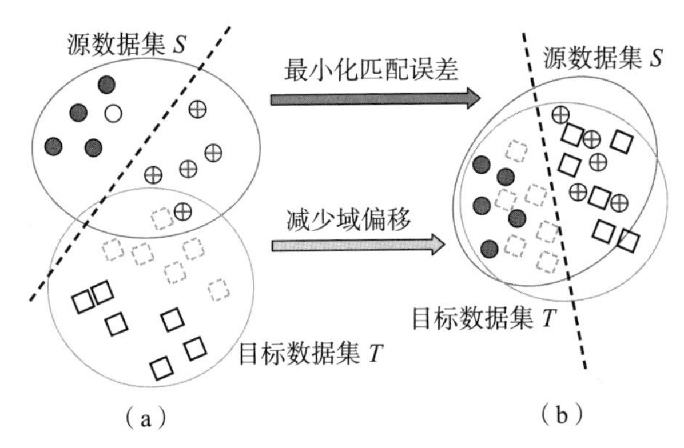

图 5－13　利用预适应算法重用现有标注数据的示意图

首先，我们设计了将预适应技术应用于实体匹配问题的通用模型框架，该框架包含三个主要部分：特征提取器，匹配器和特征对齐模块。如图 5－14 所示，特征提取器提取实体对特征，匹配器是判断该实体对是否相同的分类器，特征对齐模块是实现预适应的核心模块，其作用是融合两个数据集的特征分布，从而实现匹配器在两个数据集上的高质量预测。

其次，我们定义了以上模型的解决方案设计空间。对于特征提取器，我们主要应用两类高效的深度学习网络：循环神经网络（RNN）和预训练语言模型（LM）。对于匹配器，我们使用最常用且高效的 MLP。对于特征对齐模块，我们设计了三大类主流的预适应技术：Discrepancy-based，Adversarial-based 和 Reconstruction-based。

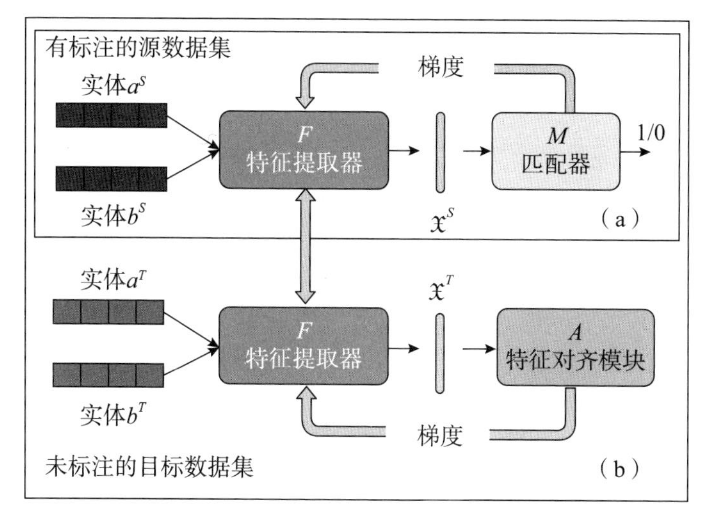

图 5-14　将预适应技术应用于实体匹配问题的通用模型框架

Discrepancy-based 通过减小两个分布的距离度量指标来减小数据差异，Adversarial-based 通过对抗训练的思想使两个数据集的特征融合，Reconstruction-based 通过同一个 Encoder 和 Decoder 网络提取出两个数据集通用的特征。我们提出了六种代表性方法来探讨不同预适应技术的性能，图 5-15 展示了这六种方法的具体模型结构。

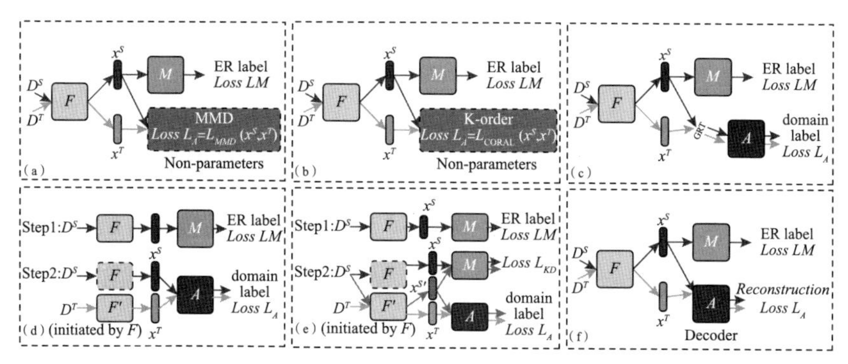

图 5-15　将预适应技术应用于实体匹配问题的六类模型结构

实验结果表明：预适应技术可以有效提升模型在目标数据集上的性能。此外，在有少量标注的情况下，使用预适应技术中效果最好的 InvGAN＋KD 方法，可以得到比 SOTA 方法（NoDA、Ditto 和 DeepMatcher）更高的性能，如图 5－16 所示。

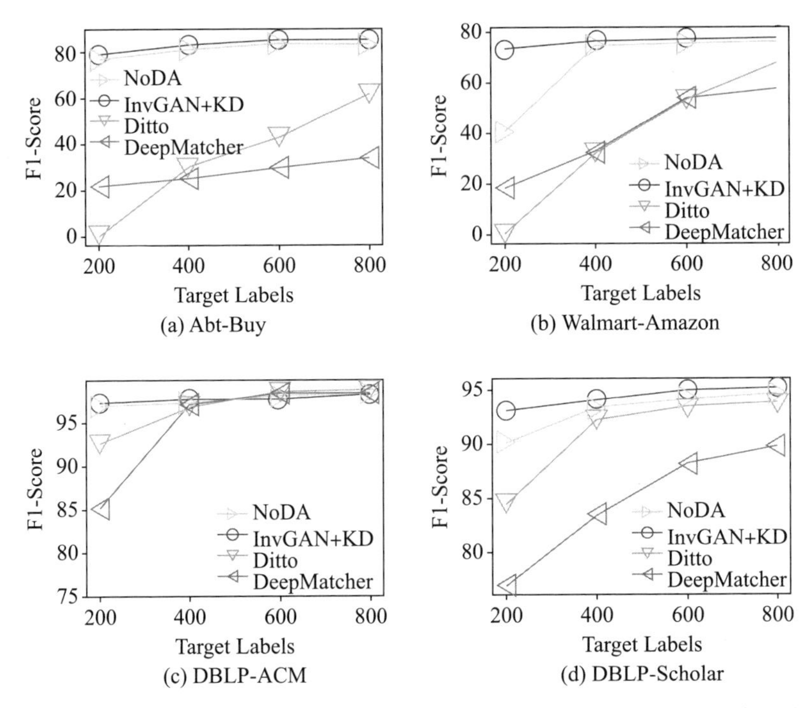

图 5－16　在有少量标注的情况下，InvGAN＋KD 方法比 SOTA 方法有更高的性能

5.2.5　数据智能探查——表格数据错误的自动检测技术

由于各种原因，表格数据经常存在错误值，对下游的数据分析及应用造成很大的负面影响，因而错误检测对改善表格数据的质量具有重要意义，是任何数据分析过程中一个关键的初步阶段。但是，表格数据错误的自动检测是一个具有挑战性的问题，可以检测的错误包括：

- 缺失值 MV：语法错误。
- 拼写错误 T：语法错误。

- 格式/模式错误 FI：语法错误。
- 属性违背错误 VAD：语义错误（主要考虑属性依赖错误）。

项目组研制了基于预训练模型的表格数据错误检测工具，主要解决表格数据错误的自动检测这一挑战性问题。现有的错误检测方法大多是针对特定类型的错误，需要用户定义规则和配置的传统检测方式，或者依赖于特征工程设计和数据标注的基于机器学习的方式。近几年自监督预训练模型在自然语言处理任务上取得了巨大成功，预训练模型能够产生更强的文本语义表示，更好地理解和建模表格数据，这给表格数据错误检测带来了新的研究方向。因此，我们将预训练模型应用于表格数据错误检测任务，分别使用自然语言预训练模型 BERT 和表格预训练模型 TABBIE 在错误检测任务上进行微调。

1. BERT 微调用于表格单元错误检测

加载预训练 BERT 模型参数，在表格数据集上进行微调，对微调结果进行测试。微调通过在表格数据上进行再次训练以更新参数来使 BERT 模型调整适应下游错误检测任务，不需要从头开始进行模型的训练，节省了资源成本和时间成本，同时也利用了 BERT 在大规模数据集上进行预训练得到的较好的文本表示。

BERT 的一个输入为一个表格单元，输入的表格的尺寸即为 batchsize。我们将一个表格单元视作一个文本序列，首先经过分词和嵌入得到 BERT 的输入特征向量，同时我们通过加入行位置编码和列位置编码来加入表格单元的位置信息，经过 BERT 模型后，得到序列的输出向量，我们使用［CLS］标记来代表单元值文本序列（见图 5-17）。

将［CLS］输入 MLP 构成的分类器中，经过 Softmax 层输出分类概率，我们将值大于 0.5 的任务视为错误。

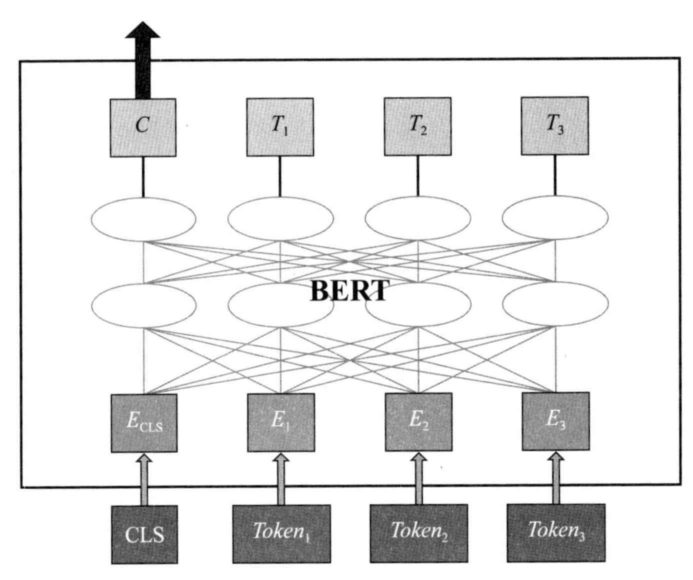

图 5-17 [CLS] 标记示意图

2. TABBIE 微调用于表格单元错误检测

我们将 TABBIE (tabular information embedding) 预训练模型应用于表格数据的错误检测，探究其有效性。我们使用 TABBIE 模型对表格单元进行编码得到特征向量表示，然后经过一个分类器（采用 MLP）对特征向量进行二分类来检测错误。TABBIE 遵循图 5-18 所示的预训练微调范式。

在预训练阶段，TABBIE 采用了 ELECTRA① 模型中所用的代理任务的一个变体，ELECTRA 中采用 RTD (replaced token detection) 代理任务，按一定的比例替换掉文本中的词，设置一个分类器来判断文本中的每个词是否被替换。TABBIE 使用类似的方式

① Kevin Clark, Minh-Thang Luong, Quoc V. Le, et al. ELECTRA: pre-training text encoders as discriminators rather than generators. In International Conference on Learning Representations, 2019.

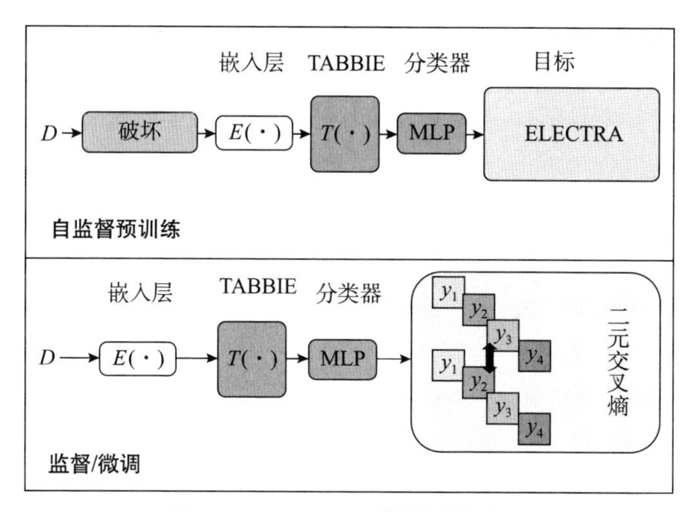

图 5-18　TABBIE 预训练微调范式

按一定的比例交换表格单元以破坏表格，并且设置分类器来判断该表格单元是否被替换。在交换表格单元时，为了学习到丰富的信息，交换表格单元不仅在全表上随机交换，还设定在同行之间进行交换，同列之间进行交换。其采用的训练数据是来自 Wikipedia 和 Common Crawl 的大小为 26.6M 的多张表格，通过对这些表格进行交换检测，迫使模型在训练过程中理解表格。

在微调阶段，需要人工对一部分数据集进行标注，加载预训练模型参数后，将表格送入 TABBIE 模型进行训练，下游任务是表格错误检测，和 TABBIE 的代理任务本身就很接近，这也是选取 TABBIE 模型的重要原因，通过微调更新模型参数，让模型更好地适应错误检测这一下游任务。

通过对实验结果的分析，发现表格预训练模型 TABBIE 在有少量标注时性能较好，同时能够较快地达到最佳性能，即使用较少的标注数据即可达到或接近其最优效果，BERT 模型在特定类型错误数据上也能在少量标注下表现出较好的性能。同时 TABBIE 模型微调这种方法不仅在错误率较小的情况下能够表现出很好的性能，而且受错误率的影响也小，面对不同错误率的数据表现出更高的稳定性。

5.3 数据资源标识技术

5.3.1 基本概念和内涵

数字对象架构（digital object architecture，DOA）是由图灵奖得主、互联网之父罗伯特·卡恩提出的一种以数据为中心的开放式软件体系结构。数字对象架构就是对数字空间的数字对象进行标识、解析、信息管理和安全控制的互联网架构，能够有效解决异主、异构、异地数据之间的互联互通互操作。①

数字对象架构包括一个基本模型、两个基础协议和三个核心系统（见图 5-19）。数字对象架构基于数字对象（digital object，DO）模型统一抽象互联网中数字资源以屏蔽资源的异构性。模型是指将现实世界的人、物品、行为等通过一个基本模型映射为数字空间的数字对象。数字对象又分为标识、元数据、数据实体（数据源）三个部分，其中标识是数字对象的 ID，唯一且持久地识别每个数字对象；元数据是数据的描述信息，用于发现、搜索数字对象；数据实体（数据源）则代表原始数据。数字对象的三个部分分别由

① 高振刚. 数字对象体系架构：打造新型基础设施的“神经系统”. 中国经贸导刊，2020（14）：20-23.

数字对象标识解析系统、数字对象注册表系统、数字对象仓库系统进行管理，并通过两个基础协议——数字对象标识解析协议（digital object identifier/resolution protocol，DO-IRP）和数字对象接口协议（digital object interface protocol，DOIP）进行访问，解析、搜索、使用数字对象。①

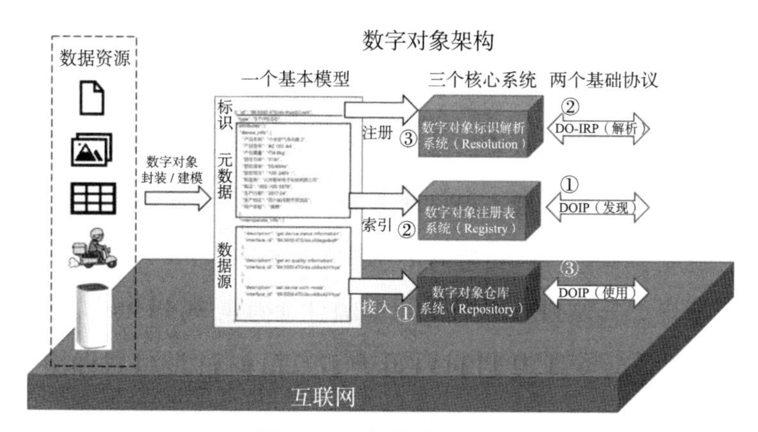

图5-19 数字对象架构

数字对象架构定义了数字对象的结构、属性、关系和行为，以及它们之间的组织和管理方式。它提供了一种标准化的方法来表示和操作数字对象，使其能够在不同的系统和环境中互操作和共享。

数字对象架构已在数字图书馆领域取得了全球性的规模化应用，即数字对象唯一标识符（digital object unique identifier，DOI）系统。通过将书籍、论文、报告、视频等数字资源构建为数字对象，并分配唯一且持久的DOI，可以在任意一个支持DOI的应用系统中解析该标识对应的文献实体，避免了常见的URL失效导致的资源不可访问问题。截至2021年5月，DOI系统在全球已注册

① https://toscode.gitee.com/BDWare/BDWare.

约 2.57 亿数字对象，覆盖了 IEEE、ACM、Springer 以及万方、知网等众多国内外学术数据库。

5.3.2 基于数字对象架构的数据资源标识技术

基于数字对象架构，我们拓展了数据资源标识模型，以满足政务数据、企业数据等数据资源的标识需求，并建立了各种类型数据资源的统一标识模型，支持通过注册表实现元数据的注册、更新和管理，自动更新数据资源目录并且支持数据共享流通的动态变化过程中元数据的实时变化更新，通过基于区块链的数据标识监管溯源技术，满足数据资源在跨域共享流通时的监管和溯源要求。

1. 基于注册表的层次化数据资源目录构建

数字对象注册表系统（Registry）负责数字对象元数据的管理。Registry 和数字对象的实际访问服务提供者——数字对象仓库系统（Repository）逻辑上一般是一对一或一对多的关系，即在物理上将 Repository 和 Registry 部署在一起，同时对外提供数字对象的访问和搜索功能；或者将 Registry 作为独立构件部署，此时一个 Registry 一般管理多个 Repository 中数字对象的元信息，Registry 通过标准的数字对象接口协议对外提供元数据的管理服务以及数字对象搜索服务。在数字对象架构中，有一种特殊类型的数字对象——元数据数字对象（MetaDO）。MetaDO 中包含的是其他数字对象的描述信息、标识的键值对，并以固定的格式序列化。通过检索 MetaDO 中的数据，可以根据关键字搜索到目标数字对象的标识。注册表系统是一种特殊的仓库系统，仅负责 MetaDO 的存储、管理。注册表系统同样以 DOIP 协议的标准对外提供服务，创建、管理 MetaDO，并支持 DOIP 协议中的 Search 操作（见图 5－20）。

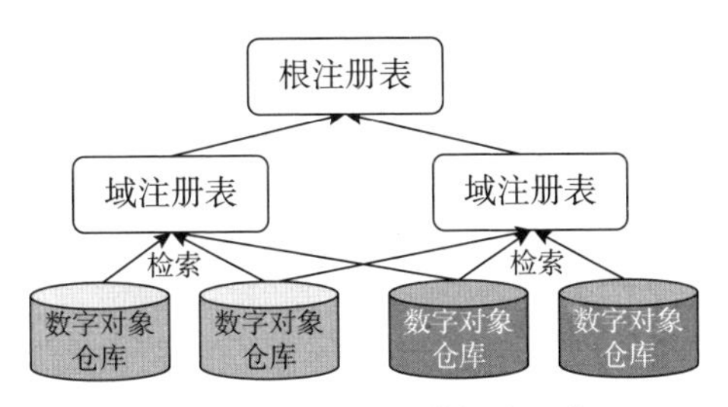

图5-20　层级式联邦注册表

在生成数据资源类型的数字对象时，需要自动或半自动生成该数字对象的元数据（包括数据类型、所属类别等），并将元数据注册到注册表中，注册表会自动索引新增的元数据项，并将对应的数字对象挂载到预设的目录中，自动更新目录项内容，实现数据资源目录的构建。此外，层级式联邦注册表支持下级注册表元数据向上级注册表的自动同步，形成层次化数据资源目录。

2. 基于区块链的数据标识监管溯源技术

数据标识的安全可信流动、操作处理是支撑数据标识解析系统的重要基础，因此需要对数据标识进行监管溯源，并保证数据的真实可靠性，防止数据被篡改。区块链上存证的数据具有难以篡改、不可伪造、全程留痕、可以追溯、公开透明、集体维护等特征，基于区块链的数据标识监管溯源技术通过分布式多主体的点对点通信网络进行交互，通过非全网的一致性协议，可根据应用场景配置不同的可信存证份数，在固定存储开销的情况下实现数据的防篡改；同时通过多节点的同步校验机制，可以实现协同代码逻辑的不可篡改，并且将调用的参数、返回值、分支、执行时间、调用签名、调用者公钥、调用时刻等内容在区块链上进行可信存证，实现数据标识解析全程溯源。

基于区块链的数据标识监管溯源技术采用随机见证机制以及有向无环图结构，支持分布式账本的吞吐量可以随着节点数量的增加线性扩展；采用随机存储节点的备份存储机制，使得分布式账本的存储开销随着节点数量与存证吞吐量的增长保持随时间线性增长，有效满足庞大节点规模下的海量数据标识监管溯源需求。

首先，针对数据标识体量大的特点，基于区块链分布式账本技术，对数据标识的相关信息进行压缩，生成可用于验证数据标识真实性的数据标识指纹，相比原始数据，其体量更小，更适合基于分布式账本来实现不可篡改的存证。

其次，结合基于数字签名的时间戳技术，将数据标识与时间戳进行融合，实现数据的全程留痕，并支持快速检验数据的真实性。

最后，采用图数据库、关系型数据库等数据库技术并结合数据标识技术，对数据标识流程中的信息进行关联，实现关键操作的高效索引和存证。

5.4 小　结

本章探讨了数据资源管理、数据质量管理以及数据资源标识三项数据资源对象化组织的核心技术，以支撑数据的资源化过程。其中，数据资源管理着眼于元数据标准化模型、元数据语义自动标注和对象化知识图谱构建，以系统化组织数据资源。围绕数据质量管理，探讨多模态数据的结构化统一、人机协同的数据融合以及表格数据错误的智能化探查技术，以提升数据资源的质量。最后基于数字对象架构，实现对数据资源的标识和溯源监管，为数据资源的流通共享提供基础。这些内容有助于构建稳健的社会化信息系统的数据资源体系，提高数据资源质量和管理效率，成为社会化信息系统的基石。

第6章

服务支撑体系：数据资源服务化交付

传统的信息系统往往以业务为核心，然而传统方法越来越难以满足组织动态、快速变化的业务需求。同时，在企业和组织的数字化转型过程中，其内部不同种类的操作系统、应用软件、系统软件相互交织，而重新建立一个新的基础环境往往是实践过程中难以实现的，一些现存的应用程序往往需要用来处理新出现的业务。因此，面向服务的体系架构（service-oriented architecture，SOA）凭借其松耦合、可复用、易扩展的特性，使企业可以按照模块化的方式来添加新服务，或者更新现有服务，并且通过服务的组合和编排来满足新业务的需要；也可以把企业现有的应用作为服务，顺利地衔接到新的系统中，既省时省力，又可以减少相应的损失。

同样地，在以数据为中心的社会化信息系统中，SOA同样成为数据资源交付和使用的选择。数据资源可以通过数据服务化和模型服务化两种方式对外交付，成为构建社会化信息系统的核心基础。重要的是，随着数据资源通过服务化形成数据服务和模型服务，数据服务和模型服务的构建、维护以及跟踪等全生命周期管理成为保障社会化信息系统良好运行的关键。为此，本章在介绍

SOA 的基础上，重点介绍数据服务化和模型服务化的关键技术，进而讨论数据资源使用过程中的溯源技术。

6.1　面向服务的体系架构

6.1.1　SOA 的产生背景

SOA 的产生主要源于企业信息化需求的拉动和软件技术的推动。一方面，企业在应对分散的信息系统和应用之间的“信息孤岛”时，迫切需要整合这些系统，无论是企业内部各种应用系统之间的集成，还是企业与关联企业以及上下游伙伴之间的业务协同，这种整合需求驱动了 SOA 的兴起。随着信息技术的发展，现代企业面临多元、动态的多场景的应用需求，因此也需要更高程度的协同工作来应对市场竞争和业务需求。此外，不断变化的商业环境和竞争要求企业具备更高的业务灵活性，企业必须不断调整其组织、流程和商业模式，以适应需求的快速变化。传统的软件开发方法通常难以适应这种迅速变化的需求，而 SOA 以服务为对象，将业务逻辑拆分为可重用的服务，通过对服务的编排组合来实现业务流程的重组、改造以及集成，为企业提供了更灵活的方式来构建和维护信息系统，使其更容易适应业务变化。

另一方面，SOA 的产生也得益于软件技术的推动。首先，SOA 引入了一种基于服务的思维方式，它将传统的、面向业务的、系统的设计与开发过程分解为功能更具体的服务开发过程，这样的服务具有较高的独立性和松散耦合性，可以独立开发、测试和维护，从而降低了系统出现错误和故障的风险。其次，SOA 鼓励在开发过程中采用组件化和复用，这有助于减少重复工作，提高研发效率，开发人员可以重复使用现有的服务，而不必重新编写相同的代码。SOA 不仅是一种架构，还涉及技术领域，如异构系统的互操作性和软件复用。这些技术创新推动了更高水平的软件开发和集成。

6.1.2 SOA 的基本概念和内涵

什么是服务？服务是精确定义、封装完善、独立于其他服务所处环境和状态的功能单元，并且拥有定义良好的接口和规则，可以相互进行通信和连接。从业务角度而言，服务是可重复的、经过标准封装的任务实现，例如，检查账户余额、开设新账户等，这些具体任务都可以看作一项服务。

SOA 是一种基于服务的系统设计和开发方法，它将应用程序组织为一组松散耦合的、可重用的、自治的服务，这些服务通过标准化的接口进行通信，然后通过相应的顺序调用来实现各种业务流程和功能。许多组织从不同的角度和侧面对 SOA 进行了描述，较为典型的描述包括如下几种。

（1）W3C 的定义：SOA 是一种应用程序架构，在这种架构中，所有功能都定义为独立的服务，这些服务带有定义明确的可调用接口，能够以定义好的顺序调用这些服务来形成业务流程。

（2）Service-architecture.com 的定义：服务是精确定义、封装完善、独立于其他服务所处环境和状态的函数。SOA 本质上是服务的集合，服务之间彼此通信，这种通信可能是简单的数据传送，也可能是两项或多项服务协调进行某些活动。

（3）Gartner 的定义：SOA 是一种 C/S 架构的软件设计方法，应用由服务和服务使用者组成。SOA 与大多数通用的 C/S 架构模型的不同之处在于它着重强调构件的松散耦合，并使用独立的标准接口。

尽管定义有所不同，但是在 SOA 中，毫无疑问的是，服务是系统的基本构件，每项服务都是可独立部署的、可重用的、自治的、松散耦合的。首先，服务之间松散耦合，这意味着一项服务的修改不会影响其他服务，甚至对底层的服务实现方式知之甚少或根本不了解时也可以调用这些服务，减少了应用之间的依赖。其次，服务具有可重用性，一项服务可以被多个应用程序重复使用。再次，服务之间通过标准化的接口进行通信，这些接口可以基于 XML、JSON 等协议和 Web Services、REST 等技术实现。因此，SOA 能够实现不同平台、不同编程语言和不同供应商之间的互操作，而这正好符合复杂社会化信息系统的互联性需求。最后，SOA 中的每项服务都包含执行完整的独立业务功能（例如，检查客户信用、计算每月还贷额或处理抵押申请）所需的代码和数据，因此每项服务可以独立开发、测试、部署和管理，也可以通过添加新的服务来扩展系统功能。

但是，SOA 也存在一些缺点。首先，SOA 处理分布式系统具有一定的复杂性，例如服务发现、负载均衡、故障恢复等。其次，SOA 也可能存在性能问题。由于服务之间需要通过网络通信进行交互，因此可能会影响系统的性能和响应时间。最后，值得注意的是 SOA 带来的安全问题。由于系统中涉及多项服务，因此需要处理安全和身份认证等问题，而这增加了系统的安全风险。

6.1.3 SOA的架构参考模型

如图6-1所示，SOA的架构参考模型主要包含四大部分：基础设施服务、企业服务总线（ESB）、开发工具与管理工具。各个部分的主要内容如下。

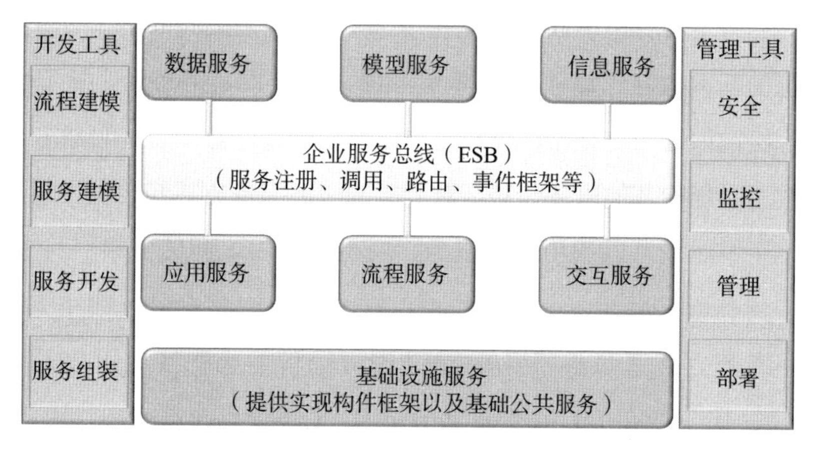

图6-1 SOA的架构参考模型

（1）基础设施服务：为整个SOA组件和框架提供一个可靠的运行环境以及服务组件容器，它的核心组件是应用服务器等基础软件支撑设施，为整个系统提供运行期完整、可靠的软件支撑。

（2）企业服务总线（ESB）：ESB是SOA的核心组件，主要用于协调和组织分布式系统中各项服务之间的通信和交互。首先，ESB具有服务注册功能，只有经过认证的服务才可以接入系统。其次，ESB可以为不同的服务提供一个统一的接口，从而实现不同服务之间的交互、通信以及数据传输。再次，ESB也提供协议转换、数据格式转换等功能。最后，ESB最重要的功能就是根据事件框架，作为消息路由，顺序调用或者组合编排服务构件来实现完整的业务流程。使用 ESB 可以提高系统的可靠性、可维护性和可扩展性。

（3）开发工具：开发工具是 SOA 的重要组件，主要包括流程建模、服务建模、服务开发、服务组装等功能。面对动态的、不同场景的应用需求，SOA 可以提供完善的、可视化的服务开发和流程编排工具，能够对复杂的业务流程进行建模，拆分成具体的业务单元并且映射成相应的服务组件，从而进行开发和构建，最后通过编排组合实现完整的业务流程。

（4）管理工具：管理工具主要对开发构建的服务进行管理、部署、监控，涵盖完整的 SOA 系统开发生命周期。

6.1.4　服务交付模式

SOA 的思想天然适合社会化信息系统对数据资源化和动态协同的要求。社会化信息系统通过将数据和模型等资源进行服务化的封装、组织和管理来支撑上层业务应用的构建和使用，同时将信息系统的数据底座连接起来，以促进业务和数据之间的共享和协同。在社会化信息系统中，我们认为数据资源主要的服务交付模式包括数据服务化和模型服务化两种。

（1）数据服务化是将数据资源转化为可访问和可重复使用的数据服务的过程。这种交付方式提供数据资源本身（或者数据资源的加密转换），有助于提高系统中数据资源的可用性、可访问性和可管理性，使其能够集成到不同的应用程序和系统中。数据服务的交付方式有文件、API 接口、数据包、数据订阅和推送、云存储以及数据流等，每种交付方式都有其适用场景和优劣势，因此需要根据具体的业务需求和用例，选择最合适的数据服务交付方式。

（2）模型服务化是一种将数据资源通过机器学习、深度学习等模型进行训练，并将训练完成的模型以服务的形式提供给用户或上层业务应用的过程。因此，模型服务化不直接提供数据资源或其变种，而是提供训练完成后的模型产品。模型服务的交付方式主要包括 API 接口、云服务、软件开发工具包或者部署模型服务的实例等。但目前市场上还是以 API 接口的方式为主，用户或者上层业务应用通过调用模型提供输入，并通过 API 接口接收模型运行的结果。

需要注意的是，数据服务化和模型服务化作为数据资源的主要交付模式，在社会化信息系统跨域协同的背景下，需要有效提升其服务质量。为此，下文将从数据服务化和模型服务化两个角度介绍相关的关键技术。

6.2 数据服务化技术

6.2.1 基本概念和内涵

数据服务化是一种数据资源管理和交付最直接的方式。它强调将数据资源转化为可供其他应用程序、系统或用户使用的服务，主要方式是将数据资源通过软件技术和服务模式进行开放、共享和重用，以满足用户需求。数据服务化通过数据服务共享平台，使得有价值的数据资源对外提供服务，产生数据价值。数据服务化具有如下两个基本特点。

一是将数据视为服务。数据服务化的核心思想是将数据视为一种服务，就像传统的网络服务或软件服务一样。这意味着数据不再仅仅是存储在数据库中的信息，而是以可访问的方式提供给需要的用户和系统。

二是具有可访问性和可用性。数据服务化旨在提高数据的可访问性和可用性，通过将数据转化为服务，无论数据存储在何处，均可以确保数据在需要时可以轻松地被其他应用程序或系统访问。

在实现数据服务化的过程中，需要注意以下几点：

一是标准化接口。实现过程中通常会制定标准化的数据接口和协议，以便不同应用程序可以统一地与数据服务进行通信。这些接口可以是 API 或其他协议。

二是数据治理。有效的数据治理实践是数据服务化的关键组成部分，这包括数据质量控制、数据分类、数据版本管理等，以确保数据的一致性和可靠性。

三是元数据管理。元数据即数据的数据，它有助于用户理解数据的含义、来源和用途，以及数据的质量和可信度等。

此外，数据服务化需要考虑数据的安全性和隐私，特别是涉及个人隐私数据时，必须采取适当的安全措施，确保只有经过授权的用户或系统才能够访问敏感数据，并且必须遵守相关法律法规。

数据服务化带来了多种便利，包括数据的共享与协作，即通过数据服务化，不同部门和团队可以更轻松地共享和协作使用数据，而不必复制或移动数据，有助于消除“数据孤岛”，加强组织内部的协同工作。

6.2.2 数据服务化面临的挑战

在典型的社会化信息系统应用场景中，一方面数据服务可以用于支撑下游具体的业务，另一方面数据服务能够成为下游业务的输入。因此，数据服务的质量成为决定下游业务性能的关键。然而在实际应用中，数据服务质量往往难以保证。具体而言，数据服务化主要面临以下核心挑战。

（1）数据错误，即数据服务提供的数据存在错误，这导致下游业务（包括模型）将基于错误的数据进行训练或者做出决策，最终造成误判。医学领域的调查曾显示，在美国，每年至少有 4.4 万名患者因数据标注错误引起的医疗事故而失去生命。

（2）数据缺失，即数据服务提供的数据存在缺失，下游业务需要的数据可能不完整。例如，在标注数据服务中，由于在很多实际应用中，数据产生速度远远快于数据标注速度，大量数据没有被有效标注。据统计，在工业领域，高达 79%的数据未被有效标注和利用。

（3）数据溯源，即追踪数据的起源和重现数据的历史状态。随着互联网的迅速发展以及网络欺骗行为的频繁发生，人们对数据的真实性要求越来越高。如果缺少对数据更改和流转过程的记录，将难以追溯数据的修改历史，在跨域数据供给的场景下，数据的可信性和完整性也不能得到保障。因此，利用数据溯源技术记录和追踪数据的变化过程对跨域数据治理以及社会化信息系统来说显得尤为重要。

因此，迫切需要提升数据服务提供的数据质量，从源头上保证应用的正确性。然而，提升数据服务的数据质量并非易事，面临效率低、难扩充、难验证的挑战。

（1）错误数据识别效率低下。目前识别错误数据的一种经济高效的方式是众包。众包将标注任务划分成多个子任务，并通过众包平台分发给多个标注者完成。然而，由于标注者的主观性和知识匮乏等问题，所获得的众包标注数据往往充满噪声，难以直接使用。一种常用的方法是加入用户的确认信息来提高标注数据的质量。但是用户在确认数据的过程中需要花费大量时间进行分析，考量样本标注的准确性和标注者的可靠性，这导致效率低下。因此，一个亟待解决的问题是如何提高用户在确认过程中的效率。

（2）缺失数据难以扩充。以标注数据为例，在标注数据缺失的情况下，半监督学习模型可以有效地结合少量标注数据和大量无标注数据来训练模型。其中图半监督学习模型是最常用的方法之一。然而，图半监督学习模型基于相似的样本属于相同类别的假设。在不符合该假设的场景下，图半监督学习模型的性能有时反而不如仅使用少量标注数据训练的模型。这主要是因为无标注数据不满足假设时，会造成图质量降低，进而导致模型性能下降。因此，一个关键问题是如何选择合适的无标注数据来扩充训练数据，从而构造满足假设的无标注数据集，提升图半监督学习模型的性能。

（3）分布溯源难以验证。传统的数据溯源大多是中心化的，存储的数据溯源元数据存在被恶意篡改或丢失等问题。近年来出现了基于区块链的数据溯源系统，其目的是利用区块链特有的防篡改特性，保证数据溯源的安全。但目前的区块链数据溯源系统，一方面，没有采用 PROV 等标准的数据溯源模型，不能满足实际业务场景需求；另一方面，在溯源查询处理方面没有考虑区块链环境下的拜占庭容错问题，缺少对结果真实性和完整性的验证机制。

围绕以上挑战，近年来学术界和工业界，包括笔者所在的研究团队，展开了深入研究，取得了一些关键技术的突破。下面我们将重点介绍几种相关的关键技术。需要注意的是，我们的目的不在于穷举相关的技术或者事无巨细地介绍技术细节，而是着重于介绍相关关键技术的要点，为社会化信息系统技术体系的进一步完善提供一些方向。

6.2.3 数据错误：基于互增强图模型的错误数据快速标记

为了解决效率低下的问题，一种有效的策略在于将不确定样本标注和不可靠标注者快速标记出来。为此，以 LabelInspect 为代表的可视化方法，通过将众包学习模型和可视化技术相结合，并利用样本和标注者之间的相互影响，将不确定样本标注和不可靠标注者识别出来，从而更加高效地辨别或者提高数据服务的质量。

具体而言，以 LabelInspect 为例，该方法包括两个模块：数据建模模块和可视化模块。如图 6－2 所示，两个模块紧密结合，帮助用户迭代递进式地确认数据。

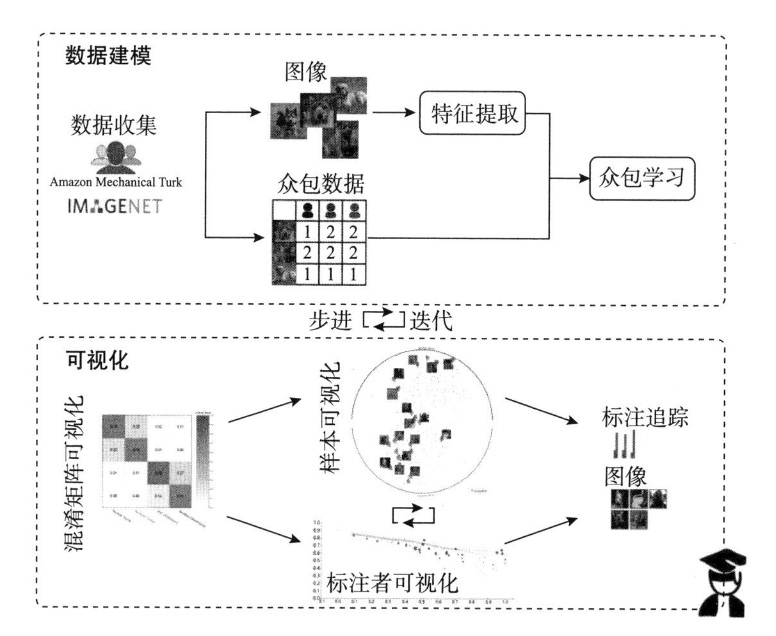

图 6－2 LabelInspect：基于互增强图模型的众包标注数据质量提升方法

1. 数据建模模块

数据建模模块包括数据收集、特征提取以及众包学习模型。

（1）数据收集：我们使用两个数据集来展示 LabelInspect 的基本思想，包括一个有 4 种类别的狗类数据集和一个有 10 种类别的鸟类数据集。对于狗类数据集，现有研究工作已经收集过众包数据并且将其在网络上公开。因此该数据集使用的是已有的众包标注数据。对于鸟类数据集，由于不存在已有的众包标注数据，因此我们使用 Amazon Mechanical Turk（AMT）众包标注平台进行收集，标注者每标注一次会得到一美分的酬劳。为了尽可能在标注收集阶段保证标注数据的质量，我们在收集过程中使用了两种策略：一是为了初步剔除一些标注能力较差的标注者，分发的任务中有 5%是已知正确标注的，在这些已知正确标注的样本上准确率低于 20%的标注者会被剔除；二是有些标注者在标注少量样本后会停止标注，这可能是因为这些标注者标注少量样本后，发现他们不适合标注该数据集，为了剔除这样的标注者，标注数量少于 60 的标注者也会被剔除。

（2）特征提取：现有研究表明，在大规模标记数据集（例如 ILSVRC 2012 数据集）上预训练的深度卷积神经网络（CNN）有较好的泛化能力，这样的预训练网络提取的特征向量可以很好地表示图像并用于不同的模式识别任务。因此，对于所用到的两个数据集，我们使用预训练的 VGG16 的最后一个全连接层的输出作为特征向量。

（3）众包学习：在该场景下，用户确认信息可以用于提高众包数据的质量。为此，我们采用半监督众包标注模型，即 M^3V（max-margin majority voting）模型。将额外的用户确认信息引入众包学习模型的框架中，并随着用户确认信息的不断到来而逐步更新学习模型。当没有用户确认信息时，该方法可以用于从众包标注中得到初始预测标注。

2. 可视化模块

可视化模块采用多视图协同可视化方法，帮助用户交互式地确认数据和提高标注数据的质量，除了标注追踪（见图 6－3（d））之外，主要包括混淆矩阵可视化（见图 6－3（a））、样本可视化（见图 6－3（b））、标注者可视化（见图 6－3（c））三个部分。

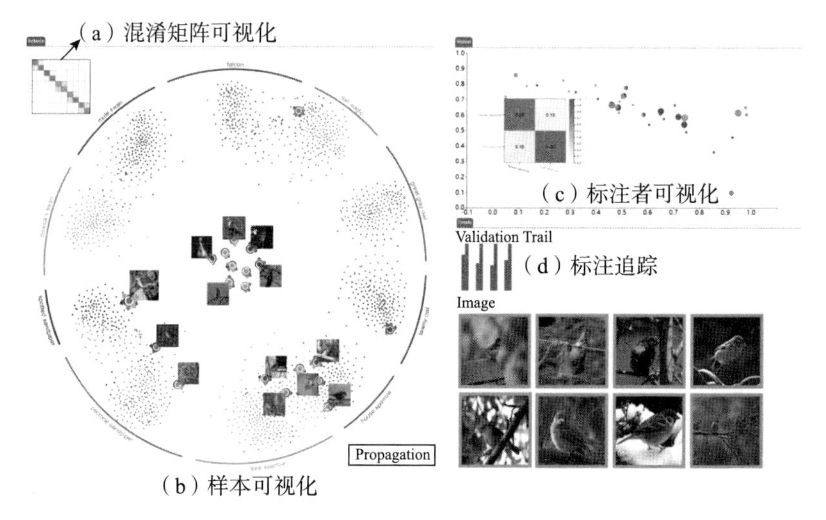

图 6－3　LabelInspect 系统可视化模块

（1）混淆矩阵可视化：展示不同类别之间的混淆程度，从而帮助用户选择容易混淆的类别并进一步分析。通过混淆矩阵可视化查看类别之间的混淆程度后，用户可以选择最混淆的类别进行分析。

（2）样本可视化：通过有约束的 t-SNE 降维技术展示不确定样本标注以及它们之间的相互影响，从而帮助用户分析并确认不确定样本标注。样本可视化用于在上下文中展示不确定样本标注，每次用户确认样本标注后，LabelInspect会推荐更多候选样本标注，以供用户进一步确认。用户在确认一定数量的样本标注后，可以使用M^3V模型将确认信息传播到其他未被确认的样本标注和标注者，从而更新样本预测标注和标注者的可靠程度。

（3）标注者可视化：以散点图形式展示每个标注者的标注准确率以及无效标注评分，从而帮助用户找出不可靠的标注者。与样本标注确认过程类似，对不可靠标注者的确认会触发对候选标注者的推荐，以及可以通过M^3V模型传播到其他未被确认的样本标注和标注者。

借助可视化，用户可以交互式地对样本标注和标注者进行确认。这三个可视化通过一系列分析方法紧密联系在一起，比如选择候选样本标注和标注者以供进一步确认，查看确认信息对其他样本标注和标注者的影响以及查看确认追踪信息。

6.2.4　数据缺失：基于图构造的缺失数据补充

为了解决缺失数据难以扩充的问题，交互式可视化分析系统DataLinker（见图6-4）被用于帮助用户探索图结构和理解图半监督学习模型中的标注传播过程，以及参与图构建过程，在此基础上实现对缺失数据的标注。

DataLinker系统具体包括以下部分：一个标注可视化视图（见图6-4（b）），用一个河流隐喻显示了标注传播模式的概览；一个样本可视化视图（见图6-4（c）），用散点图、节点连接图和条形图展示了样本的空间分布。这两个可视化视图协同工作，标注可视化视图帮助用户找出有问题的样本，这些样本在样本可视化视图中高亮展示，以供用户进一步分析和修改。DataLinker还提供了一个

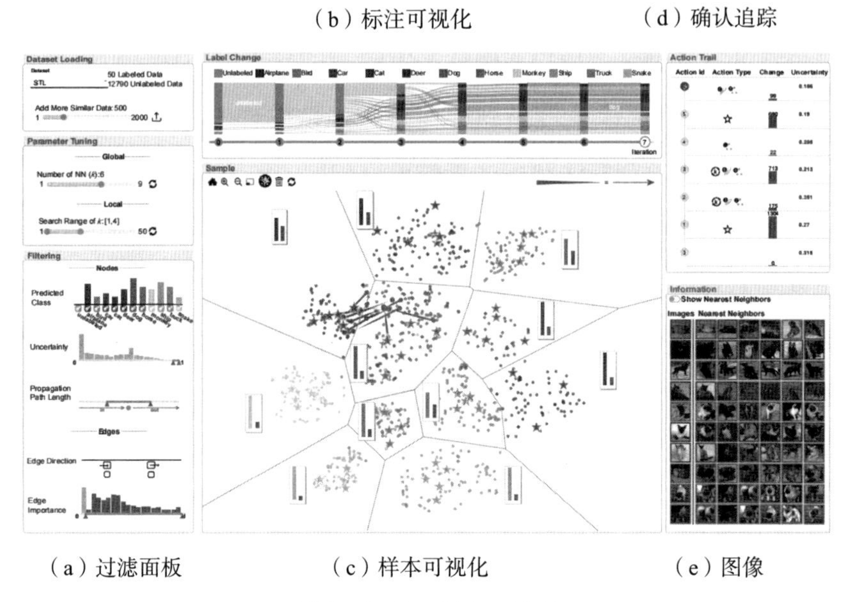

图 6－4　DataLinker 系统

过滤面板（见图 6－4（a）），用于根据边和点的属性（例如边的重要性、点的不确定度等）过滤边和点，帮助用户快速定位感兴趣的部分。通过从全局到局部的探索策略，整个可视化（见图 6－4）帮助用户快速定位图结构中低质量的区域并局部修改图结构。DataLinker 还包括确认追踪视图（见图 6－4（d））和图像视图（见图 6－4（e）），用于辅助这一修改过程。

图 6－5 展示了 DataLinker 的流程图。其主要包含两个模块：图半监督学习模型模块和可视化模块。这两个模块协同工作，帮助用户从全局到局部构建高质量的图。

1. 图半监督学习模型模块

图半监督学习模型包括两个步骤：第一步，图构建，即构建 KNN 图来描述标注和无标注样本之间的关系；第二步，标注传播，即将标注从标注样本沿图结构传播到无标注样本。

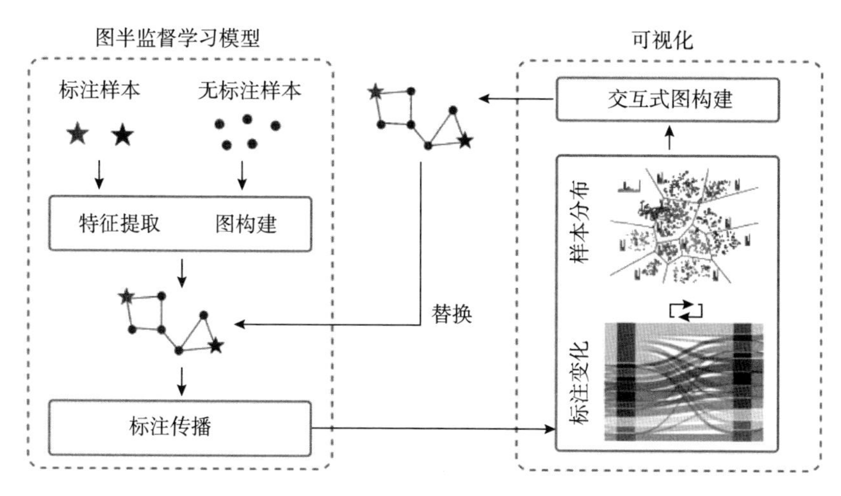

图 6－5　基于图构造的无标注数据的质量提升服务流程图

（1）KNN 图构建：现有工作中有许多自适应的 KNN 图自动构建方法，能自适应地为局部区域选择合适的 k 值。然而，当标注数据稀缺时，这些方法很容易过拟合。现有研究表明，传统 KNN 图构建方法更稳健，并被广泛使用。因此，我们采用传统 KNN 图构建方法。给定 n 个样本，其中 1 个样本被标注，其余 u 个样本（$u=n-1$）未被标注。每个样本通过相似度找到 k 个最近邻，并与它们相连，从而构建 KNN 图。样本之间的相似度通过样本特征之间的余弦相似度来衡量。样本特征通过深度神经网络模型提取，例如 ImageNet 上预训练的模型或深度半监督学习模型。现有研究表明，这种特征提取方法可以取得最先进的性能。边的权重通常设置为样本之间的相似度或常数 1。在实践中，这两种方法的性能差距不大。我们选择后者用于实现。通常来说，高质量的图一般有较高的稀疏性，同时保证每个连通子图中至少有一个标注样本。因此，参数 k 被设置为确保每个连通子图中至少有一个标注样本的最小整数。

（2）标注传播：基于构建的图，标注传播利用图结构为无标注样本分配标注。如图 6－6 所示，标注传播旨在确保相似样本具有相同的标注，同时被标注的样本保留其原始标注。

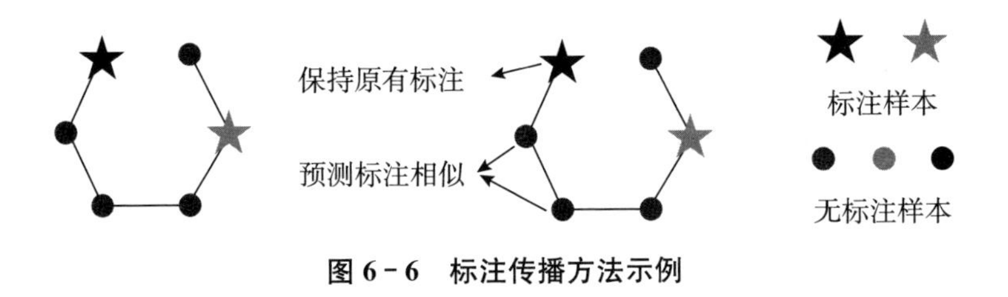

图 6－6　标注传播方法示例

2. 可视化模块

可视化模块包括两部分：一个是标注可视化，用于展示标注传播随迭代轮数的过程；另一个是样本可视化，用于展示样本之间的关系，以及这些关系对标注传播过程的影响。

（1）标注可视化。用户需要了解标注传播过程，从而识别有问题的样本。例如，一个样本的预测类别频繁发生变化意味着该样本的预测结果是从不同类别的样本中传播过来的，这说明这个样本存在错误的连边，可能导致错误，这样的样本需要用户进行分析并针对性地进行修改。因此，可视化需要呈现每次迭代时样本在不同类之间的具体分布，以及分布如何随着迭代发生变化。基于以上原因，DataLinker 使用河流隐喻来展示，因为其常被用于展示文本中的话题随时间变化的情况。在每次迭代中，堆叠条形用于表示样本在不同类别之间的分布，其中条形颜色表示类别，条形高度表示样本个数。顶部的灰色条形表示尚未被传播到的样本。两个连续的迭代轮次之间存在多个连接堆叠条形的连边。这些连边代表样本在不同类别之间的变化，连边的宽度表示样本数量。例如，空白处的连边（见图 6－7 中的 B）代表在这次迭代中预测类别从香蕉变为苹果的样本。连边颜色是两端条形颜色的混合。

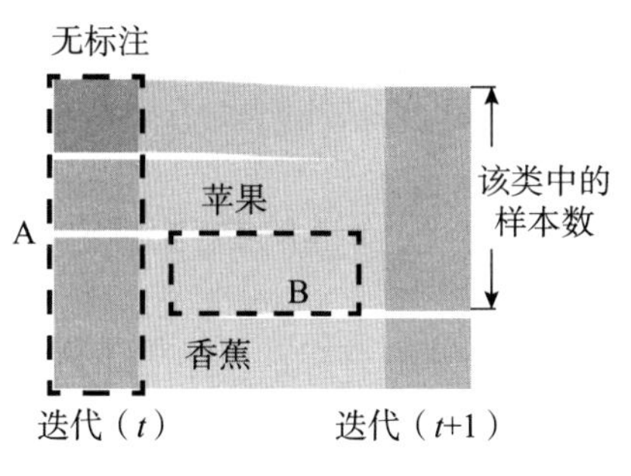

图6-7　标注可视化

（2）样本可视化。样本可视化由散点图（见图6-8中的A）、节点连接图（见图6-8中的B）和条形图（见图6-8中的C）组成。在可视化中，二维散点图的每个点代表一个样本，节点连接图的连边则反映了样本之间的关系。为了便于用户快速识别有问题的

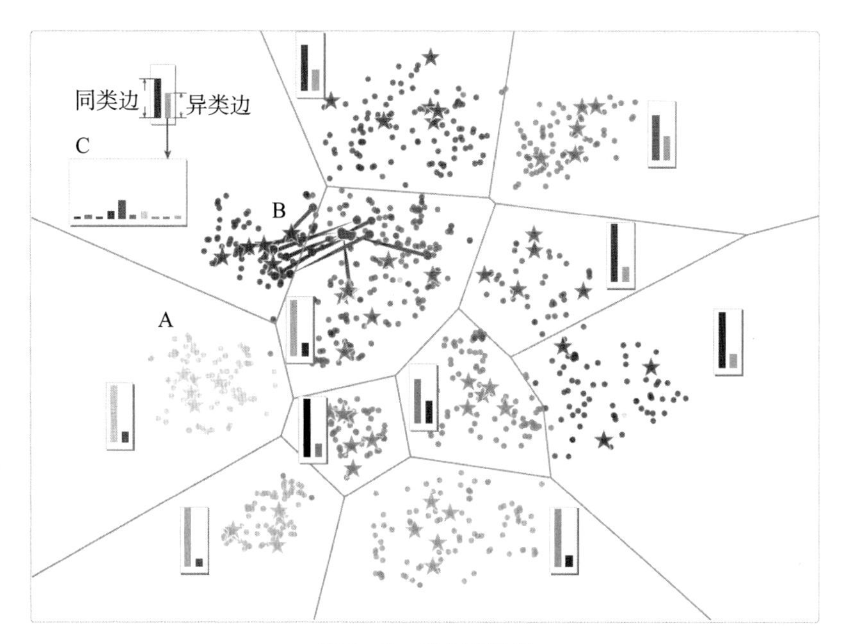

图6-8　样本可视化

样本，DataLinker 为每个样本计算了一个不确定度，并在散点图中直观地显示出来。为了有效地展示大量连边，本章设计了双层连边可视化，即用统计信息表示连边整体分布（条形图），以及在局部感兴趣的区域中显示样本之间具体的连边（节点连接图）。

6.2.5 数据溯源：基于区块链的数据溯源

数据溯源追踪的主要方法有标注法和反向查询法。标注法通过记录处理相关的信息来追溯数据的历史状态，即用标注的方式来记录原始数据的一些重要信息。反向查询法有时也称逆置函数法，通过逆向查询或构造逆向函数对查询求逆，或者说根据转换过程反向推导，由结果追溯到原数据。由于逆向函数的构造受限，有一定的局限性，而标注法简单有效，使用更为广泛，因此这里主要介绍标注法。

数据溯源模型规定了标注法需要记录的操作信息，如操作者、操作时间、数据版本等。研究者们曾经提出多个数据溯源模型，如表 6－1 所示。其中，最常用的是 Provenir（PROV）模型。

表 6－1　数据溯源模型

模型名称	模型架构
流溯源信息模型	由 6 个相关实体构成：流实体（变化事件实体、元数据实体、查询输入实体）＋查询实体（变化事件实体、接收查询输入实体、元数据实体）。可以通过实体间密切的关系来推断数据溯源
TVC 模型	支持医疗领域数据源，根据数据的时间戳和流 ID 号来推断医疗事件的序列和原始数据的痕迹
四维溯源模型	由 4 个维度（时间、空间、层、数据流分布）组成，通过时间维度来区分标注链中处于不同活动层的多项活动，进而通过追踪发生在不同工作流组件中的活动，捕获工作流溯源和支持工作流执行

续表

模型名称	模型架构
开放的数据溯源模型（OPM）	基于三大实体，即 Artifact，Process 和 Agent，三者之间通过因果关系连接，表达依赖关系（如 used，was Generated By，was Controlled By 等）
Provenir（PROV）模型	用 W3C 标准对模型加以逻辑描述，考虑了数据库和工作流两个领域的具体细节，从模型、存储到应用等方面形成了一个完整的体系，成为首个完整的数据溯源管理系统

PROV 从数据建模的观点出发，提供类、属性和约束的定义，利用语义网技术对溯源信息进行建模。PROV 定义了三种核心数据类型（Entity，Activity 和 Agent）以及它们之间的关系（见图 6-9）。

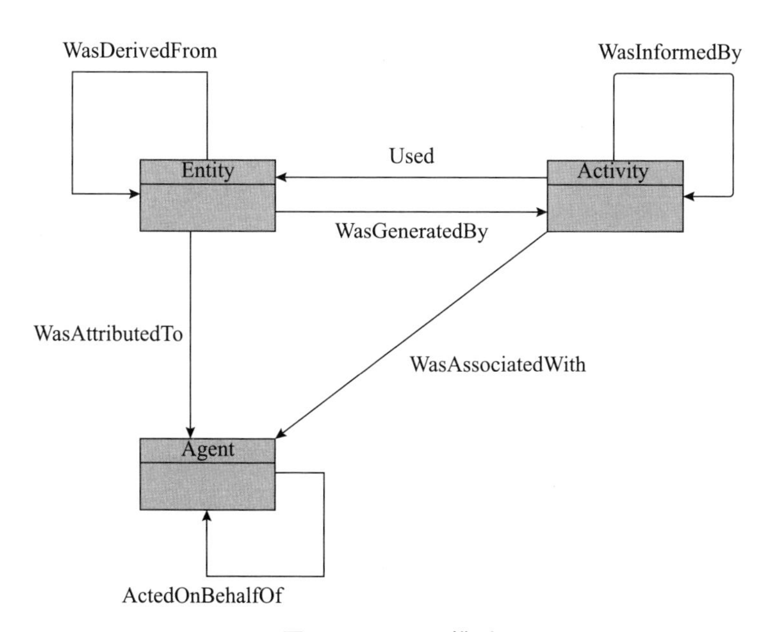

图 6-9　PROV 模型

RPOV 模型主要描述了如下几个概念：

（1）实体。在 PROV 中，数字的、概念性的或客观上存在的事物被称为实体，如表格、网页或用于拼写检查的工具。实体的来源信息用起源记录描述，可指向多个其他实体。

（2）活动。活动是实体产生的方式，以及它们的属性如何变化成新的实体，通常利用以前存在的实体来实现这一点。它们是事件的动态方面，如行动、过程等。

（3）产生与利用。新的实体由活动产生，例如，撰写文档活动会生成新的文档，而修改文档也可生成新的版本。活动也利用实体，例如，修改拼写错误的更新文档即利用文档的原始版本和更新列表。

（4）代理和责任。代理在活动中承担角色，承担活动的责任。代理可以是人、软件、无生命的物体、某个组织或其他可以赋予责任的角色的实体。代理对活动负有责任，多个代理也可以对一项活动负责。

（5）衍生与修订。衍生和修订是指实体之间的关系。当一个实体的存在、内容和性质等源于其他实体时，前者从后者衍生。

如图 6－10 所示，基于区块链的可验证数据溯源根据数据溯源模型（如 PROV），将对数据的操作以及操作相关元数据存入区块的每个交易中。当用户提交溯源查询时，系统中每个节点都可以提供可验证的查询结果，用户能根据附带的信息来自行检验溯源结果的正确性和完整性。下面简单介绍两个技术要点。

（1）基于 PROV 模型的区块结构。将 PROV 模型中存在的关键要素作为数据，将对数据的更改视作操作记录在区块链中，在区块链上数据交易（transaction）间添加指针，指针反映了区块链上数据在 PROV 数据模型中的关系；同时指针也可以用来验证溯源查询得到的链式数据或者图数据的正确性、完整性。

（2）基于 MHT 的可验证溯源查询。查询结果附带可验证信

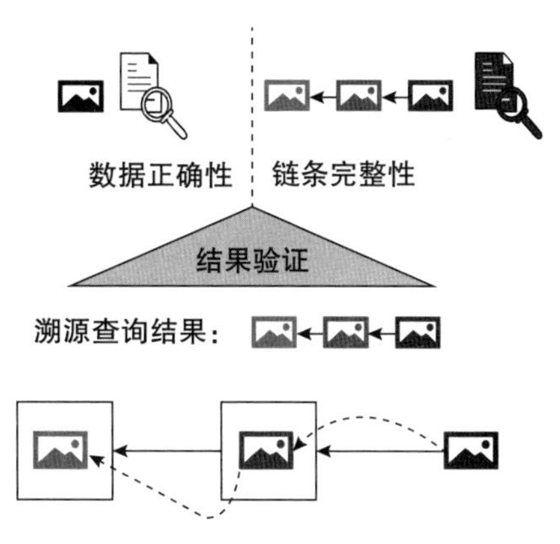

图6-10　基于区块链的可验证数据溯源框架

息，使用户可以结合事先发布的真实数据摘要，根据密码学算法来检验查询结果的真实性和完整性。目前，可验证查询主要基于默克尔哈希树（Merkle hash tree，MHT）来完成。MHT逐层记录哈希值的特点，使得底层数据的任何变动都会传递到其父节点，一层层地沿着路径直到树根（见图6-11）。这意味着根哈希代表了对底层所有数据的“数据摘要”。

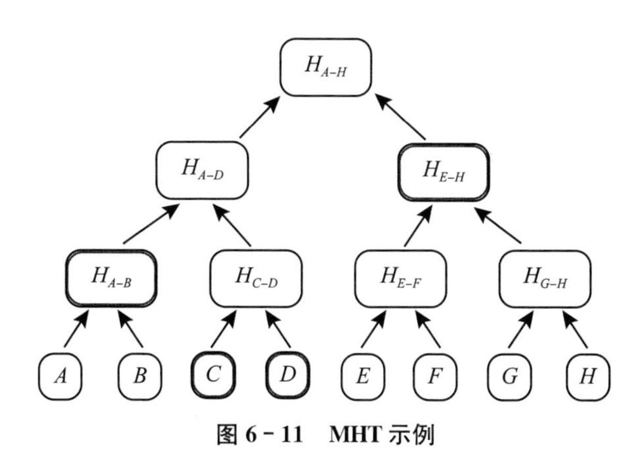

图6-11　MHT示例

为了实现可验证溯源查询，查询服务提供者（区块链系统中某个节点）需要基于MHT或其他可验证索引结构，设计查询结果正确性和完整性的检验算法。比如，基于 MHT 结构和哈希函数的单向性和抗碰撞性，自底向上构建一个数据结构，证明某个数据确实存在于指定区块中。

总之，基于区块链支撑数据溯源对数据服务的交付有着至关重要的支撑作用。当前该领域在不断拓展，我们期待更多的技术突破，从而进一步夯实社会化信息系统的技术体系。

6.3 模型服务化技术

6.3.1 基本概念和内涵

模型即服务（model as a service，MaaS）近年来在数据科学领域迅速兴起并获得了广泛关注。借助在云环境中部署的机器学习模型，使用者不必关心模型所涉及的具体技术细节以及背后用于训练模型的数据资源，而是专注于通过模型服务集成来支撑具体的业务场景。这种模型服务模式使得使用者（包括业务人员和管理者等）无须重新开发和训练模型，而是可以直接利用现有模型进行分析。更重要的是，使用者也不需要直接接触用于训练模型的数据资源，这在一定程度上缓解了数据安全和隐私的挑战。因此，模型服务化成为交付数据资源的一种有效方式。具体而言，模型服务化主要包括以下方面。

（1）模型的训练和部署。选择适合特定任务的机器学习或深度学习模型，并使用数据资源对模型进行训练。将训练好的模型部署到业务环境中，以便系统可以使用。这可能涉及将模型转换为可执行的格式，并将其部署到本地服务器、云端服务或边缘设备上。

（2）API 的开发和管理。定义模型服务的接口，明确应用程序如何与模型进行交互。还应编写详细的接口文档，可以包括输入数据格式、模型调用方式、输出结果格式等规范。应用程序通过调用模型服务的接口，将输入数据传递给模型进行推理或预测。

（3）运行结果的输出和转换。模型根据输入数据生成相应的输出结果，如分类、回归、推荐等，并将模型的输出结果返回给应用程序，以便应用程序可以根据结果进行后续的处理和决策。输出结果可能需要进行解析、转换和解释，以符合应用程序的需求。

（4）错误处理和容错机制。在模型服务集成中，需要考虑到可能出现的错误情况，如输入数据错误、模型调用失败、超时等。因此，需要制定适当的错误处理机制和异常处理策略，以保证系统的稳定性和可靠性。

（5）服务的优化与迭代。在模型等智能服务的集成过程中，需要根据业务需求，不断优化模型服务的性能和吞吐量，以满足应用程序的需求。这可能涉及使用高效的推理引擎、并行处理、缓存机制等技术手段，以及根据负载情况进行水平扩展。

（6）信息安全与隐私保护。确保模型服务的安全性和隐私性，防止未经授权的访问和数据泄露。这可能涉及数据加密、访问控制、权限管理等方面的工作。

总而言之，模型服务集成技术为开发者和企业提供了一种便捷、高效地使用和部署数据资源以及人工智能模型的方式。用户无须花费大量成本购买训练模型所需的算力和硬件资源（特别是数据资源），而是直接购买训练好的模型作为其服务。部署在云端的模型具有良好的可维护性和可扩展性，并且可以根据用户的需求进行及时的更新和优化。与通用大模型相比，模型服务提供者通常会专注于特定领域或任务的模型服务，具备特定领域专业知识和经验，从而提供高质量的解决方案。提供者通常会采取一系列措施来保障模型和数据的安全，而用于保障安全的成本理论上由购买当前模型服务的所有用户共同承担，降低了单一企业在信息安全方面的成本投入。

6.3.2 模型服务化面临的问题

尽管 MaaS 行业发展迅速，但其仍然面临一些问题，比如：模型的可解释性问题、模型的推理速度和响应时间以及模型服务的合规性等。在以数据为中心的社会化信息系统领域，模型服务化面临的核心挑战则来自对模型的理解和诊断，以提升用户对模型背后所代表的数据资源的认可。尽管围绕模型的工作机理与运行状态，专家可以查看一些数值统计信息，例如，模型的准确率、模型的损失函数值等，然而这些数值统计信息不足以帮助专家深入理解模型的工作机理。为了深入理解模型的工作机理，专家有时会进一步浏览底层的模型参数，但是这种浏览方式很不直观。更重要的是，由于机器学习模型的结构越来越复杂，专家无法浏览所有模型参数。因此，应对模型服务化挑战的一条路径在于利用可视化分析技术，将复杂机器学习模型的工作机理转换成易于用户理解的直观展现形式，帮助专家更好地理解模型的工作机理。为此，我们需要应对两个技术挑战。

一是有效处理复杂的机器学习模型。随着深度学习的广泛应用，机器学习模型的结构越来越复杂，最先进的深度神经网络可能含有上百个网络中间层。有效展现如此复杂的机器学习模型的工作机理是目前仍待解决的问题。

二是将模型工作机理转换成易于用户理解的直观展现形式。以深度神经网络为代表的深度学习技术广泛应用于计算机视觉、自然语言处理等领域，但是对这些模型工作机理的研究仍相对滞后。将这些模型抽象的工作机理用可视化的语言“翻译”成易于用户理解的视觉语言是具有挑战性的。

总之，在模型服务化层面，社会化信息系统需要具备模型理解、诊断、改进和选择的能力，核心在于提高对模型的认知，从而提高数据资源通过模型服务化交付的能力。在接下来的章节中，围绕每项能力，我们将分别介绍相关的典型技术及其实现。

6.3.3 模型理解：卷积神经网络工作机理分析与理解

由于卷积神经网络是当前深度学习研究的主流框架之一，这里以卷积神经网络为例，介绍卷积神经网络工作机理分析与理解的可视化分析方法，帮助专家研究模型训练过程中单个时间片的理解与诊断。为此，我们需要应对两个技术挑战：一是最先进的卷积神经网络[①]中可能含有数十乃至上百个网络中间层（深度），每层可能含有数百万个神经元（宽度），这些神经元之间可能有上百万条连边，如此大量的神经元以及连边，专家无法逐个查看以找到出现问题的网络组件；二是卷积神经网络中含有大量作用未知的组件。

针对上述挑战，多层次聚类和有向无环图（directed acyclic graph）的可视化分析方法，被证明能够有效帮助专家分析与理解

① He K，Zhang X，Ren S，et al. Deep residual learning for image recognition. IEEE Conference on Computer Vision and Pattern Recognition，2016：770 - 778.

卷积神经网络训练过程中一个时间片上的工作机理，其中时间片包括训练结束对应的时间片，或者是训练异常终止的时间片。该方法首先将卷积神经网络建模为一个有向无环图，并利用网络层次和神经元层次的多层次聚类方法，将该有向无环图聚合为一个更紧凑的图。在聚合后的有向无环图中，每个节点是一个神经元聚类，而边则表示神经元聚类间的连边。在此基础上，利用有向无环图可视化方法，帮助专家浏览神经元聚类不同方面的信息（学习到的特征、响应和对网络性能的贡献）以及神经元聚类的连边，从而让专家更好地理解这些网络组件的作用，进而揭示卷积神经网络的工作机理。

基于该可视化分析方法，如图 6－12 所示，CNNVis 系统通过实现和集成有向无环图建模、神经元聚类、双聚类边绑定以及专家交互等核心模块，帮助专家分析与理解卷积神经网络训练过程的运行状态。

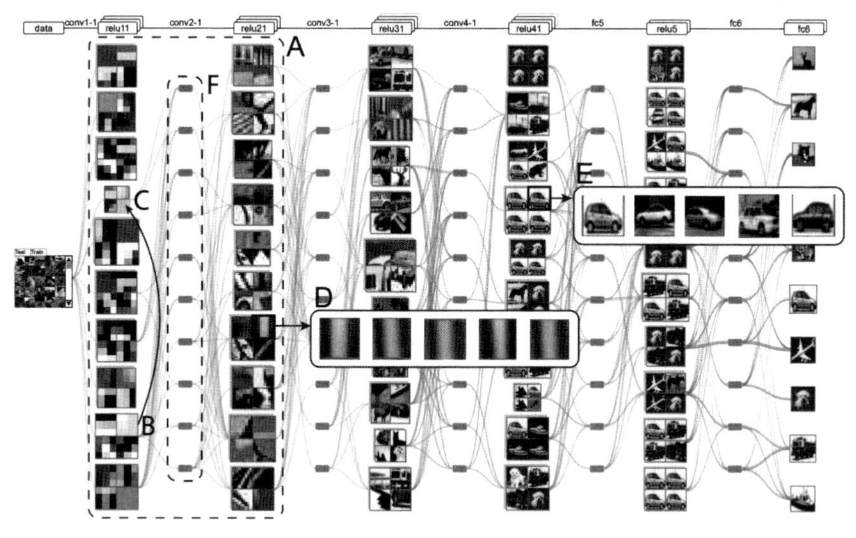

图 6－12 CNNVis 可视化样例

（1）有向无环图建模模块：将卷积神经网络的结构转化为一个有向无环图，并利用多层次聚类算法对网络中间层以及每层的神经元进行聚类，从而提供网络结构的概览。

（2）神经元聚类模块：展示神经元不同方面的信息，包括神经元学习到的特征、响应和对网络性能的贡献。

（3）双聚类边绑定模块：减少大量的神经元聚类连边带来的视觉混乱。

（4）专家交互模块：提供一系列交互，帮助专家更好地分析与理解网络，例如聚类调整以及根据需求显示调试信息。

6.3.4　模型诊断：深度生成模型训练过程诊断的可视化分析

本节研究深度生成模型训练过程诊断的可视化分析方法，帮助专家交互地探索模型性能不佳或训练失败的原因。根据观察和与专家的讨论，我们发现，专家在模型调试过程的开始，往往会浏览损失函数在训练过程中的变化情况，以便找到不正常的时间片。在找到感兴趣的时间片之后，专家通常浏览在该时间片上网络中每个中间层的一些统计信息，以找到感兴趣的中间层（时间片层次分析）。在定位到可能导致训练失败的中间层后，为了找到出现问题的神经元，专家通常打印出感兴趣的网络中间层中的部分训练动态数据，例如该层神经元响应在训练过程中的变化（网络层次分析）。在此之后，专家通常会用领域知识分析网络训练失败的根本原因。这个步骤极大地依赖于专家的专业知识（神经元层次分析），因为训练失败可能由多种错误引起，找到失败的根源是很难的。例如，在深度生成模型的训练过程中，损失函数值偶尔会变为 NaN（not a number）或 Inf（infinity），这会直接导致训练失败，可能的原因包括代码错误、数值不稳定或者网络结构不合适等。即使知道是哪种原因导致了错误，也很难定位到具体导致这个错误的一组神经元，因为神经元之间是相互影响的。综上所述，专家的调试过程是一个三层的分析过程：时间片层次—网络层次—神经元层次。为了支持上述多层次分析流程，需要相应的多层次可视化分析方法（见图6－13）。

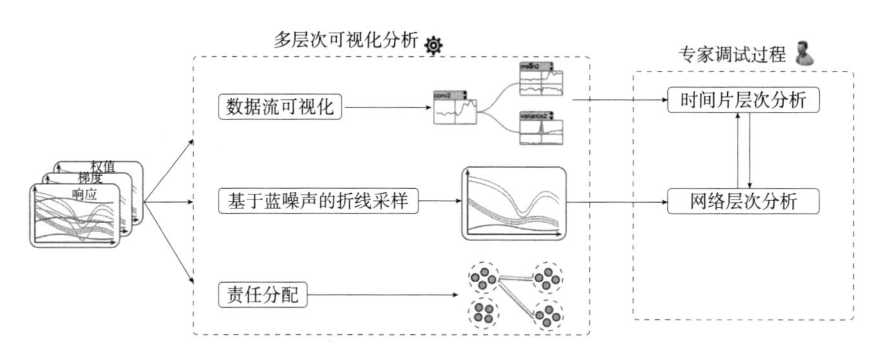

图6－13　深度生成模型训练过程诊断的可视化分析方法概览

DGMTracker系统能够基于多层次可视化分析方法，交互地探索深度生成模型性能不佳或训练失败的原因。具体而言，DGMTracker系统包含三个模块：

（1）时间片层次可视化模块：展示深度生成模型中数据流动的情况；

（2）网络层次可视化模块：从大量的时间序列中选择具有代表性的时间序列；

（3）神经元层次可视化模块：展示神经元之间的相互影响。

作为诊断过程的开始，专家可以以不同的时间粒度浏览损失函数的变化（见图6－14（a））。专家也可以点击损失函数上的某一个时间点，选择自己感兴趣的时间点来进一步分析。专家可以浏览在该时间点周围数据在网络中的流动情况，以找到需要进一步分析的中间层（见图 6－14（b））。在找到感兴趣的中间层之后，专家可以利用网络层次可视化模块，浏览该中间层中的训练动态数据及其随时间的变化（见图 6－14（c））。

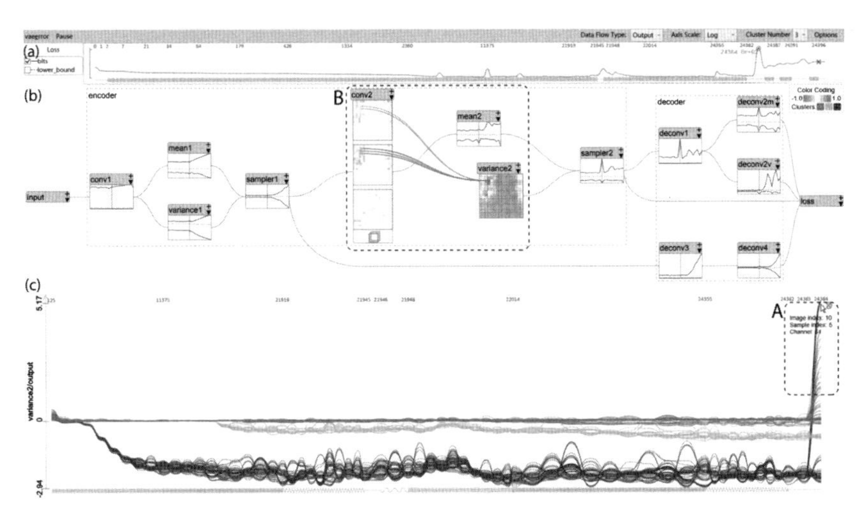

图 6－14 DGMTracker 系统概览

（a）损失函数的变化；（b）数据流可视化；（c）训练动态数据。

DGMTracker 用折线图展示训练动态数据，折线图中每条折线都是一个神经元或神经元组。根据训练动态数据的折线图，专家能够找到可能导致网络失败的神经元（见图 6－14（a））。在此基础上，专家可以利用神经元层次可视化模块查看神经元之间的相互影响（见图 6－14（b）），从而分析出网络训练失败的根本原因。

6.3.5 模型改进：基于不确定性的模型改进可视化分析

模型改进技术着眼于帮助专家将人的知识集成到检索模型中，提高模型整体性能。为了帮助专家更高效地改进检索模型，有效提高模型的整体性能，我们重点关注交互式模型改进技术。为了改进一个模型，首先，专家需要逐一浏览感兴趣的模型统计信息，以定位检索结果中不正确的部分，但该定位过程很耗时且极大地依赖于专家的领域知识，专家往往需要查看众多信息才能定位到需要修改的模型组件。其次，需要将专家的分析结果有效地集成到模型中，在定位到需要修改的模型组件之后，专家需要修改对应的代码，并用训练脚本重新训练修改好的模型。但是，模型训练时间会变得越来越长，每次修改后都重新训练模型会极大地减慢开发速度。

为此，如图 6-15 所示，可视分析工具 MutualRanker 基于不确定性模型改进可视化分析方法，有效地展示了微博检索结果及其不确定性，并支持专家交互地修改模型的检索结果。其包含以下三个模块：

（1）互增强图模型用来检索重要的微博消息、微博用户和标签；

（2）不确定性模型用来估计检索结果的不确定性及其传播情况；

（3）混合可视化模块用来展现检索结果的不确定性以及不确定性的传播过程。

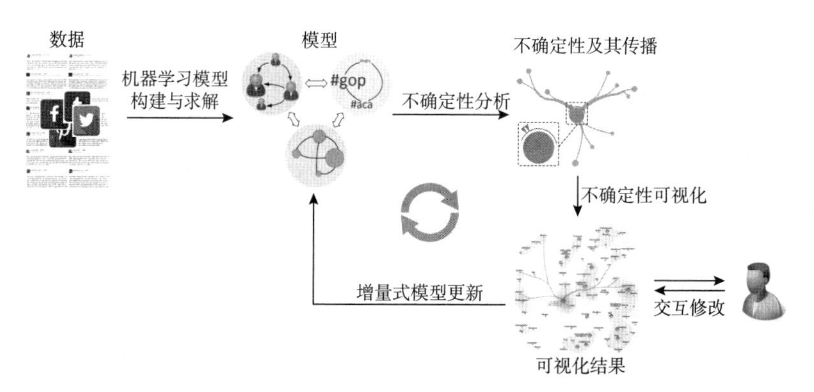

图 6-15　基于不确定性模型改进可视化分析方法概览

具体而言，MutualRanker 的主要目标是根据专家给定的检索条件，检索出相关且重要的若干微博消息、微博用户以及标签。给定一个微博数据库，预处理模块首先构建微博消息图、微博用户图以及标签图。互增强图模型利用这三张图计算微博消息、微博用户以及标签的重要性，并按照重要性将这些元素排序，从而产生检索结果。不确定性模型之后会估计出检索结果的不确定性以及不确定性的传播情况。基于检索结果和不确定性分析结果，可视化模块利用混合可视化展现这些分析结果。混合可视化包含一个图的可视化、一个不确定性符号和一个流向图。专家可以根据可视化结果交互地调整每个微博元素的重要性，MutualRanker 将根据专家的输入增量式地更新每个微博元素的重要性（见图 6-16）。

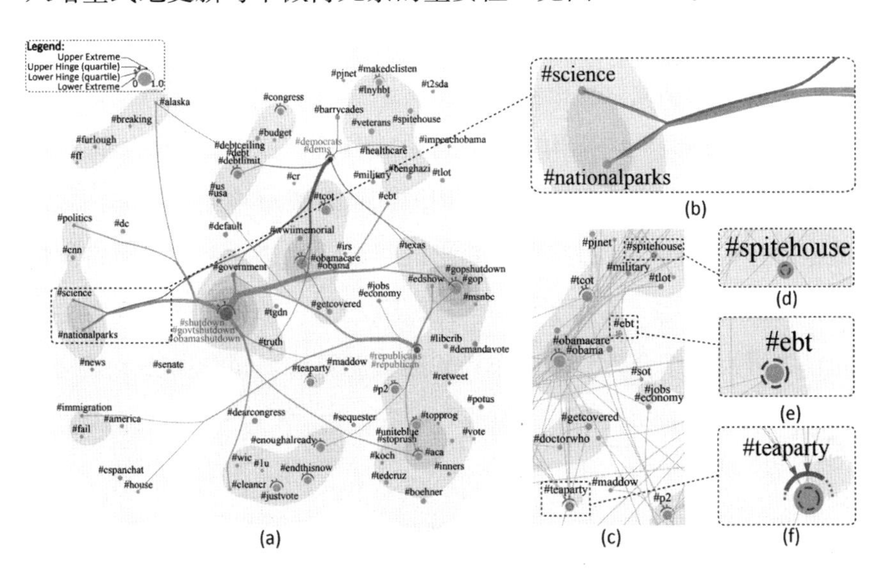

图 6-16 交互修改数据集对应的检索模型

(a) 标签图及图上不确定性分布和不确定性传播；(b) 不确定性传播；(c) 至 (f) 交互修改检索模型。

6.3.6 模型选择：基于设计原则的神经架构搜索服务

模型服务的性能往往得益于更好的神经网络架构，然而这些架构的成功设计往往依赖于丰富的专家知识和代价高昂的试错过程。

神经架构搜索（neural architecture search，NAS）一方面可以用于自动化设计神经架构，另一方面有助于协助用户更好地选择模型服务。它试图通过自动化训练和评估大量候选神经网络架构，自动在一个神经网络架构空间中选择性能良好的架构及其代表的模型服务，以解决特定任务。然而，NAS 方法的搜索空间大，计算成本高，并且搜索到的架构的泛化能力可能会受到特定数据集的限制。为解决这一问题，需要理解不同结构组件（例如神经网络中的层或其组合）如何影响架构性能。这些神经网络架构的设计原则已被证明能够帮助设计具有更好的泛化能力、可解释性更强的架构，并可用于减少 NAS 方法的搜索空间和计算成本。

为此，如图 6-17 所示，可视化分析工具 ArchExplorer 被提出来，用于对神经网络架构空间进行全面分析。首先，将每个神经网络架构表示为有向无环图，并采用图编辑距离对神经网络架构之间的距离建模。然后，基于所计算出的距离，构建一个神经网络架构集群层次化结构，并设计一个可视化以更好地理解和探索架构空间。该可视化结合力导向图布局和圆填充算法，同时保留了架构集

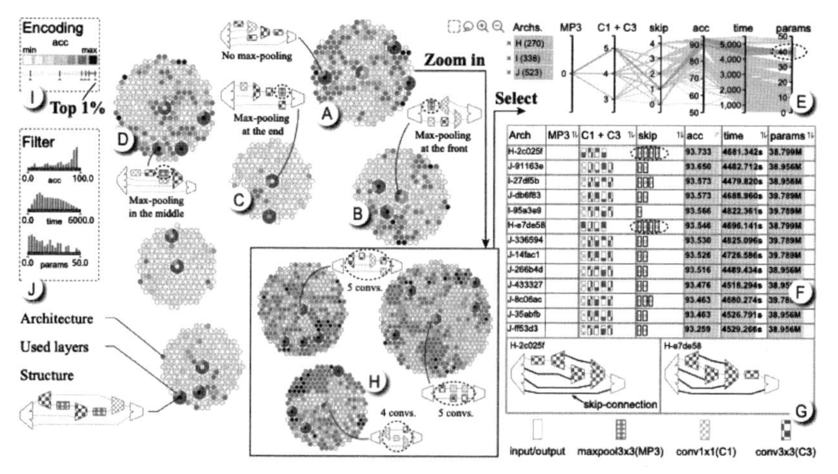

图 6-17　ArchExplorer 神经网络架构空间分析原型系统

群之间的全局关系和每个集群中神经网络架构的局部邻域，以帮助用户识别并比较感兴趣的神经网络架构。基于对两个NAS基准数据集的总结，以下三个神经网络架构原则预计将能够有效提升架构搜索性能。

原则1：密集的跳跃连接有利于提高精度。具有更多卷积层的架构将具有更多可训练参数，因此具有更大的模型容量。通常，更大的模型容量可以更好地拟合数据并获得更好的性能。密集的跳跃连接结合了多个先前层的输出，从而加强了特征传播。

原则2：最大池化层可能不应该出现在体系结构的末尾。最后带有最大池化层的架构扩大了响应区域，并倾向于引入与预测无关的信息，这可能会导致更多的错误分类。

原则3：最大池化层可能会降低准确性。我们随机选择并训练了两个架构a3（准确率：95.1%）和a4（准确率：93.9%），分别具有零个和一个最大池化层。我们发现具有最大池化层的体系架构经常将不相关的信息引入预测过程，从而导致更多的错误分类。

如表6-2所示，通过将设计原则与一个NAS算法（LaNAS）结合，在两个神经网络架构空间中进行搜索，设计原则可以使NAS算法的搜索空间和计算成本有效降低约50%，与此同时能得到性能相当甚至更好的神经网络架构。

表6-2　神经网络架构设计原则对NAS算法的加速结果

数据集	NAS算法	搜索数量	GPU时数	准确率
NASNet	LaNAS	800	1 635	97.99%
	LaNAS+设计原则	400	822	98.10%
NAS-Bench-301	LaNAS	2 000	3 019	94.83%
	LaNAS+设计原则	1 000	1 510	94.83%

6.4 小　结

社会化信息系统的服务支撑体系在面向服务的架构的基础上构建，通过将数据资源以数据服务和模型服务两种典型的服务化方式封装起来进行交付来支撑上层业务应用需求，以及承接下层的数据共享和流通。数据服务化提供数据资源访问方式，需要特别应对数据服务可能存在的数据错误、数据缺失和数据溯源挑战。而模型服务化则将数据资源转换为模型对外提供，需要特别应对模型理解、诊断、改进和选择的挑战。为此，本章针对每个挑战，介绍了典型的关键技术及其实现，从而为构建社会化信息系统服务支撑体系提供了示例。需要特别注意的是，这些技术依旧处于发展阶段，我们期待涌现出更多的关键技术，更好地支撑数据服务化以及模型服务化过程，提升社会化信息系统的效能。

第 7 章

业务应用体系：数据场景协同化构建

数据价值的体现与业务场景紧密相关。在面向跨域数据治理的社会化信息系统中，一个业务场景往往需要多个业务部门协同完成。然而，政府和企业的各个部门都有自己的职能分工，各部门都有自己的应用系统，应用之间相互独立。在碎片化的信息管理机制下，人员、岗位、材料都分散在各个部门，分工不合理、岗位错配、重复提交信息等问题比比皆是。更重要的是，随着智能社会的发展，新的业务场景不断涌现，这些场景往往不能事先预知。传统的业务应用的构建方式难以满足“新场景动态涌现、应用快速构建、事件快速处置”的要求。因此，在数据资源对象化和服务化的基础上，为了实现业务场景应用的快速构建，支撑跨域协同，需要建立一套完整规范的面向数据跨域协同场景的业务流程构建和部署技术。具体而言，该技术体系需要深入理解业务场景，将涌现的业务场景转换成数据资源和服务需求，并在此基础上，实现数据资源和服务的动态组合，形成跨域数据业务流程，最终将构建的跨域数据业务流程进行有效部署，以满足业务场景的需求。

为此，本章将在介绍业务流程统一建模技术的基础上，首先介绍数据业务场景的跨域协同模型，以支撑面向数据业务场景流程的快速构建，进而介绍跨域数据服务组合工具以及基于区块链的数据业务流程部署与应用，最后介绍在数据服务化的基础上，实现数据场景应用的快速构建和部署。

7.1 业务流程统一建模技术

7.1.1 业务流程

流程是一项活动或一系列连续有规律的事项或行为进行的程序。流程有 6 个要素，即资源、过程、结构、结果、对象和价值。一个流程会把这些基本要素串联起来，例如流程中资源的输入、流程中的活动、活动的结构、由谁执行、输出结果、流程最终创造的价值等。

业务流程统一建模是指采用统一的标准和规范对组织内的业务流程进行建模。它通过将业务流程可视化为图形化模型，帮助组织更好地理解和管理其运营过程。该技术通常使用统一建模语言（UML）或业务流程建模标注（business process modeling notation，BPMN）等标准化符号和标记来表示业务流程的各个方面。这些模型能够清晰地展示业务流程的流程步骤、参与者、决策点、数据流和系统交互等关键要素。

业务流程统一建模的核心是对组织内的业务流程建模。建模可以使用各种符号、符号系统、图表或其他可视化工具来标准化和规范化地描述业务流程的各个环节、活动和关系，以清晰地表达业务流程的结构。

首先是标准化。通过制定和遵循一致的建模标准和规范，可以确保各个业务流程的描述方式和表示方法是统一的，从而提高流程的可理解性和可比性。标准化还可以帮助组织内部不同团队、部门之间进行沟通和协作，降低沟通成本和风险。

其次是规范化。通过建立规范的流程设计原则和方法，确保业务流程的设计符合最佳实践、遵循业界标准，并具备高效性、灵活性和可持续改进的特点。规范化可以帮助组织优化和精简流程，提高工作效率和质量。

业务流程统一建模不仅是对业务流程进行描述，还包括对流程进行分析和优化的过程。通过建模，可以对业务流程进行定量和定性的分析，识别瓶颈、风险和改进机会，并通过改进流程设计、引入自动化技术等手段提高流程的效率和质量。

7.1.2　业务流程形式化建模语言

业务流程系统通常由多个地域分散的参与方借助信息技术来协同完成业务目标。不同地域、文化和计算环境造成了业务流程的异构性和复杂性，从而导致难以保证业务流程建模的灵活性以及模型规范的一致性。为此，如表 7－1 所示，学术界和工业界研发和采用了五种主流的流程建模语言。

表 7－1　主流流程建模语言

建模语言	描述
流程图（flow chart）	美国国家标准学会（ANSI）标准，语言符号较为简单，用于流程的“快速捕获”
事件驱动流程链（EPC）	在集成信息系统体系架构（ARIS）的框架内开发，将事件视为流程步骤的触发或结果，对建模复杂的流程很有用

续表

建模语言	描述
统一建模语言（UML）	由对象管理组织（OMG）维护，这是一套标准的制图技术，主要用于描述信息系统要求的符号
集成定义语言（IDEF）	联邦信息处理标准，着重强调流程的输入、输出、机制和控件，并清楚地将流程的细节向上和向下链接
业务流程建模标注（BPMN）	业务流程管理联盟创建的标准，共有 103 个图标，可用于向不同对象展示流程模型

1. 流程图

流程图基于一组用于操作决策的符号以及其他主要流程元素，是最常见的流程表示法，1970 年被批准为 ANSI 标准。业务流程图（transaction flow diagram，TFD）是一种描述管理系统内各单位、人员之间的业务关系、作业顺序和管理信息流向的图表。它用一些规定的符号及连线表示某项具体业务的处理过程，帮助分析人员找出业务流程中的不合理流向。业务流程图基本上按业务的实际处理步骤和过程绘制，是一种用图形方式反映实际业务处理过程的“流水账”。绘制这本“流水账”对于开发者理顺和优化业务流程是很有帮助的。

业务流程图主要描述业务走向，以业务的处理过程为中心，一般不关注数据的概念。如图 7－1 所示，业务流程图的符号集较为简单，也较容易理解，有利于达成共识。此外，业务流程图有多样化的形式，因此也无需专门的工具。但是，正是业务流程图的多样化形式，使得不同组织间的业务流程建模语言存在差异，难以统一。此外，业务流程图在描述复杂的业务流程时可能不太精确，且业务流程图缺少描述实体的属性集。

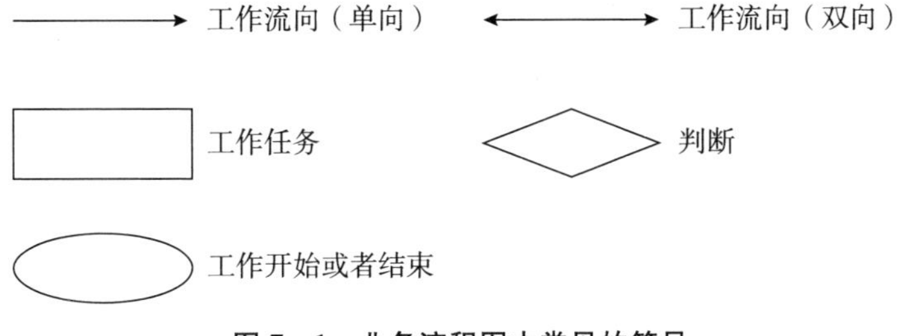

图 7-1　业务流程图中常见的符号

2. 事件驱动流程链

事件驱动流程链（event-driven process chain，EPC）是 20 世纪 90 年代初期由萨尔兰德大学的 Wilhelm-August Scheer 教授在 ARIS 框架内开发的。EPC 认为流程是由一系列事件触发的，并且针对事件的行为又将引发新的事件。因此，流程通常是“事件—功能—事件”的形式。EPC 的主要元素就是功能和事件：功能被事件触发，功能也能产生相应的事件。经营过程的控制流就这样由交替出现的功能和事件彼此连接而成，控制流的分支选择、汇合连接以及并发进行则通过逻辑运算符（比如与、或、异或）或者更复杂的表达式来完成。

如表 7-2 所示，EPC 包含四个主要元素：事件（event）、功能（function）、组织单元（organization unit）、数据信息（data）。EPC 严重依赖于称为“规则”的逻辑运算符，包括“与”“或”“异或”。这些规则对象可以表示流程中的决策、测试、并行性和收敛性。

表 7-2　EPC 的主要元素

元素	图例	描述
事件	（六边形）	描述了一个状态的发生，同时又充当了一个触发器

续表

元素	图例	描述
功能		描述了一个任务的执行，代表了一个开始事件和结束事件的转换过程
组织单元		负责执行功能单元的组织
数据信息		完成功能时所需的数据信息
逻辑运算符	XOR V ^	运算符，包括“异或”“或”“与”

EPC 模型一个很大的优点就在于它兼顾了模型描述能力与模型易读性这两个方面。因此，EPC 经常被用在与未受过专业建模训练的普通用户讨论经营过程的场合。同时，EPC 模型经过改进、提炼后，也可以作为一个企业信息系统的需求定义，这也正是许多企业利用 EPC 来进行过程建模的原因。为了进一步提高建模的质量与效率，不少研究人员试图把已有的建模方法（如 E-R 图、面向对象方法）与 EPC 结合，成为一种集成的建模方法，从而能够更有针对性地面向某一领域，如信息系统开发、企业经营过程建模等。

3. 统一建模语言

统一建模语言（UML）是一种定义良好、易于表达、功能强大且普遍适用的可视化建模语言。如图 7-2 所示，UML 提供了一套标准的制图技术和符号，主要用于描述信息系统的需求。虽然 UML 主要用于系统分析和设计，但一些组织也将 UML 活动图用于业务流程建模。UML 由对象管理组织（OMG）维护，对象管理组织是信息系统领域的标准制定机构。

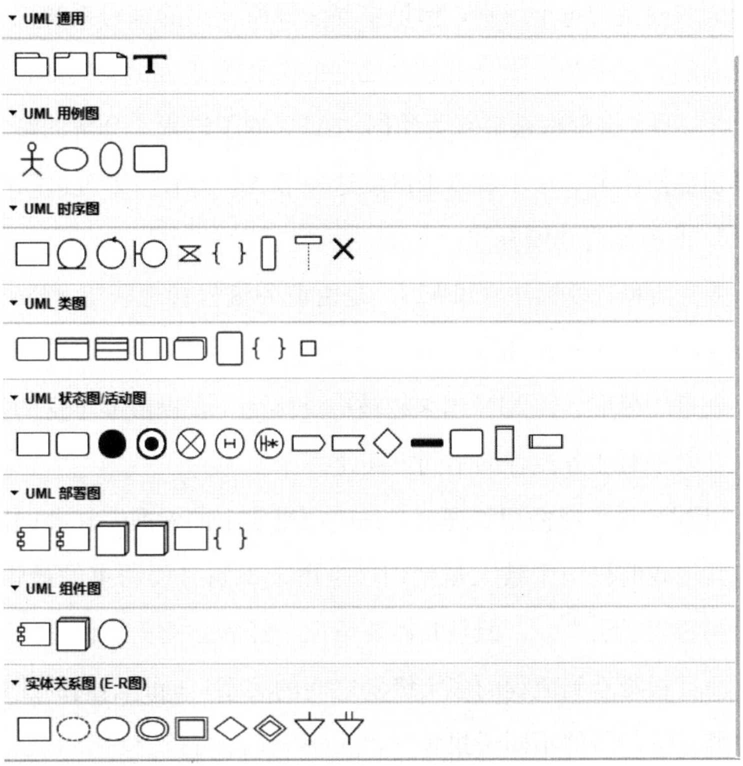

图 7－2　UML 符号

4. 集成定义语言

集成定义语言（integration definition language，IDEF）是一个建模语言家族，其用途广泛，包括功能建模、数据、模拟、面向对象的分析/设计和信息收集。IDEF 包含 IDEF 0 到 IDEF 14。

IDEF 由美国空军构思并于 20 世纪 70 年代中期开发。它是作为记录业务流程和评估它们的主要工具开发的。现在，这种技术被用作研究组织、捕获“原样”流程模型和模拟商业社区运营的严格框架。

IDEF 包含一组非常简单的符号，其中包括带有箭头的过程框，这些箭头表示输入、输出、控件和机制。尽管从左至右、从上至下分别读取模型的每个级别，但是主要步骤所使用的编号系统以一种易于表示的父级和子级分解过程之间的关联方式表示。例如，名为“A1.3”的子进程框被解释为父图“A1”的子进程，分解的每个连续级别都使用另一个小数点来继续这种沿袭，具有简单可追溯性。

5. 业务流程建模标注

业务流程建模标注（BPMN）是由业务流程管理联盟（Business Process Management Initiative，现已与对象管理组织（OMG）合并）创建的标准。BPMN 越来越被广泛接受，它提供了丰富的符号集，可用于对业务流程的不同方面建模。

BPMN 被广泛使用和理解，是美国事实上的标准，在美国国防部和其他政府机构中被大量使用，是用于识别过程约束的最强大、最通用的表示法之一。但是其需要培训和经验才能正确使用全套符号，而且很难看到流程的多个级别之间的关系，同时不同的建模工具可能支持符号的不同子集。

7.1.3 工作流管理系统参考模型

工作流是一类能够完全或者部分自动执行的业务过程，根据一系列过程规则、文档、信息或任务，在不同的执行者之间传递和执行。工作流管理系统（workflow management system，WMS）是一个软件系统，它完成工作量的定义和管理，并按照系统中预先定义好的工作流逻辑进行工作流实例的执行。值得注意的是，工作流管理系统不是企业的业务系统，而是为企业的业务系统的运行提供了一个软件的支撑环境。为了兼容不同工作流产品，工作流管理联盟（Workflow Management Coalition，WMC）提出如图 7 - 3 所示的工作流参考模型（workflow reference model，WRM）。其中，工作流参考模型包含六个基本模块和五个模块之间的接口标准，分别是：工作流执行服务、工作流引擎、流程定义工具、客户端应用、调用应用、管理监控工具，以及接口一、接口二、接口三、接口四和接口五。

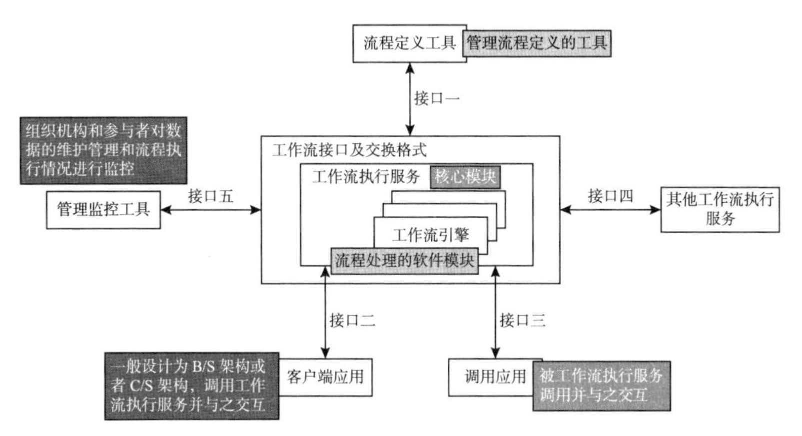

图7-3　工作流参考模型

六个模块的主要功能和具体内容如下。

（1）工作流执行服务是工作流参考模型的核心部件，它的功能包括创建、管理流程定义，创建、管理和执行流程实例，同时应用程序可能会通过编程接口与工作流执行服务交互，一个工作流执行服务可能包含多个分布式工作的工作流引擎。

（2）工作流引擎是为流程实例提供运行环境并解释执行流程实例的软件部件。工作流执行服务中最重要的部分就是中间的工作流引擎，同时它也是整个工作流参考模型的心脏，因为所有工作流参考模型都要使用工作流引擎：为执行的流程实例解释流程定义，这些流程定义一般都是由接口一获得的；组织调度流程的实例，推进工作流程的前进，包括条件流转、分支聚合、父子流程……处理工作任务的分配、接受、提交等行为，无论是人工干预还是自动执行的任务，都需要经过工作流引擎计算和持久化；管理调用其他四个接口（可能包括执行工作流程定义中的一些外部脚本）。

（3）流程定义工具是管理流程定义的工具，它可以通过图形方式把复杂的流程定义显示出来并加以操作。流程定义工具与工作流执行服务交互。

（4）客户端应用是通过请求的方式与工作流执行服务交互的应用，也就是说，客户端应用调用工作流执行服务。客户端应用与工作流执行服务交互。

（5）调用应用是被工作流执行服务调用的应用，调用应用与工作流执行服务交互。为了协作完成一个流程实例的执行，不同工作流执行服务之间需要进行交互。

（6）管理监控工具主要指组织机构、参与者对数据的维护管理和流程执行情况进行监控。管理监控工具与工作流执行服务交互。

五个接口的主要功能和具体内容如下。

接口一：流程定义输入输出接口，这是工作流执行服务与流程定义工具之间的接口，该接口提供的功能包括通信建立、工作流模型操作和工作流模型对象操作。

接口二：客户端函数接口，这是工作流执行服务与客户端应用之间的接口，是最主要的接口规范，它约定所有客户端应用与工作流执行服务之间的功能操作方式。客户端应用可以通过这个接口访问工作流引擎和工作任务列表。

接口三：激活应用程序接口，这是工作流引擎和调用应用之间的接口，包括通信建立、活动管理和数据处理等功能。

接口四：工作流执行服务之间的互操作接口，这是工作流管理系统之间的互操作接口，包括连接的建立、对工作流参考模型和其中对象的操作、对过程实例的控制和状态的描述、对活动的管理、对资料进行处理。

接口五：系统管理与管理监控工具接口，这是工作流执行服务和管理监控工具之间的接口，包括资源控制、角色管理、用户管理、过程实例管理、状态管理、审核管理等功能。

工作流参考模型的引入为人们讨论工作流技术提供了一个规范的术语表，为在一般意义上讨论工作流管理系统的体系结构提供了基础；工作流参考模型为工作流管理系统的关键软件部件提供了功能描述，并描述了关键软件部件间的交互，而且这个描述是独立于特定产品或技术实现的；它从功能的角度定义了五个关键软件部件的交互接口，推动了信息交换的标准化，使得不同架构的信息系统间的互操作成为可能。

7.2　数据业务场景跨域协同

7.2.1　数据业务场景跨域协同模型

与传统的系统分析与设计方法类似，面向跨域数据治理的社会化信息系统需要面向业务场景需求构建业务流程，进而形成应用，以满足用户的实际需求。然而，与传统的系统分析与设计方法不同，围绕跨域数据治理构建数据驱动的社会化信息系统的过程中，需要重点关注业务流程中的数据资源，细化每个业务流程中的数据粒度，以此将业务流程切割成更小的业务单元和业务事项，之后通过数据的集成，实现业务事项和业务单元的集成，最终构成对数据驱动的业务流程的建模。由于数据资源和服务分布在多域环境下，需要跨域业务协同才能实现业务流程和应用的构建。

具体而言，数据业务场景跨域协同模型是指在跨域数据应用场景下，通过多方主体协同合作，共同构建支持场景业务目标应用的方法。它涉及不同角色、部门、团队或组织之间的协调与合作，以提高效率、优化资源利用、增强创新能力等（见图 7-4）。

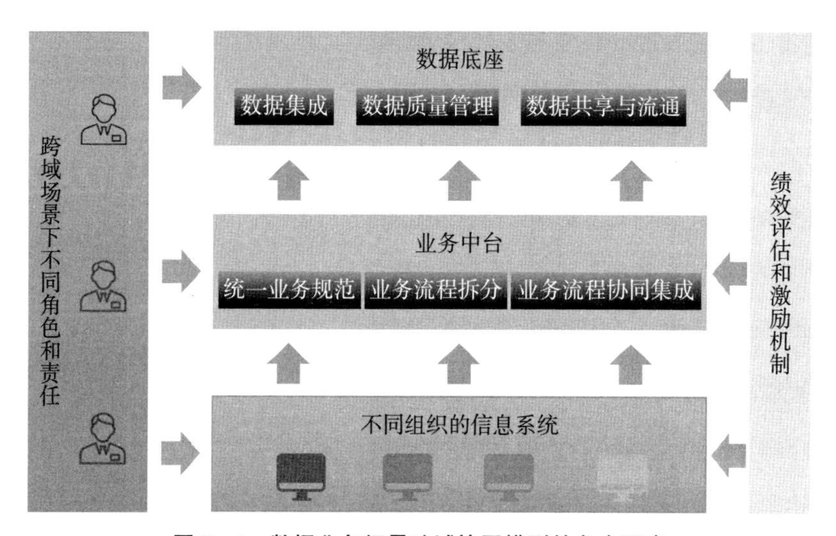

图 7-4　数据业务场景跨域协同模型的各个要素

数据业务场景跨域协同模型通常会涉及以下要素。

（1）角色和责任：明确定义各个参与方的角色、职责和权限，确保各方在具体的业务协同过程中知道自己的工作内容以及职责并承担相应的责任。

（2）流程和规范：建立明确的业务流程和规范，包括工作流程、信息传递流程、决策流程等，以确保业务协同的顺畅进行。

（3）数据共享和沟通：确保参与方之间的数据共享和流通畅通无阻，通过共享数据、知识和信息，实现协同决策和合作，提高效率和协同能力。

（4）技术支持和平台：利用信息技术和工具提供支持，建立适当的协同平台或系统，以促进信息共享、协同工作和资源协调。

（5）绩效评估和激励机制：建立合适的绩效评估体系和激励机制，鼓励各方积极参与协同合作，激发创新和合作精神。

在实际应用中，数据业务场景跨域协同模型可以采用多种形式，如跨部门协同、跨组织协同、跨行业协同等。具体的模型和方法可以根据组织的需求和特定业务场景来设计和实施。

通过有效的数据业务场景跨域协同模型，组织可以实现资源优化、风险共担、创新加速等目标。需要注意的是，数据业务场景跨域协同模型也需要克服协同中可能出现的障碍，如沟通不畅、信息不对称、合作冲突等问题。因此，建立良好的沟通机制、加强合作文化建设和培养协同能力都是实施数据业务场景跨域协同模型的重要因素。

7.2.2 “三阶段”数据业务场景跨域协同模型构建方法

数据业务场景跨域协同模型的构建是一个系统开发过程，即把一项不确定的业务需求进行分解，实现从宏观到微观、从复杂到简单、从不确定到确定、从定性到定量的迭代深化过程，进而将细化分解形成的任务与数据资源建立映射关系，形成数据资源的流通模型，在此基础上，快速构建数据资源服务之间的集成，最终形成业务场景应用，满足业务需求的过程。因此，在参考《浙江省数字化改革总体方案》实践的基础上，结合跨域数据治理的特点（如图 7－5 所示），形成了包括业务协同、数据共享、数据集成三个阶段的数据业务场景跨域协同模型构建过程。

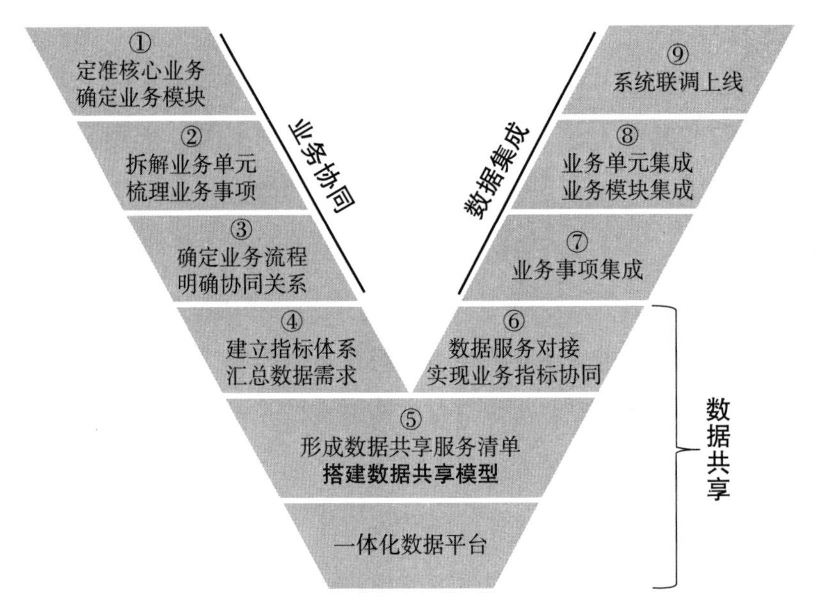

图 7-5 “三阶段”数据业务场景跨域协同模型构建过程

1. 业务协同阶段

业务协同阶段包括三方面内容，即定准核心业务，确定业务模块；拆解业务单元，梳理业务事项；确定业务流程，明确协同关系。

(1) 定准核心业务，确定业务模块：根据组织的组织架构、主要业务，定义核心业务及范围，按照组织各部门的职责划分业务模块，并明确业务模块的责任部门。核心业务的梳理应当遵循以下原则：一是业务梳理的广度，应横向覆盖部门的主要职能；二是业务梳理的深度，应纵向逐级分解到末端；三是在梳理之后应产生核心业务清单、业务模块清单。

(2) 拆解业务单元，梳理业务事项：各责任单位拆解业务模块形成业务单元，逐级分解业务单元形成业务事项及事项需要的“数据串”，最后形成业务单元清单和业务事项清单。需要注意的是，在这个过程中，要保证业务梳理的精度，将业务事项细化到最小粒度。

（3）确定业务流程，明确协同关系：在厘清业务事项的基础上，根据实际业务需求，组合业务事项和业务单元，确定完整的业务流程。其中，要注意明确四类协同关系：模块协同、单元协同、事项协同和指标协同。业务协同部门对协同任务和协同边界进行确认，最后形成一份业务协同关系清单。

2. 数据共享阶段

在完成业务拆分、明确协同关系的基础上，进一步明确数据共享服务清单，组织各个部门确认数据需求，定义数据接口，从而完成数据共享模型的搭建。具体而言，该阶段包括：

（1）建立指标体系，汇总数据需求：梳理“数据串”形成最小粒度的业务指标，每个指标都由唯一的业务部门进行定义，指标体系是所有“数据串”的集合。此外，需要将每项业务指标都对应到一个数据共享需求，汇总形成数据需求清单，清单经协同部门确认后形成责任清单。

（2）形成数据共享服务清单，搭建数据共享模型：根据业务协同关系清单、数据需求清单等搭建数据共享模型，其中，形成数据共享架构图以确定数据源的位置；形成数据流向图以确定业务之间的调用关系；明确数据共享开发路径，从而开发数据共享服务。

（3）数据服务对接，实现业务指标协同：开发业务系统并与数据共享服务进行对接，联调测试，集成业务流程的“数据串”，实现四类协同中的指标协同。

3. 数据集成阶段

以数据共享模型的搭建为基础，通过数据服务对接实现业务事项集成、业务单元集成、业务模块集成、系统联调上线，满足实际应用场景的业务需求。具体包括：

（1）业务事项集成：完成对“数据串”的组装，并以此作为业务事项的支撑，从而实现业务服务的最小单元系统化。

（2）业务单元集成，业务模块集成：按照“一个事件”的发生流程，从系统角度集成业务事项，形成业务单元，对业务单元进行集成，形成面向主题的业务模块。

（3）系统联调上线：打包所有功能模块和业务模块，形成完整的业务系统。

因此，业务协同阶段的核心在于理解数据场景业务，明确参与协同的数据资源主体，并逐步明确需求。数据共享阶段的核心在于建立业务场景与数据资源之间的映射以及支撑数据资源跨域流通的细则。数据集成阶段的核心在于落实细则，通过支撑数据资源的跨域集成，快速构建跨域业务应用，以满足实际场景的需求。

需要注意的是，这三个阶段并非完全线性，而是可能在实际应用过程中形成迭代。例如，业务协同阶段需要协助业务人员确定可用的数据资源以及拥有数据资源的主体，甚至可能需要开发新的数据资源和数据服务。另外，在数据集成阶段，也可能由于数据资源的动态不可用性，或者数据服务质量不再满足业务需求，需要重新匹配数据资源和数据服务。

因此，为了支撑跨域数据业务应用的快速构建，基于以上协同模型，一方面，要将业务需求快速转换成业务流程，实现业务流程与数据资源的映射；另一方面，则要将业务流程（特别是跨域协同的规则）进行快速部署。

7.3 基于工作流的跨域数据服务组合

为了支撑对跨域数据业务场景的流程化，我们基于 Activiti，Nacos，Redis，Hyperledger Fabric 和 IPFS 构建了一套在跨域环境下实现数据服务创建和组合的关键技术。其中，Activiti 是一个开源的轻量级工作流引擎框架，可以支持服务组合。Nacos 是一个开源平台，与 Hyperledger Fabric 集成来支撑动态数据服务注册和发现。Redis 是一个开源的内存数据结构存储系统，用作内存数据库。Hyperledger Fabric 是一个联盟链平台，它主要有两种节点：orderer 节点（提供共识服务）和 peer 节点（维护区块链数据的副本）。由一组 peer 节点组成的通道（channel）实际上就是一条联盟链，因为要加入通道，peer 节点必须经过身份验证和授权，并且它们只能在该通道上提出或接收交易。IPFS（星际文件系统）是一个用于存储和共享大量数据的 P2P 网络，IPFS 内容寻址允许离线存储大文件，并将事务中的不可变链接放在链上，而不必将数据本身放在链上。我们通过 Hyperledger Fabric 和 IPFS 的集成来管理跨域服务组合的大量业务数据。

如图 7-6 所示，通过将定制的 Activiti 工作流引擎嵌入 Hyperledger Fabric 的 peer 节点，并通过 IPFS 网络管理业务数据，开发了一个定制的、面向跨域数据服务组合的区块链系统。

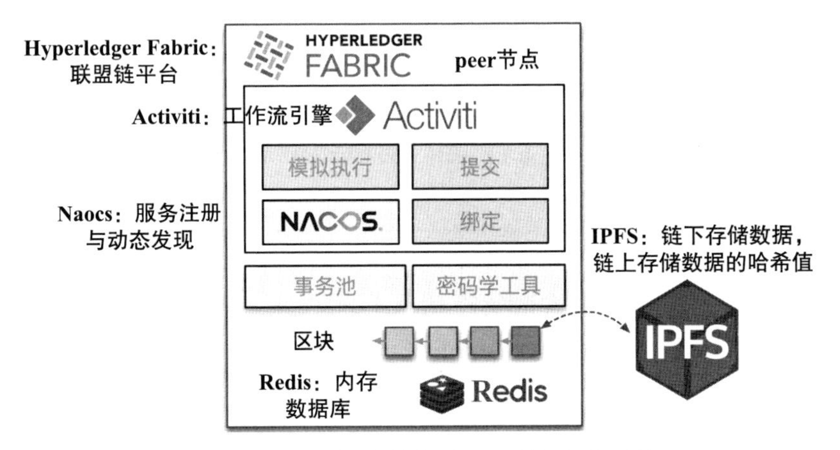

图 7－6　面向跨域数据服务组合的区块链系统

7.3.1　数据服务动态创建

数据通常持久化存储在数据库中，通过 SQL 语句获取和使用。在具体的应用场景中，用户往往更关心功能而非具体的 SQL 语句。例如，需求内容为“通过子女身份号码查询家庭拥有的房屋编号”，书写相应的 SQL 语句要求使用者了解具体的数据标准和字段名，由使用者书写 SQL 语句低效且有技术门槛。数据服务创建工具的核心功能是将 SQL 语句自动封装为 RESTful API 接口，实现数据的自动封装和服务化。它允许用户以一种自动化的方式将数据转化为可调用的服务，无须手动处理烦琐的数据转换和接口编写工作，提高了数据的可访问性。通过使用这个工具，用户可以方便地将各种格式的数据封装成服务，让数据更易于使用和共享。

如图 7－7 所示，数据服务创建有三种模式。若为向导模式，则需要选择数据源、数据库和数据表，界面自动呈现和对应数据表绑定的返回参数的参数名称、绑定字段、字段类型、参数类型、示例值、描述等信息，可以手动添加、编辑和删除请求参数，对分组内的字段排序。若为SQL模式，则需要选择数据源、数据库和数据表，字段预览处自动呈现与所选数据表绑定的字段名称和类型信息，接着在右侧编写正确的SQL语句，点击“解析”后自动匹配请求参数和返回参数的名称、类型、参数位置等信息，还可以手动添加请求和返回参数并进行编辑、删除。若为敏捷服务模式，则需要选择数据源和数据库等信息，然后选择对应的返回字段和条件过滤字段，点击“查询服务生成方案”按钮，下方会自动呈现可选方案，再点击“自动生成SQL”按钮，则会生成对应服务的SQL语句，解析该SQL语句即可展示返回参数和请求参数的名称、类型等信息，并可以进行编辑和删除。

图7-7 创建数据服务

数据服务的信息将存储在区块链中，图7-8展示了区块链中存储的服务信息，包括名称、类型、创建模式等。

图 7-8 服务列表

7.3.2 数据服务组合工具

在面对更复杂和多维度的应用需求时，常常需要将来自不同域的数据进行共享和流通。数据服务组合工具的主要功能是将多个数据服务进行组合，以满足涉及多个域的复杂数据需求。当数据需求涉及不同的数据源，无法在一个服务中实现全部数据需求时，需要将来自不同数据源的数据分别封装为服务，再将服务组合起来，实现复杂数据需求。数据服务组合工具提供了一种灵活且高效的方式来实现数据的共享和流通，将来自不同数据源的服务进行组合，以完成更丰富和复杂的数据操作，避免了手动处理多个数据源所带来的烦琐和错误，解决了数据在不同数据源之间共享和流通的问题。

如图 7-9 所示，使用可视化界面拖动数据服务元素构建业务流程，再由嵌入区块链节点中的工作流引擎执行业务流程，实现跨域数据的共享和流通。

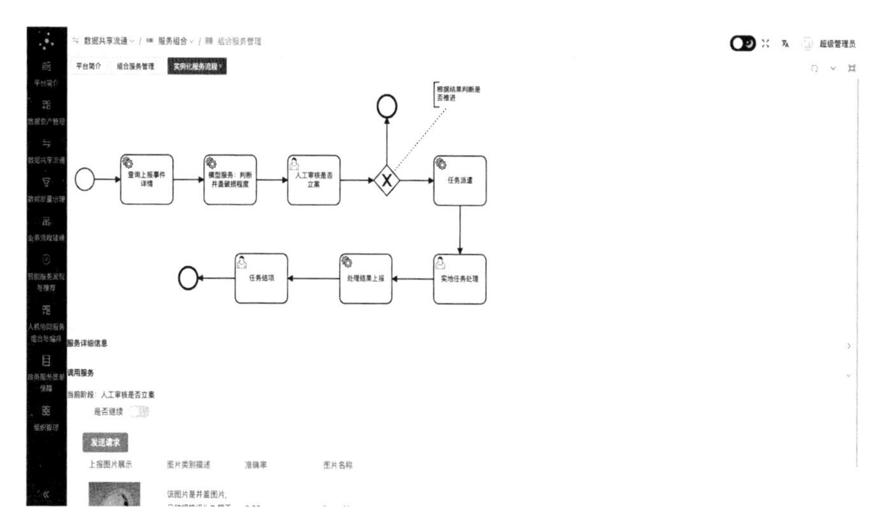

图 7-9　数据服务组合工具

7.4　业务流程部署与应用

业务流程部署与应用是指将事先设计和构建好的业务流程实施到实际的工作环境中，并确保流程能够顺利运行和应用于组织的日常工作中。通过业务流程的部署和流转，推动面向数据的业务应用的流转，可以更好地组织和管理跨域业务活动，降低成本和风险。

7.4.1　业务流程部署的智能合约

智能合约的概念最早于 1994 年由美国计算机科学家尼克·萨博（Nick Szabo）提出并定义为“一套以数字形式指定的承诺，包括合约参与方可以在上面执行这些承诺的协议”。[①] 智能合约的设计初衷是在无需第三方可信权威的情况下，作为执行合约条款的计算机交易协议，嵌入某些由数字形式控制、具有价值的物理实体，担任合约各方共同信任的代理，高效安全地履行合约。[②] 但由于当时信息技术水平和场景的限制，智能合约并没有得到广泛的应用。直到 2008 年，比特币出现，人们发现其底层区块链技术与智能合约可以天然地契合在一起：区块链可以借助智能合约的可编程性封装分布式节点的复杂行为；智能合约可以借助区块链的去中心化，在可信的执行环境中有效实现。

目前业内尚未形成公认的智能合约的定义，狭义的智能合约可看作运行在分布式账本上预置规则、具有状态、条件响应的并且可封装、验证、执行分布式节点的复杂行为的，用以完成信息交换、价值转移和资产管理的计算机程序。广义的智能合约则是无需中介、自我验证、自动执行合约条款的计算机交易协议。

业务流程部署的智能合约是指利用区块链技术和智能合约来管理和执行各种业务流程的方式。传统的业务流程管理往往需要依赖烦琐的人工操作和多个部门的参与，存在信息不对称、低效率、风险难以控制等问题。而智能合约通过将业务规则编程到区块链上，实现了自动化的执行和可编程的逻辑，从而提高了业务流程的效率、透明度和可信度。

业务流程部署的智能合约具有以下特点。

---

① http://gfiiz5a5230f13cb44631h09v5596cpkp06ub6.fcya.libproxy.ruc.edu.cn/rob/Courses/InformationInSpeech/CDROM/Literature/LOTwinterschool2006/szabo.best.vwh.net/smart.contracts.html.

② 欧阳丽炜，王帅，袁勇，等. 智能合约：架构及进展. 自动化学报，2019，45（3）：445－457.

（1）自动化执行业务流程：智能合约能够根据预设的规则和条件自动执行业务流程，无需人工干预。这大大减少了人为错误和操作风险，并提高了流程的效率和准确性。

（2）透明度和可追溯性：智能合约将业务流程的执行记录保存在区块链上，所有参与方都可以实时查看和验证流程的状态和历史记录。这种透明度和可追溯性增强了信任，并且方便审计和风险管理。

（3）高效的合作和协同：智能合约可以将多个参与方的业务流程连接起来，实现高效的合作和协同。通过智能合约，各方可以实时共享数据和信息，自动触发相应的操作和决策，提高了业务处理的速度和效率。

（4）安全性和防篡改性：智能合约采用区块链的去中心化和加密技术，确保了数据和交易的安全性。一旦业务流程被记录在区块链上，就无法篡改或删除，确保了数据的完整性和可信度。

然而，业务流程部署的智能合约也面临挑战。首先，技术和标准的限制可能会限制智能合约的广泛应用和互操作性。其次，隐私和数据保护的问题需要得到有效解决，以保护参与方的敏感信息。再次，智能合约的法律和监管框架也需要与技术发展同步，确保合约的合法性和可执行性。最后，采用和接受的障碍可能会阻碍智能合约的推广，需要各方共同努力促进合约的采用和推广。

综上所述，业务流程部署的智能合约在提升业务流程管理效率和可信度方面具有巨大潜力。例如，可以把智能合约应用于房屋租赁，在系统上，房东和租户构建一个房屋租赁合约，房东每月为房屋生成一次开锁密钥，当租户把每月的租金打入房东账号后，系统通过智能合约自动把开锁密钥发给租户，这样就大大提升了房屋租赁服务中的工作效率。因此，业务流程部署的智能合约在各个领域都有广泛的应用场景，包括供应链管理、金融服务、物联网、跨境贸易等。通过智能合约，供应链管理可以实现供应链的可追溯和透明，提高物流和资金的流动效率；金融服务可以通过智能合约实现自动化的合约执行和结算，降低交易成本和风险；物联网领域可以利用智能合约实现设备之间的自动交互和合作；跨境贸易可以借助智能合约实现跨境支付和清关的自动化。

7.4.2 基于区块链的工作流引擎

跨组织业务流程是两个或两个以上组织为实现共同目标而开展的一系列活动。在传统的工作流引擎中，需要由可信的第三方节点负责管理和执行业务流程。但是，对于跨组织业务流程，由于组织之间没有主从关系，往往很难找到可信的第三方节点来实现组织间的协作。区块链技术的出现为跨组织业务流程的实现提供了技术支撑，特别是涉及相互不信任的参与者。

利用区块链来执行跨组织业务流程所带来的一个重要问题是工作流引擎如何在区块链上运行。预言机（Oracle）是一种第三方服务，负责链下和链上的数据通信。换句话说，预言机主要做的事情就是处理区块链里智能合约提供的请求，把一些链外的信息和数据传递到链内，你可以理解为预言机把区块链外面的世界和区块链连接在了一起，把外面的数据写进了区块链。目前来看，预言机算是连接区块链和现实世界的唯一接口。一个直接的想法是将工作流引擎直接封装到第三方预言机中，由预言机负责工作流引擎和区块链之间的通信。也就是说，工作流引擎在区块链之外运行，预言机负责将工作流引擎执行的结果提交给区块链，区块链仅仅用于存储事务处理和流程状态。然而，很多研究者认为完全盲目地相信预言机可能会极大地损害可靠性。

近来的一些研究提出，将流程模型中的执行逻辑转化为智能合约，智能合约可以在区块链上独立运行，不需要外部的工作流引擎，从而克服预言机带来的安全风险。然而，这种方法存在两个问题。一是从流程模型到智能合约的转换能否保证正确性，即流程模型和智能合约能否等价？组织对业务流程执行的共同理解是基于流程模型，但转换后的业务流程执行是基于智能合约，两者是否完全等价，现有的工作对这个问题缺少充分讨论。二是转换需要在部署流程时完成，从流程模型到智能合约的转换通常也受到执行和存储成本的影响。

面对以上挑战，可以通过在每个区块链节点中直接嵌入一个工作流引擎来构建面向跨组织流程的区块链系统。但是实现这样的区块链系统面临两个挑战：一是如何保证工作流引擎在区块链上正确运行，二是如何实现在区块链上运行的跨组织业务流程和区块链之外的服务之间的交互。

为此，我们需要将业务流程进一步细分为三个阶段。首先是背书阶段，工作流引擎模拟执行业务流程，并提供执行结果作为背书。背书是联盟链验证交易是否有效的一种常见方式，只有具有足够背书的请求才能提交给共识机制。其次是共识阶段，区块链节点检查请求的背书是否有效，然后将有效的执行请求写入区块链。共识机制可以使区块链节点共同维护具有一致性的数据副本。最后是提交阶段，工作流引擎根据执行请求更新业务流程的状态。通过这种方式，就可以保证跨组织业务流程的正确运行。

另外，组织通常有自己的信息系统，以服务的形式公开其信息系统的外部接口。服务是独立于平台的计算元素，可以使用标准协议来发现和调用。这些服务往往需要参与跨组织业务流程的执行过程。为此，我们需要基于区块链的服务注册、绑定和调用方法，以实现在区块链上运行的跨组织业务流程和区块链之外的服务之间的交互。

1. 嵌入区块链节点中的工作流引擎

如图 7－10 所示，在区块链节点中嵌入了一个工作流引擎。区块链的一个节点通常具有以下模块：

（1）交易池。它包含未确认的交易。

（2）加密工具。它使用数字签名进行验证。

（3）共识模块。它与其他节点的共识模块协作，将交易写入区块。

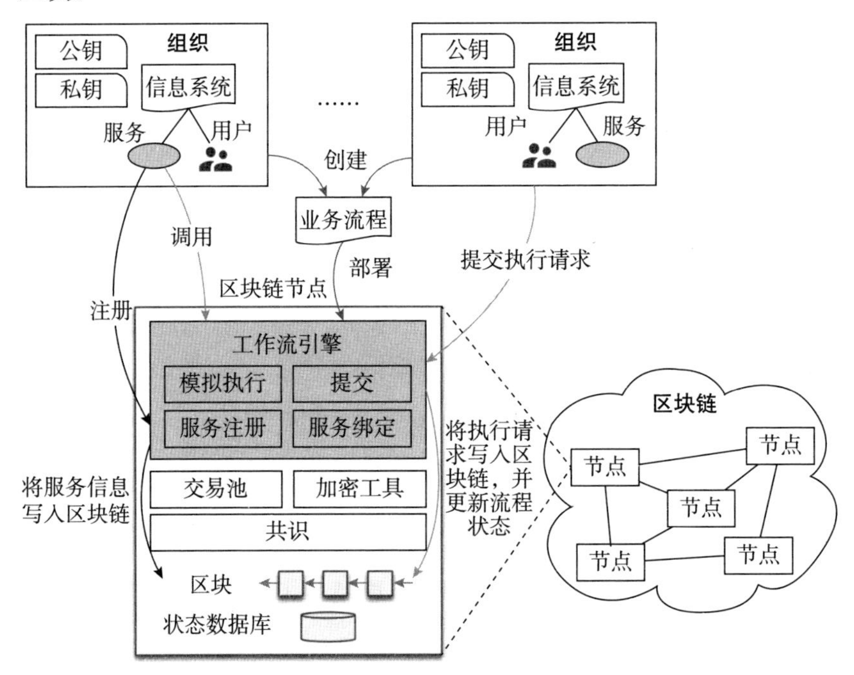

图 7－10　基于区块链的工作流引擎

（4）区块。通过加密哈希安全链接在一起的数据块，每个块包含一组交易。

（5）状态数据库。状态是指区块链上所有交易的执行结果。状态数据库保存最新的状态，一旦有新的交易添加到区块链中，该数据库就会更新。在面向跨组织业务流程的区块链系统中，流程实例和执行过程都存储在区块链中，而流程实例的状态则存储在状态数据库中。

将工作流引擎嵌入区块链节点之后，它将与共识模块协作检查执行结果的有效性，并通过执行结果来更新业务流程的状态。为了保证执行结果的有效性，工作流引擎将流程分为模拟执行和提交两个阶段。模拟执行不会改变流程实例的状态，但是模拟结果将作为证据提交给共识机制。如果某个交易提供了足够的证据，则该交易可以被写入区块链，并用于更新流程实例的状态。此外，组织以服务的形式公开其信息系统的 API，将参与组织合作的服务称为跨组织服务。为了确保工作流引擎和服务之间的可靠交互，组织应该在调用服务之前注册服务并进行验证。

因此，工作流引擎由以下模块组成：

（1）模拟执行模块。该模块根据请求模拟执行流程，但执行的结果不会改变流程的状态。

（2）提交模块。如果共识机制确认执行请求的有效性并将其添加到区块链中，则该模块会根据执行请求修改流程状态。

（3）服务注册模块。该模块与共识机制交互，将跨组织服务的元数据写入区块链。

（4）服务绑定模块。业务流程模型有一种服务任务，它通过运行服务来自动完成任务。该模块可以将服务绑定到跨组织业务流程中。

跨组织业务流程的执行过程如下：首先，各组织将其服务注册到区块链中，使得服务元数据能够跨组织传播，同时确保它们不被篡改；其次，各组织共同创建一个跨组织业务流程并且由相关组织共同生成签名，将该流程和签名一起提交给区块链；再次，这些组织将其已在区块链中注册的服务与业务流程绑定在一起；然后，在收到执行请求之后，工作流引擎模拟执行该请求，并提供模拟结果作为证据；最后，将该执行请求添加到区块链中，同时嵌入每个区块链节点中的工作流引擎根据该执行请求更新业务流程的状态。

2. 工作流引擎的执行过程

BPMN 协作图被广泛用于组织间流程的建模，它由任务、事件和网关组成。任务代表原子活动，主要有两项任务：用户任务和服务任务。用户任务由用户执行；服务任务不需要与用户进行任何交互，它是通过使用外部服务自动完成的。事件代表在过程中发生的事情，它们影响流程的流动。网关是调整流程路径的决策点。

如图 7-11 所示，假设有一个供应链场景，其中涉及制造商（Manufacturer）和中介（Middleman）两个组织。这两个组织有自己的信息系统，这些系统有不同的数据模式和内部逻辑。例如，制造商运行一个生产商品的制造系统，并将这个系统的对外接口封装成制造商服务。假设有一个供应链流程实例 supplychain@a342689d，当制造商收到订单之后，它会执行服务任务 Calculate Demand 来计算零件需求。如果缺少零件，它会通过 Middleman 购买零件；如果不缺少零件，它会执行服务任务 Start Production 来生产订单产品。制造商服务已被绑定到服务任务 Calculate Demand 和 Start Production，也就是说，这些服务任务都将由制造商服务完成。在执行流程实例的过程中，网关根据服务任务 Calculate Demand 的结果决定执行路径。如果缺少零件，就会发生一个消息事件，将缺少零件的订单发送给 Middleman，然后流程实例当前任务变更为 Middleman. Confirm Order；否则，服务任务 Start Production 自动执行，开始生产产品。完成生产后，流程实例当前任务变更为 Manufacturer. Complete Production。可以看到流程实例会产生一个连续的执行路径，从一个用户任务开始，到下一个用户任务结束。执行路径由业务流程、网关和服务任务的执行结果确定。

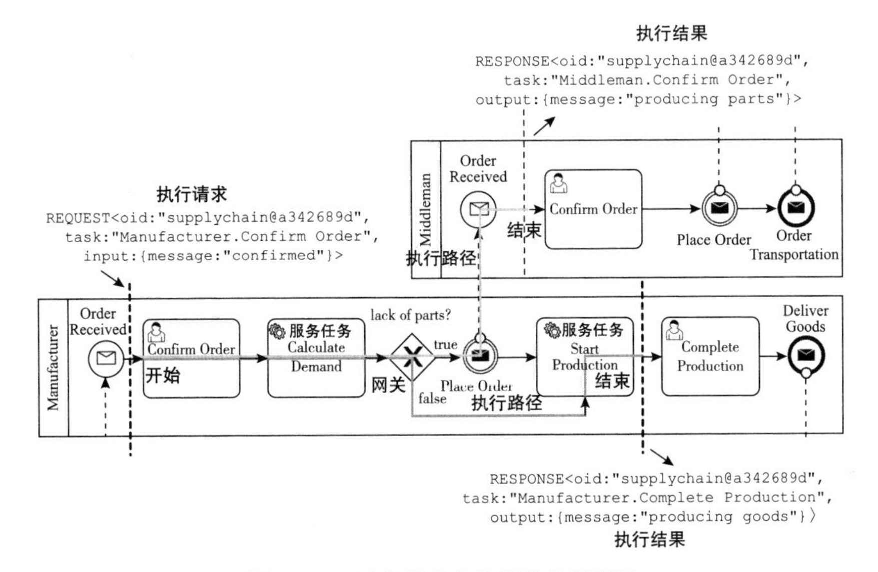

图 7-11　跨组织业务流程的执行路径

当业务流程实例收到一个执行请求（request）时，工作流引擎根据流程模型产生一条执行路径，并由这条执行路径确定业务流程的状态。然而，嵌入恶意区块链节点中的工作流引擎可能会伪造执行路径。为了保障工作流引擎生成正确的执行路径，我们定制了一种工作流引擎，通过区块链式的过程来执行跨组织业务流程。

（1）背书阶段。背书是指用自己的可信度宣布支持某事，这是联盟链验证交易并宣布交易是否有效的一种常见方式。背书策略定义了如何根据节点的背书确定交易是否有效。例如，假设恶意节点的数量为 f，如果至少有 $f+1$ 个区块链节点为交易提供背书，就可以认为该交易是有效的。

在此阶段，如图 7－12 所示，嵌入背书节点中的工作流引擎会各自模拟执行跨组织业务流程，产生一条执行路径，并将此执行路径信息的哈希值提交给主节点。若一个背书节点提交的哈希值与主节点产生的执行路径哈希值一致，就计作一次背书。如果主节点收到 $f+1$ 个背书，则将该节点产生的执行路径信息和相应的背书提交给共识机制。

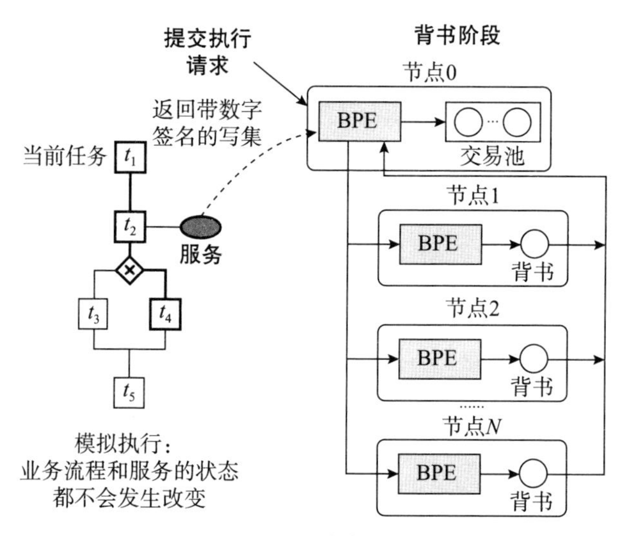

图 7－12　背书阶段

（2）共识阶段。共识机制收到跨组织业务流程的执行路径信息之后，将它们打包到一个区块中，检查它们是否有足够的背书，然后将该区块添加到区块链中。例如，经典的联盟链平台——Hyperledger Fabric 提供了可插拔的一致性算法，如 PBFT 等。它使所有节点能够自发维护区块链的一致拷贝。在新区块可以被添加到区块链之前，区块链节点对照背书策略来验证区块中每个交易的背书，例如，至少有 $f+1$ 个区块链节点为该交易提供背书。如果背书策略未能满足，则交易被标记为无效。在这个阶段，如图 7－13 所示，如果执行路径满足背书策略，则会通过共识机制将它写入区块链。

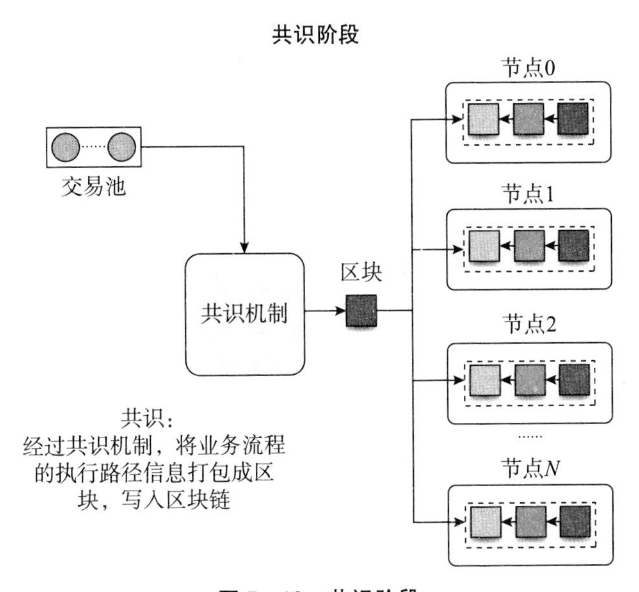

图 7－13　共识阶段

（3）提交阶段。将执行路径信息写入区块链后，在每个区块链节点中，工作流引擎构建三个对象：执行、任务和事件。执行对象描述了流程实例的 ID 和执行时间等。任务对象描述了完成该执行路径后，流程实例的下一个用户任务。事件对象描述了与任务相关的事件。如图 7－14 所示，每个区块链节点将序列化后的执行对象、任务对象和事件对象写入状态数据库，完成流程实例的状态更新。

最后，通知执行路径中的服务已完成执行。服务检查该执行路径信息是否已被写入区块链，然后更新它们自身的状态。这样，跨组织业务流程就完成了一次执行。

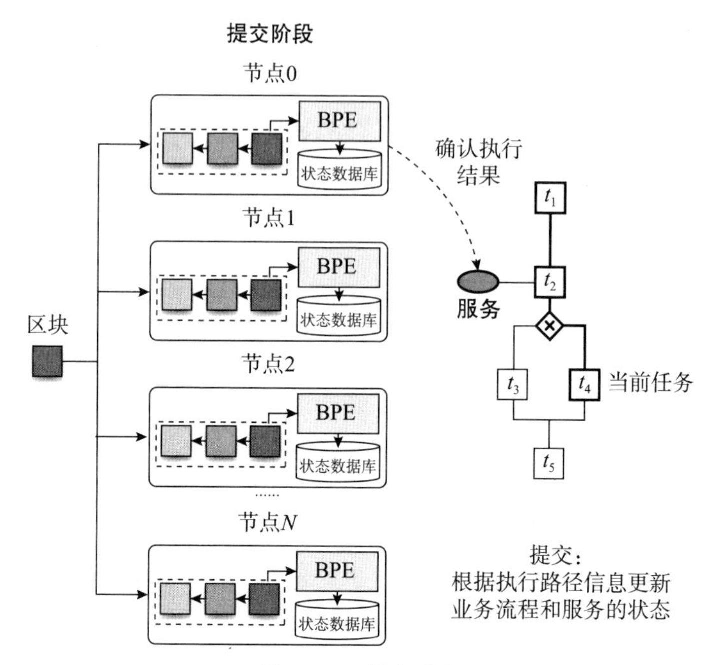

图 7-14 提交阶段

总之，通过将工作流引擎嵌入区块链节点，利用区块链式过程来执行跨组织业务流程，能够有效地实现跨域业务流程的部署和应用。

7.5 小 结

本章的焦点在于数据场景协同化构建以实现跨领域和跨系统的业务流程协同集成。首先，我们简单介绍了业务流程统一建模技术，包括业务流程的形式化建模语言和工作流管理系统参考模型。其次，介绍了数据业务场景跨域协同的关键概念，包括数据业务场景跨域协同模型和“三阶段”数据业务场景跨域协同模型构建方法。为了实现数据协同，进一步介绍了基于工作流的跨域数据服务组合，其中包括数据服务动态创建和数据服务组合工具的使用。最后，强调了业务流程部署与应用的重要性，介绍了智能合约和基于区块链的工作流引擎，以确保业务流程的可靠性和安全性。这些概念和技术将有助于组织在多领域数据管理和业务流程协同方面取得更大的成功。

PART

3

第三篇

应用篇

第 8 章

跨域公共数据授权运营实践

公共数据授权运营在数据要素市场培育的过程中具有重要的引领和示范作用，是一个典型的应用跨域数据治理的场景。《中华人民共和国国民经济和社会发展第十四个五年规划和 2035 年远景目标纲要》强调，要“开展政府数据授权运营试点，鼓励第三方深化对公共数据的挖掘利用”。开展公共数据运营，旨在最大限度地挖掘数据价值红利，通过公共数据跨域流通，催生出更多数字经济新模式、新业态和新优势，推动数据要素市场化建设，为数字经济的发展提供新动能。

然而，公共数据授权运营还处于初始阶段，其开发利用过程中面临公共数据的基本概念和范畴、公共数据运营的边界和原则以及公共数据运营的模式等的概念不清、范围不明、权责不匹、运营不畅、收益不均等问题，不利于公共数据的价值释放，制约了当前数据要素市场的发展进程。因此，本章在分析现有公共数据授权运营的概念和实践的基础上，基于面向跨域数据治理的社会化信息系统构建理论以及相关的关键技术体系，梳理解构公共数据授权运营及其落地实践过程，以期为探索公共数据开放和运营平台的建设提供参考，也为跨域数据治理和社会化信息系统的发展提供实践经验。

8.1 公共数据授权运营的概念和内涵

8.1.1 公共数据的内涵与外延

探讨公共数据授权运营，首先要明确公共数据的概念。公共数据始于政府为推动政务系统、提升治理水平的信息资源共享，逐渐发展到开发利用数据资源的政务数据开放，再到建设数字政府、数字经济、数字社会的数据治理。因此，当前公共数据的概念已经超越了政务数据的范畴，被赋予了更广泛的含义。但是，对公共数据的概念界定尚未形成共识。部分研究认为应从其创制的目的出发，从公共利益的角度确定公共数据的内涵，以公共管理与服务为目标划定公共数据的外延①，将公共数据看作“特定主体＋特定目的＋特定行为”获得的数据资源，即可以通过主体要素、目的要素和行为要素划定公共数据的内涵与外延。然而，当前陆续出台的关于公共数据开放与授权运营的地方立法对于公共数据的主体要素、目的要素和行为要素的定义并不完全一致。

1. 公共数据的主体要素

公共数据的主体要素在现行规范中主要有以下表现。

一是限于政务部门，主要指政府部门、国家机关与法律法规规章授权的具有管理公共事务职能的组织。包括国家机关、政府部

① 郑春燕，唐俊麒. 论公共数据的规范含义. 法治研究，2021 (6)：67－79.

门、工会、妇联、共青团等群团组织。《浙江省数字经济促进条例》《河南省政务数据安全管理暂行办法》采用此规定。

二是政务部门＋公共服务企事业单位，即增加供水、供电、供气、供暖、公共交通、运输、通信、教育、医疗、康养、邮政和其他承担公共服务职能的企事业单位。

三是公共机构＋公共服务企事业单位，将范围从政务部门扩大到公共机构，即包含全部或者部分使用财政性资金的国家机关、事业单位和团体组织与提供公共服务的供水、供电、燃气、通信、民航、铁路、道路客运等企业。

四是公共机构＋公共服务企事业单位＋其他提供教育、卫生健康、社会福利、慈善公益以及其他公共服务的社会团体和民办非企业组织。《深圳经济特区数据条例》采用此规定。

中国软件评测中心发布的《公共数据运营模式研究报告》则涵盖以上所有主体，并且根据公共数据来源主体将公共数据分为以下五大类。

一是政务数据，即政务部门依法履职过程中采集、获取的数据。

二是具有公共职能的企事业单位在提供公共服务和公共管理的过程中产生、收集、掌握的各类数据资源，如教育医疗数据、水电煤气数据、交通通信数据等。

三是由政府资金资助的专业组织在公共利益领域内收集、获取的具有公共价值的数据，如基础科学研究数据。

四是具有公共管理和服务性质的社会团体掌握的与重大公共利益相关的数据。

五是涉及公共服务领域的其他数据，如社会组织和个人利用公共资源/权力，在提供公共服务的过程中产生、收集的涉及公共利益的数据。

可见，尽管关于公共数据涵盖哪些主体尚未形成最终的共识，但毫无疑问的是，公共数据涉及多方主体，需要多方主体的协同。

2. 公共数据的目的要素

在当前法规框架和政策制度体系中，公共数据的目的要素主要表现为履行职责、提供公共服务过程和支持生产经营活动等。过去，履行职责一直是定义政府信息、政务信息、政府数据和行政数据等概念的唯一目的要素。然而，随着行政任务的多元化和公共数据范围的扩大，仅依靠履行职责来确定目的似乎过于狭窄，导致公共数据的定义逐渐超越了履行职责的限制。

就现行有效的政策文件规定来看，《贵州省大数据发展应用促进条例》《吉林省促进大数据发展应用条例》《河北省信息化条例》《安徽省大数据发展条例》《上海市数据条例》等仅以履行职责限定公共数据的目的要素；而《浙江省公共数据条例》《四川省数据条例》《深圳经济特区数据条例》《北京市数字经济促进条例》等则认为公共数据指的是政务部门和公共服务组织为了履行职责与提供公共服务而产生和收集的政务数据和公共服务数据；《广西公共数据开放管理办法》（征求意见稿）认为目的要素要求的职权应当是依法履职与生产经营。①

因此，公共数据的目的要素正在逐渐扩大。但不变的是，目的都在于利用这些公共数据来支撑公共服务以及社会生产经营活动，充分释放这些公共数据的价值。

---

① 郑春燕，唐俊麒. 论公共数据的规范含义. 法治研究，2021 (06)：67－79.

3. 公共数据的行为要素

当前标准中，公共数据的行为要素通常由所使用的术语在相关条文中界定。在政务数据的定义中，多数情况下以制作或获取作为公共数据的行为要素的表述，但《福建省政务数据管理办法》独辟蹊径，将通过特许经营、购买服务等方式开展信息化建设和应用所产生的公共数据与采集和获取并列，尽管对具体获取的对象、方式、渠道等并未进行限制。《贵州省大数据发展应用促进条例》则引入“使用”一词，将非因目的要素产生、获取的数据纳入范围；而《深圳经济特区数据条例》则采用“产生”“处理”等词，明确了数据处理的含义，包括数据的收集、存储、使用、加工、传输、提供、开放等活动。

可见，这些行为要素天然地导致公共数据的来源多元化，特别是跨域特性明显。如何有效地组织来自多个渠道、质量不同的跨域数据成为公共数据治理中一个无法回避的问题。

8.1.2　公共数据的开放授权类型

不是所有的公共数据都可以进行授权运营，即有条件公开的公共数据是授权运营的价值所在。公共数据具有公共属性，理论上说都应该向社会公开。但事实上，尽管公共数据开放工作在各地推行多年，但成效并不显著。很多时候，有关部门基于安全的考虑，对公共数据的把握往往是以不公开为基准，以公开为例外，这就导致公共数据这个“富矿”沉寂多时。打破这种僵局，对公共数据资源进行深度挖掘、开发，支撑公共数据的跨域协同，成为公共数据授权运营的一个重要初衷。从是否可以对外开放授权的角度来看，公共数据可以分为以下三类：第一类是无条件对外公开的公共数据

（现实中数量稀少）；第二类是绝对不予公开的公共数据（如涉及国家安全的数据等）；第三类是有条件对外公开的公共数据（绝大多数的公共数据都可归于此类）。

可以进行授权运营的其实大多数都是第三类数据，通过授权运营，支撑在授权主体监控之下开展多主体协同数据开发利用。至于第一类已经对外公开的数据，原则上可以不必纳入授权运营范畴，但由于数据开发涉及大量数据提取、分析、加工，当通过数据公开路径不便于进行开发时（比如开发者进行数据调取时，数据控制者为维护系统稳定对数据传输进行限制），通过授权运营主体在数据控制者本系统内进行直接开发更有利于数据开发，因此也可以将公开数据一并提供给被授权方进行授权运营。

8.1.3 公共数据的权属和特性

公共数据涉及社会生产生活的各个方面，包含多种类型的权属。中国软件评测中心发布的《公共数据运营模式研究报告》认为，从所有权视角看，公共数据为多方主体共同拥有；从管理权视角看，在所有权不转移的前提下，由公共机构或者政府部门代理管辖；从授权运营视角看，需要征得管理部门和相关信息主体的同意。

根据公共数据的定义，可以看出公共数据具有多源性、权威性、稀缺性、高价值性、成本性、敏感性六个特性。

（1）多源性。公共数据在其采集、加工处理、授权运营、开放利用等过程中涉及众多来源主体。以授权运营为例，政府、授权运营单位、加工处理单位、经纪商、数据使用单位等多个主体都参与其中。这种多源性决定了公共数据以分散、开放、多样、变化、海量的状态存在。

（2）权威性。公共数据的管理和持有主体主要是政府和企事业单位，其本身已经具有较高的公信力，同时再加上公共数据在采集、存储、加工处理、传输、维护和更新等过程中都须严格遵循相关业务规范和标准，具有较高的准确性和严谨性，因此公共数据来源主体的权威性和处理过程的严谨性决定了公共数据的权威性。

（3）稀缺性。公共数据是在提供公共管理和公共服务的过程中产生的，大多数主体履行的公共管理或者公共服务的职能都是依法依规产生的或者依法依规授权获得的，具有垄断性、排他性甚至唯一性，这决定了公共数据只有少数来源甚至唯一来源，具有较大的稀缺性和不可替代性。

（4）高价值性。公共数据涵盖范围广泛，涉及政治、经济、社会、文化、生活的各领域各层面，同时公共数据也是严格按照一定的公允标准来采集、存储、加工处理、传输、维护和更新，使数据呈现出体量大、质量高、门类齐全、体系完整等特点，应用场景覆盖面较广，与现实的政治、经济、社会和文化生活相关性高，价值密度较高，融合应用效果好，具有较高的开发利用价值。

（5）成本性。由于各地政府、企事业单位在信息化建设时的标准和规范不一致，公共数据在采集、汇聚的过程中数据质量参差不齐，来源不统一，需要一定的投入才能生产出具有价值的公共数据资源。此外，公共数据在采集、存储、加工处理、传输、维护和更新等过程中同样也需要一定的资源和投入。因此，释放公共数据的价值来弥补公共数据带来的成本迫在眉睫。

（6）敏感性。公共数据反映整个国家政治、经济、社会、文化运行的整体情况，数据经汇聚融合后可用于公共决策分析，涉及国家安全和个人权益，具有较高的敏感性，需统一授权、统一管控、全程覆盖，确保公共数据开发利用全流程可监管、可记录、可追溯、可审计，确保公共数据依法依规使用。

8.1.4 公共数据授权运营的跨域数据治理特征

根据公共数据的含义和本身的特性，结合公共数据授权运营的体系框架，可以看出公共数据授权运营是一个典型的跨域数据治理的应用场景，符合社会化信息系统的建设要求和背景。

首先，在公共数据授权运营的过程中，有多个主体参与。例如政府各部门都是公共数据资源的数据提供单位，也有专门的公共数据主管部门来负责公共数据授权运营的统筹和管理工作，负责公共数据运营平台建设和运营的授权运营单位包括企业、科研机构、个人在内的数据使用单位以及监管部门等。

其次，在公共数据授权运营的过程中，公共数据资源和业务是天然分离的。由各个政府部门在履行职责和提供服务的过程中采集和归集的公共数据资源已经从业务中抽取出来，并进行集中的存储和管理。同时，在公共数据授权运营的过程中，以数据为对象进行相应的加工处理、传输、治理等操作，不涉及业务过程。

再次，在公共数据授权运营过程中，需要多主体的协同合作来实现公共数据资源价值的完整释放。数据使用单位是面向实际场景需求的，需要构建相应的业务流程，但是其需要授权运营单位提供相应的公共数据产品或服务来支撑，数据提供单位提供相应的数据资源。

最后，公共数据授权运营也处处体现了跨域。仅仅是数据提供单位内部各部门的数据归集和回流过程就已经包含数据资源跨空间域、跨管辖域、跨信任域的流通和共享。同样，公共数据资源在数据提供单位、授权运营单位、数据使用单位，以及可能参与的数据加工处理单位、数据经纪服务单位等多个主体之间的流通也避免不了跨域这一要求。

综上所述，公共数据授权运营是跨域数据治理中一个典型的具体场景，同时也很好地符合了我们社会化信息系统建设的“数据与组织分离和数据跨域流通”“多主体协同合作，跨域业务快速构建”，以及“以数据为中心，数据标签化和对象化组织”等特性，因此，完全可以基于社会化信息系统的方法论来构建相应的信息系统或数据平台。

8.2　国外公共数据运营实践模式

英美等西方国家在公共数据运营模式上主要采用“以政府为主导的数据开放与再利用”和“以市场为驱动的数据运营”两种模式。从推动机制上看，英美等国主要从国家战略规划层面推动顶层设计，从法律法规层面推动规则落地，明确公共数据的范围、管理机制等内容，破除国家之间公共数据开放和再利用的制度壁垒。从运营方式上看，从单一的政府主导模式逐步转变为市场需求牵引、技术推动、多方参与的市场驱动模式。

8.2.1　以政府为主导的数据开放与再利用模式

首先，一些西方国家通过在国家层面制定法律来推动公共数据的开放。20 世纪 60—80 年代，这些国家就开始颁布有关信息自由、数据保护等方面的法律。进入 21 世纪，这些国家的立法工作并未停滞不前。例如，美国颁布了《透明和开放政府备忘录》《开放数据政策》《开放政府数据法案》等法规，逐步将政府数据开放合法化；英国则推出了《自由保护法》和《开放标准原则》等法规，规范政府数据的开放行为。

其次，有些国家还建立了全国统一的公共数据开放和共享平台。美国、英国、加拿大、德国、法国、日本、新西兰等发达国家都建立了全国统一的“一站式”政府数据门户网站，巩固政府数据开放的基础，方便公民参与政府对话。例如，美国政府于 2009 年启用了官方公共数据开放网站（data. gov），英国政府在 2010 年建立了政府数据开放平台（data. gov. uk）。此外，欧盟通过构建公共数据空间来促进数据的再利用，在 2020 年 2 月发布的《欧洲数据战略》中，提出构建由安全技术基础设施和治理机制组成的九个公共数据空间，涵盖健康、环境、能源、农业、流动性、金融、制造业、公共行政和技能等领域，以促进企业之间的数据共享和使用。

再次，有些国家还通过设置公共数据利用许可进行授权。例如，美国、英国、法国等国通过政府数据开放平台实现对不同类型数据的再利用许可。举例而言，法国在 2016 年颁布了《数字共和国法》，规定了创建公共数据授权利用清单，推动各级政府主管部门按照清单对数据进行授权利用。

最后，有些国家在政府数据社会化利用收费方面也进行了一些探索。各国根据本国国情制定了不同的公共部门信息资源再利用的收费标准和减免条件。欧盟的《数据治理法案》规定公共机构有权就数据再利用收费，但也有权决定以较低或免费的价格提供数据，同时要求这类费用必须合理、透明、在线公开且无歧视。英国制定了公共部门信息再利用的收费制度，对公开信息的加工和再利用需求可以收取一定的费用，收费原则是在生产和传播成本之外，还可收取合理的投资回报，并与私营部门展开公私竞争。

8.2.2 以市场为驱动的数据运营模式

随着公共数据在社会各个领域的广泛应用和信息技术的蓬勃发展，国际社会对公共数据开放和再利用也十分重视，特别是以美国、英国为代表的西方国家，在公共数据的市场化开发利用方面，经过长时间不断的探索和实践，逐渐形成了以数据信托、数据中介等为代表的、较为成熟的市场化运营模式。

1. 数据信托模式

数据信托是信托类型化研究和当代信托立法中典型的新生事物，从法律角度看，信托是指基于对受托人的信任，委托人从其自身利益出发，将资产交给受托人管理的行为，数据受托人管理委托人的数据或数据权利，同时要对其利益负责。

数据信托是数据资产信托财产的一个闭环。首先，数据持有者将自己所持有的某项数据资产作为信托财产设立信托；然后，进行信托受益权转让，委托方通过转让信托受益权获得现金收入；随后，受托人继续委托数据服务商运用特定数据资产并增值，产生收益；最后，向社会投资者分配信托利益。

数据信托的实质是在数据主体与数据控制人之间创设信托法律关系，比如微信平台下部分数据是属于用户（数据主体）的，而实际数据由微信背后的公司——腾讯控制。通过数据信托可以建立更好的、有法可依的义务权利关系，能够让数据控制人（比如腾讯公司）基于数据主体的信任对数据享有更大的管理运用权限，挖掘最大商用价值，但前提是也要更严格地受到相关法律的约束。在不损害数据主体的根本利益的前提下（如信息保密等），数据控制人的数据管理运用权限包括但不限于访问控制、访问审核以及数据的匿名化处置、数据商用价值挖掘、数据交易、数据检索、数据加工等重要内容。与此同时，数据控制人还应履行对数据主体的谨慎、忠实、保密，以及不得损害数据主体的根本利益等信托信义义务，以此平衡数据主体的隐私保护与数据可交易价值之间的冲突。

2. 数据中介模式

数据中介一般是指以中间人的身份帮助促成数据源到数据使用者之间的数据流动的机构。数据中介也是一个宽泛的概念，涵盖了帮助促成数据从数据源到数据使用者之间流动的所有中间者。由于数据源到数据使用者中间可能包含一系列环节，数据中介可能存在多个并且有多种类型，在不同场景下也可以叫作中间人（middlemen）、数据交易平台（data exchange platform）、数据经纪人（data brokers）等。数据中介的主要功能是通过提供各类新颖的、技术支持的解决方案，实现数据在提供方和使用者之间安全和无摩擦的共享和流通。

新加坡在 2012 年出台的《个人数据保护法》中率先提出了数据中介的定义，并确定了相关主体对象和责任义务。欧盟的《数据治理法案》也提出数据中介（data intermediary）的概念，又叫数据共享服务提供者（providers of data sharing services）。

数据中介提供的服务一般包括如下三种类型。

一是法人数据持有者与法人潜在数据使用者之间的中介服务，这类中介包括公共机构，交换的数据也包括公共数据，可能提供的服务包括双边或多边交换数据，或创建能够交换或联合利用数据的平台或数据库，以及为数据持有者和数据使用者的相互连接建立特定的基础设施。

二是个人数据的数据主体和潜在数据使用者之间的中介服务，采取适当的技术、组织和法律措施，确保非个人数据的存储和传输的高度安全性，以及个人数据主体权利。

三是数据合作社的服务，为个人数据的数据主体或一人公司或中小企业就数据处理的条款和条件进行谈判，将其提供数据共享服务的意向和基本信息通知给主管部门，并接受主管部门的监管。

8.3　国内公共数据运营实践模式

8.3.1　授权运营技术模式

公共数据授权运营制度作为一种公共数据社会化、市场化利用方式，一方面，以公共数据运营平台为载体，确保高价值的数据利用风险可控；另一方面，给公共数据“提质”，为市场主体提供高品质的数据利用供给。在实践中，我国公共数据授权运营逐渐形成了统一授权运营和分散授权运营两种模式。前者是指在某一行政区域，只能由一个部门（公共数据主管部门）统一对外进行授权运营。其优势是统一授权运营的公共数据比较综合、全面，数据开发的价值大，因为数据只有一个口径运作，极易对授权运营活动进行管理。后者是指在某一行政区域内，掌握公共数据资源的各部门

（交通、医疗等）均可以自行开展授权运营。其优势是能够聚焦行业，调动相关部门对相关领域的公共数据资源进行充分挖掘。

8.3.2 成都市统一授权运营实践

2017 年 12 月，成都市信息化建设发展有限公司在原有基础上，更名组建成都市大数据有限公司，2018 年 3 月更名为成都市大数据股份有限公司，由成都产业投资集团 100%控股；2018 年 10 月，成都市大数据股份有限公司获得成都市政府政务数据集中运营授权；2021 年 1 月，更名为成都市大数据集团股份有限公司，朝集团化、规模化、专业化方向发展。该公司定位于成都市大数据资产运营商、成都市大数据产业生态圈服务商、智慧城市投资建设运营服务商。2019 年，成都市大数据股份有限公司根据政府授权，搭建了成都市公共数据运营服务平台。2020 年 12 月，该平台正式上线运营。

成都市公共数据授权运营的运行逻辑如图 8－1 所示。[①] 成都市政府将公共数据统一授权给成都市大数据集团股份有限公司，由其

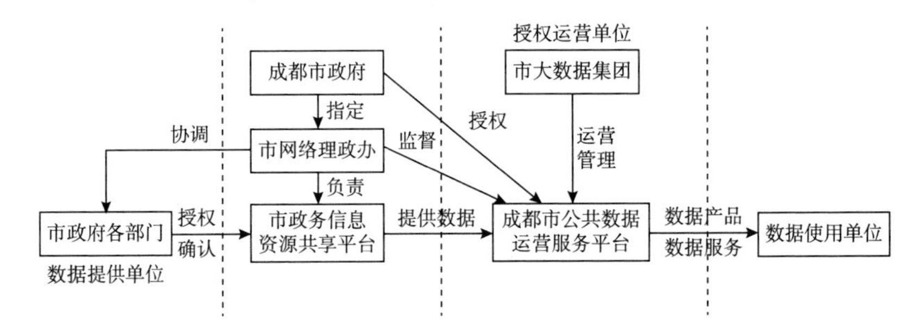

图 8－1 成都市公共数据授权运营的运行逻辑图

① 张会平，顾勤，徐忠波. 政府数据授权运营的实现机制与内在机理研究——以成都市为例. 电子政务，2021（5）：34－44.

建设成都市公共数据运营服务平台，并以市场化的方式开展公共数据运营服务。成都市政府指定成都市政务服务管理和网络理政办公室（简称市网络理政办）具体负责指导、监督和协调推进公共数据的运营服务工作。而市政府其他各部门作为数据提供单位，对其管理的政务数据是否授权运营进行把关。

从成都市公共数据授权运营的运行逻辑可以看出，在这种统一的授权运营模式下，其基本特性是将公共数据作为国有资产进行市场化运营，具体表现为：（1）将公共数据授权给本地国有企业运营，这样产生的经济收益能够作为国有资产运营收入进入地方财政，带来一定的社会红利；（2）没有改变政府各个部门对各自数据的管理权，其作为数据提供单位，可以依托市政务信息资源共享平台对其授权的数据进行监督和管理，同时也可以基于公共数据运营服务平台有效连接数据使用单位和数据提供单位；（3）在此过程中，公共数据的所有权并没有转移，避免了数据确权难题。

截至 2023 年，成都市公共数据运营服务平台根据授权获取的成都市车辆交通数据、企业经营信用数据、住房信息数据以及全国居民电子证件数据，形成了包括人像比对、全国人口身份信息二要素核验、成都市企业严重违法失信记录数查询等在内的共 30 种数据产品或服务。

8.3.3 北京市分散授权运营实践

数据专区是公共数据分散授权运营的另一种探索模式，是指针对重大领域、重点区域或特定场景，为推动政企数据融合和公共数据社会化开发利用而建设的各类专题数据区域的统称，一般分为领域类、区域类及综合基础类三种类型。[①] 通过数据专区建设，可以吸纳市场主体和数据、技术、资本等多元要素参与，以政企数据融合应用为主线，构建多层级数据要素市场，形成政务和社会数据流通融合体系，激发企业创新活力，释放数据要素价值。

2020年4月9日，北京市发布《关于推进北京市金融公共数据专区建设的意见》，正式提出由北京市经济和信息化局依托市级大数据平台建设金融公共数据专区，以加强对金融科技领域的数据供给。2020年9月7日，北京市经济和信息化局（简称北京市经信局）与北京金融控股集团有限公司（简称“北京金控集团”）签署了《北京市金融公共数据专区授权运营管理协议》《北京通APP授权运营管理协议》，正式授权北京金控集团所属北京金融大数据有限公司建设金融公共数据专区，并承接公共数据托管和创新应用任务。

北京市金融公共数据专区授权运营的运行逻辑如图8-2所示。北京市经信局授权北京金控集团，由其控股的北京金融大数据有限公司依托北京市大数据平台进行金融公共数据专区建设，对“京云征信”平台进行日常运营管理。北京市经信局统筹、协调北京市相关的行政机关和管理公共事务的组织，按照专区建设要求，将数据目录中的金融公共数据向专区汇聚，同时负责指导和监督授权运营单位的数据专区运营工作。

截至2023年1月，北京市金融公共数据专区已汇聚金融机构开展信贷业务所“亟需、特需”的工商、司法、税务、社保、公积

① 北京市经济和信息化局. 关于推进北京市数据专区建设的指导意见. 2022-11-21. https://www.beijing.gov.cn/zhengce/gfxwj/202212/t20221208_2873104.html.

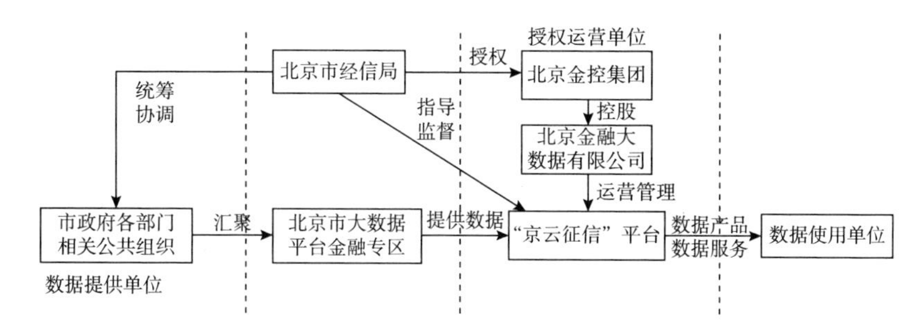

图 8－2　北京市金融公共数据专区授权运营的运行逻辑图

金、不动产等多维数据 34 亿余条，覆盖 14 个部门机构、270 余万市场主体，实现按日、按周、按月稳步更新，持续更新的数据每月有 7 000 万～8 000 万条，公共数据汇聚质量和更新效率均处于全国领先水平。①

北京金融大数据有限公司推出的“京云征信”平台，引入专区汇聚的税务、社保、公积金等高价值公共数据，通过“平台＋数据产品＋服务”的模式，以健全的小微企业信用信息征集、评价与应用机制，整合公共信息和社会商业信息，为金融机构、商业企业提供企业信息查询、企业信用报告、数据 API、客户优选、风险扫描与预警等征信和风控服务。截至 2023 年，已利用开通的数据接口，累计为银行等金融机构提供服务 5 000 多万次，支撑 30 余万家企业申请金融服务金额超 2 000 亿元。②

---

①②　北京金融公共数据专区助力金融“活水”精准“滴灌”. http://district.ce.cn/newarea/roll/202301/11/t20230111_38339437.shtml.

8.4 社会化信息系统视角下的公共数据授权运营平台建设

尽管具体技术模式有所区别，但是从跨域数据治理和社会化信息系统的视角，现有公共数据授权运营平台的整体架构可以进一步整理为如图 8-3 所示的“两端三横四纵”架构。

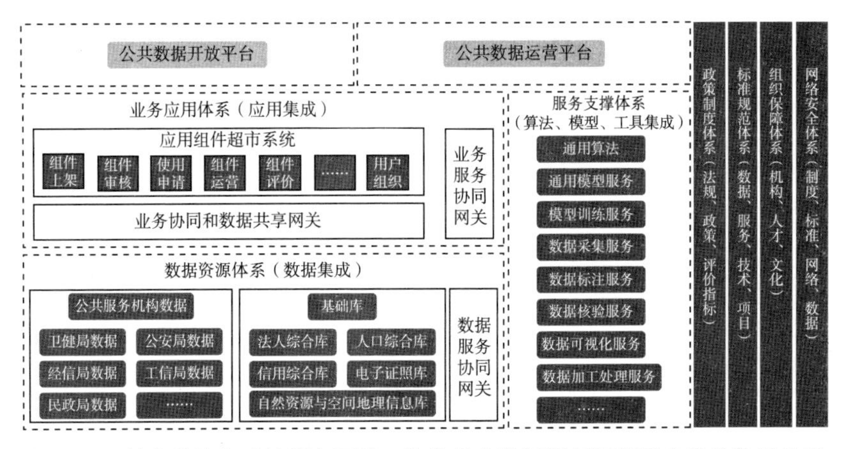

图 8-3 社会化信息系统视角下的一体化公共数据授权运营平台的总体架构图

其中，“两端”包括公共数据开放平台和公共数据运营平台。公共数据开放平台面向所有主体，免费开放相应的公共数据。而公共数据运营平台是面向数据流通，通常为有条件开放。“三横”对应社会化信息系统的三大技术体系，包括数据资源体系、服务支撑体系、业务应用体系。“四纵”代表政策制度体系、标准规范体系、组织保障体系和网络安全体系等通用的保障体系。

8.4.1　公共数据授权运营平台中的“两端”

1. 公共数据开放平台：政务数据的开放入口

公共数据开放平台通常是政府或其他组织为公众提供公共数据的免费入口。公共数据开放平台可以促进政务信息透明、创新和数据共享，让公众和开发者能够访问、利用和分析各种类型的公共数据，以便用于研究、决策制定、应用开发和社会改进。这些公共数据通常包括政府部门、学术机构、非营利组织或私营企业合作提供的数据，涵盖各个领域，如经济、环境、社会、交通、医疗和教育等。由于公共数据开放平台往往直接提供数据，回避了跨域的场景，在此就不再具体展开。

2. 公共数据运营平台：成熟完善的数据产品或服务入口

公共数据运营平台为社会提供了公共数据产品便捷服务的统一入口，通常由政府授权，企业或组织进行集约统筹建设，以市场化的方式运营。公共数据运营平台可以为金融、医疗、航贸金、交通、商贸、文旅等各领域的多个场景提供相应的数据产品或服务，旨在落实公共数据运营路径，是开展数据要素市场化配置改革的重要载体，为此该平台往往需要具备数据登记确权、业务流程标准化以及数据动态定价等典型跨域场景。

（1）数据登记确权。数据权属界定不明确是公共数据授权运营需要面对的第一个关键挑战。2022 年 12 月，《中共中央 国务院关于构建数据基础制度更好发挥数据要素作用的意见》（又称“数据二十条”）创造性地提出“数据资源持有权、数据加工使用权、数据产品经营权”的三权分置模式①，形成了具有中国特色的数据权

---

①　高技术司．一图读懂｜数据二十条．2022－12－20．https://www.ndrc.gov.cn/xxgk/jd/zctj/202212/t20221219_1343636_ext.html.

属模式。在实践过程中，进一步在数据产品经营权的基础上定义数据产品使用权。具体而言，数据产品使用者是指通过数据要素流通交易获得数据产品使用权的主体。在实践中，数据产品使用者在使用数据产品时，不一定具备数据加工的权属，因此需要借助数据产品使用权这一权属概念来进一步明确数据资源的加工和数据产品的使用。在此基础上，在数据资源体系的支撑下，我们可以构造两级市场登记确权体系，以实现公共数据授权运营平台的确权与授权机制。

具体而言，在一级市场确权链上，数据资源的持有方在将原始数据加工处理为数据资源后，需要通过数据确权登记平台完成数据持有权的登记与确权；此外，数据资源的持有方可以对已经提交过申请的机构/企业等数据开发方进行数据加工使用权和数据产品经营权的授权。此时登记的主要是持有的数据资源相关的信息，包括数据资源名称、原始数据采集方式、采集范围、分类分级、允许的用途、允许的加工方式等内容。

二级市场主要针对数据产品，主要是数据产品提供方上架相应的产品，数据产品需求方通过公共数据运营平台，获取数据产品使用权的过程。数据产品使用权主要是通过交易合同等方式进行约束与存证，对于数据 API 类的产品，可以通过接口封装和接口路由对产品使用进行监控与管理。此时，确权登记平台上登记的是加工完成的数据产品信息，包括产品名称、数据来源、加工方式、采用技术架构、应用场景、产品性能等，明确数据产品和相关数据资源的关系。

显然，为了实现上述二级市场确权和授权机制，公共数据一方面需要依托数据资源体系组织形成数据资源，另一方面则需要通过服务支撑体系构建数据产品，包括数据服务以及模型服务，在此基础上才能实现有效的确权登记以及授权。

（2）业务流程标准化。在公共数据运营平台的运营实践过程中，业务的标准化成为有效运营的关键。即需要围绕数据的流通，建立一整套相对完善的机制与流程，包括市场身份准入机制、交易平台使用机制、数据供需撮合匹配机制、数据流通监管机制、数据产品准入机制、数据交易流程、交易契约存证机制等，并将其固化到交易平台中。

在业务流程标准化的基础上，围绕数据协同开发的协作标准化成为关键。协作标准化的目的有两个：一是协助满足数据持有权方或数据加工权方等不同组织和机构完成对原始数据、数据资源的治理和交付；二是构建政府、企业、社会多方协同，实现跨域公共数据流通以及协同业务的开展。为此，公共数据运营平台需要支撑三方面的标准化能力，具体包括：

第一，数据资源全生命周期流程标准化。在平台上除了能完成数据采集、加工、分析、服务、流通等基础标准外，还能够落实数据质量监控、数据脱敏、元数据管理等其他标准。

第二，数据资源和服务分级分类管理标准化。数据分级分类基础性工作有助于夯实数据按级别开放、数据确权授权、交易流通等基础性工作。

第三，数据业务协同安全保障体系标准化。以“区块链＋可信空间”作为技术支撑，通过数据溯源、智能合约等服务支撑和业务协同技术，实现公共数据的跨域共享。

为此，公共数据运营平台，一方面需要依托数据资源体系构建数据资源全生命周期管理体系，涵盖全生命周期流程和分级分类标准化操作；另一方面，需要通过服务支撑体系和业务应用体系，支撑围绕公共数据的跨域业务的快速构建和安全部署。

（3）数据动态定价。数据定价是当前公共数据授权运营场景中探索实践的前沿和挑战，还未形成统一的定价体系。市面上的数据定价方法主要有三种：成本法、收益法和市场法。其中，成本法以生产费用价值论为理论基础，考虑单位产品的可变成本与固定成本，加上单位商品的交易利润以确定产品价格，适用于市场不活跃的场景；收益法依据效用价值论，将数据的预期收益值作为数据估值，适用于预期收益确定且可量化的场景；市场法依据均衡价值论，以市场中参照物的市场价格为基础进行调整，适用于市场较为成熟的场景。

公共数据授权运营场景下，由于公共数据的公益属性，往往需要依据数据质量，综合成本法、收益法和市场法来定价。更重要的是，数据资源在流通交易和协同开发过程中，会随着开发利用过程提升质量，明晰业务场景，体现出价值的动态性。因此，在实践中，我们探索基于评价的数据产品两阶段定价法：新品上架阶段的产品初定价，产品成长阶段的产品价格在给定的预期上下限内基于用户评价和用户价格敏感度上下波动。

第一阶段为新品上架阶段，数据流通和应用场景较少，数据产品的应用价值和品牌价值难以直接评估，定价合理性也不好评估，可以在综合考虑数据质量、数据应用范围、开发治理成本、目标收益等因素的基础上，通过成本法和收益法设定初定价。

第二阶段为产品成长阶段，基于积累的流通和应用场景，可以基于客户评价和客户属性动态调整，在限定范围内进行动态调价，结合市场法实现优品优价，维护市场良好生态。

因此，为了支撑对公共数据的动态定价，一方面，需要通过服务支撑体系，在开发利用过程中持续提升数据服务和模型服务的质量；另一方面，需要在业务应用体系支撑下实现多方主体协同过程的跟踪和分析，基于数据服务在跨域业务中的实际应用情况来实现动态定价。

8.4.2　公共数据授权运营平台中的“三横”

为了支撑对公共数据的有效授权运营，公共数据授权运营平台在数据资源体系、服务支撑体系以及业务应用体系中主要包含以下关键技术模块。

1. 数据资源体系

数据资源体系是由数据目录、归集、治理、共享和流通等若干系统组成的数据底座，是公共数据授权运营平台中公共数据资源集中存储、调度、供给、使用的总承载、总枢纽。数据资源的建设具体包括五个方面，实现以数据为中心、数据与组织分离以及数据对象化和标签化的特性。

一是数据资源目录建设，构建统一的全域数据资源目录，并进行分级分类维护、动态管理、协同应用，做到一数一源、同步更新。

二是数据归集，通过公共数据授权运营平台，各部门可以将其公共数据资源在逻辑上归集到一起。

三是数据治理，建立统一的标准规范，对所有来源的公共数据资源进行相应的治理工作，让数据可用、好用、易用，为数据开放共享、授权运营提供高质量的数据供给。

四是基础库，在以对象为中心的数据资源组织模式的基础上，统一建设人口综合库、法人综合库、信用综合库、电子证照库、自然资源与空间地理信息库等五大基础库，为各类应用或数据产品服务提供基础的数据支撑。

五是机构数据视图，在基础库的基础上，基于公共服务各个机构的业务和场景，对相关数据资源进行标记和识别，构建数据对象化和标签化体系，在对象化和标签化体系的基础上构建部门数据对象知识图谱，以此支撑对数据资源的高效识别和有效组织。

2. 服务支撑体系

服务支撑体系在公共数据授权运营平台中起到了承上启下的作用，对底层数据资源体系中的数据进行相应的加工处理分析实现服务化后，将数据连接到具体的上层业务应用中。

公共数据的服务支撑体系在数据和模型服务化的基础上，实现对相关算法、模型和工具的集成，并且可以通过相应的接口来调用外部主体开发的数据采集、可视化分析、核验以及模型联合训练等服务。以成都市公共数据运营服务平台为例（见图 8－4 和图 8－5），根据相应的公共数据资源，可以对外提供数据核验、数据补全、分析报告以及人像比对、全国人口身份信息二要素核验等数据服务和模型服务，这些服务可以被外部的业务应用调用，满足动态场景的需求。

3. 业务应用体系

公共数据授权运营平台的业务应用体系是实现跨系统、跨组织、跨地域、跨业务互联互通的关键所在，是实现数据协同和业务协同的“工具箱”。业务应用体系包括应用组件超市系统、业务协同和数据共享网关、业务服务协同网关。其中，应用组件超市系统

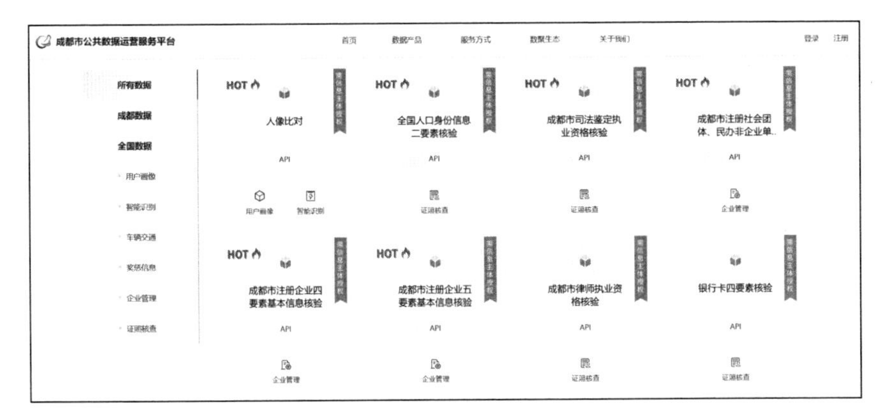

图 8－4　成都市公共数据运营服务平台“数据产品页”

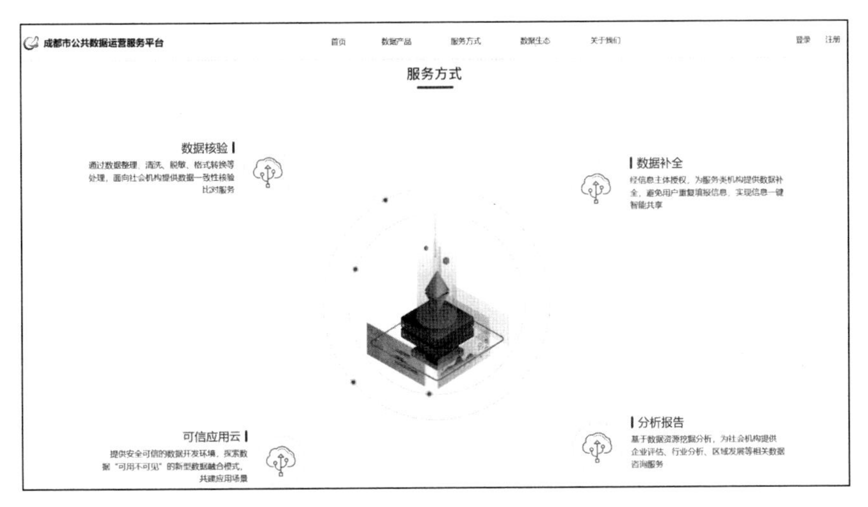

图 8－5　成都市公共数据运营服务平台“数据服务页”

是不同主体根据自身的需求，在进行业务开发时，对可重复利用或者具有自己特色服务的标准化软件工具的使用免费或者收费，以组件的方式接入公共数据授权运营平台，方便其他主体利用，避免重复开发，同时节约成本。此外，其他主体在使用其他用户的组件时也需要相应的申请，通过审核之后才可调用。业务协同和数据共享网关以及业务服务协同网关则是对数据 API 接口和服务

API 接口进行管理，以支撑不同系统、组件实现业务协同和数据服务共享。

8.4.3 公共数据授权运营平台中的“四纵”

1. 政策制度体系

政策制度体系是有效支撑公共数据授权运营平台规划、建设、运行和维护的制度保障，通过在平台的功能定位、公共数据开放、授权运营和安全管理等方面制定一系列政策条例文件来构建覆盖数据、应用、服务以及平台在内的制度体系。

2. 标准规范体系

标准规范体系是参照国家相关政策文件和标准要求，在国家信息化标准安全体系框架下，围绕平台的规划、建设、运营和维护制定的一系列业务与技术标准规范，包括建立统一的、标准化的公共数据资源目录体系、业务流程、数据服务等内容。

3. 组织保障体系

组织保障体系主要是对公共数据授权运营平台涉及的主体区分相应的权力责任，明确其行为规范，建立相应的管理措施，完善跨部门、跨领域、跨层级的高效业务协同机制，形成相对完善的工作体系和评价体系。

4. 网络安全体系

网络安全体系是公共数据授权运营平台平稳运营的重要屏障，建立关键信息基础设施、公共数据和个人信息安全保护体系，构建覆盖物理设施、网络、平台、应用、数据的安全防护网络，从而提升网络安全主动防御、监测预警、应急处理、协同治理等能力。

8.5 小　结

本章我们对公共数据授权运营的实践进行了简单的探讨，从公共数据的概念和内涵入手，讨论公共数据授权运营的跨域数据治理特点，讨论其社会化信息系统的特征。在介绍国内外公共数据运营实践模式的基础上，我们利用跨域数据治理以及社会化信息系统理论框架和技术体系，对公共数据授权运营平台的实践进行梳理和解构，介绍其典型业务和三层技术体系的设计与实践。需要注意的是，由于公共数据授权运营的实践探索依旧处于早期阶段，不同运营平台在落地过程中的技术细节也存在较大区别，因此，我们并不着眼于介绍具体的技术细节，而注重从社会化信息系统构建的视角，介绍其总体架构，以此推动公共数据授权运营平台的进一步建设和实践。

第 9 章

数据驱动的智慧城市治理应用实践

城市治理是推进国家治理体系和治理能力现代化的重要内容，特别是随着数智时代的发展，数据驱动的智慧城市治理已经成为城市治理的核心。《中华人民共和国国民经济和社会发展第十四个五年规划和 2035 年远景目标纲要》明确提出，要“完善城市信息模型平台和运行管理服务平台，构建城市数据资源体系，推进城市数据大脑建设”“探索建设数字孪生城市”。开展数据驱动的智慧城市治理，旨在通过充分挖掘城市数据的潜在价值，促进数据在城市各领域的跨域流通和应用，形成新的城市治理模式和提升管理效率，为城市经济的创新和发展注入新动力。

然而，随着智慧城市治理实践的深入，跨域数据的异构性、数据流通共享不畅等问题制约了数据在城市管理中充分发挥作用，阻碍了城市管理应用实践的深入推进。因此，本章从跨域数据治理和社会化信息系统的角度审视智慧城市治理，并且聚焦智慧城市治理中的一个典型场景——井盖部件治理，以“解剖一只麻雀”的方式，介绍跨域数据治理以及社会化信息系统理论和技术体系的应用实践，以期为推进数据驱动的智慧城市治理提供指引。

9.1　智慧城市治理的基本概念和内涵

城市管理有狭义和广义之分。狭义的城市管理通常指市政管理，包括与城市规划、城市建设及城市运行相关联的城市基础设施、公共服务设施和社会公共事务的管理。广义的城市管理指对城市一切活动进行管理，包括政治的、经济的、社会的和市政的管理。①

相较传统治理模式而言，智慧城市治理将新兴技术和社会治理相结合，是政府创新社会治理模式的现代化选择，将带来社会治理精准化、治理主体多元化和公共服务科学化等新变革，需要从整体性角度考虑治理、技术和社会的多重逻辑关系。智慧城市中，与城市治理有关的因素统称为智慧城市治理，包括城市规划、政务、监测、决策等方面。结合智慧城市体系化、综合性的治理需求，在城市传统管理模式的基础上，智慧城市将呈现多样化的智慧治理新模式。

2020 年 3 月，习近平总书记在浙江考察时指出，运用大数据、云计算、区块链、人工智能等前沿技术推动城市管理手段、管理模式、管理理念创新，从数字化到智能化再到智慧化，让城市更聪明一些、更智慧一些，是推动城市治理体系和治理能力现代化的必由之路，前景广阔。智慧治理作为推动智慧城市发展的主要实现路

① 上海市住房和城乡建设管理委员会. 像绣花一样管理超大城市：城市管理精细化卷. 北京：中国建筑工业出版社，2021：50.

径，是全球治理理念在实践领域的深化革新，是现代信息技术赋能高质量政府治理的现实呈现。①

9.2 智慧城市治理场景下跨域数据治理面临的挑战

智慧城市治理是通过信息技术和大数据手段实现城市高效管理和优化服务的现代治理模式。在这一背景下，跨域场景下数据的治理问题成为智慧城市建设中的关键问题之一。在智慧城市治理场景下，跨域数据治理是在不同领域或部门之间整合、共享和管理数据的一种综合性治理模式，用以提高城市管理的综合水平。然而，在实践中，智慧城市治理场景下，跨域数据治理面临一系列挑战。

首先，跨域数据的异构性是一个重要挑战。传统的智慧城市侧重于各类信息技术与城市管理、社会治理、产业发展等领域的融合应用，忽视了信息化与城市之间的有机整体协调，导致产生了“信息烟囱”与“数据孤岛”。在实际应用中，不同部门和领域采用不同的数据标准、格式和技术，导致数据之间存在差异，难以直接整合和共享。解决这一问题需要建立统一的数据标准和接口，以便实现数据的互通互联。在新型智慧城市建设中，为实现城市精细化管理目标，需要在跨区域、跨行业的场景化多业务协同中，梳理孤岛系统中的数据资源，实现数据资源目录标准化，解决数据资产的确权问题，以及基础业务场景与数据元之间的关联关系构建问题。

① 张成岗，阿柔娜. 智慧治理的内涵及其发展趋势. 国家治理，2021（9）：3－8.

其次，数据跨域流通与协作不顺畅也是一个制约智慧城市治理的因素。在智慧城市中，涉及多个部门和机构，而它们之间往往存在信息孤岛和协同不足的问题。例如，在应对自然灾害时，需要交叉使用气象、交通、卫生等多个领域的数据，但部门之间的信息共享和协同机制并不完善，影响了灾害应对的效率。要实现跨域数据治理，需要建立有效的协同机制和沟通渠道，探索可协同的数据共享与流通管理体系和构建技术，支持异构系统的统一对接服务，促使不同部门之间共享信息、协同工作。

综上所述，智慧城市治理场景下，跨域数据治理面临诸多挑战，这些挑战正是社会化信息系统需要应对的。由于智慧城市治理是一个庞大复杂的巨系统，相比面面俱到的总体架构设计，本章采用“解剖一只麻雀”的方式，聚焦智慧城市治理中一个特定场景——井盖部件治理，介绍跨域数据治理和社会化信息系统技术体系如何有效支持该业务场景，为其他场景提供样例。

9.3 智慧城市治理场景案例：井盖部件治理

9.3.1 井盖城市部件管理的必要性

井盖是城市的重要部件之一，遍布城市的各个路面和角落。井盖的安全管理对人们的日常生活和生命财产有着重要影响。然而，“井盖吃人”“下水道要命”的悲剧在全国各地时有发生。2022 年 5 月 12 日，在陕西西安未央区惠西村村口，一名 3 岁男童因下水道的井盖被打开而落入下水道被冲走。从该事件可以看到，该区域市政设施建设不规范，对井盖的管理与修复不到位，造成了此次悲剧的发生。

遗憾的是，“井盖吃人”事件并非个例。据最高人民检察院统计，2019 年全国因井盖施工、管理、养护不当致人伤亡案件就有 155 件，造成 16 人死亡。① 导致事故发生的原因主要有井盖破损、井盖松动、井盖错位等。事实上，在城市治理场景中，诸如“井盖”这种不起眼但很“致命”的城市小部件遍及城市的各个角落，如何有效地检测这些城市部件的状态和情况，并及时维护和处理相应的故障和错误，进行有效的管理，是现代化智慧城市治理需要应对的最典型的场景。因此，本章我们通过智慧井盖管理系统的开发和设计，验证我们提出的社会化信息系统理论的普适性和有效性。

9.3.2 井盖城市部件的全生命周期管理

井盖部件的全生命周期管理可以划分成问题上报、核实立案、任务派遣、任务处理、任务反馈、核查结案、社会评价七个关键步骤。

1. 问题上报

城市管理的网格员或热心市民在发现问题井盖之后，通过随手拍等方式填写井盖问题类别、发生的地点、处理的紧迫性等相关信息将问题上报，发起整个井盖治理流程。

2. 核实立案

系统管理人员根据上报的问题，派遣工作人员进行现场核实，核实通过后进行立案处理。

---

① 3 岁男孩掉入下水道失联“井盖吃人”顽疾必须治!. https://news.cnr.cn/comment/cnrp/20220516/t20220516_525827932.shtml.

但是，在上报的井盖案件中，由于上报人员除了专业的城市管理网格员之外，还有各种身份、各种职业的人员，他们的专业水平参差不齐，因此上报的案件是否属实、上报问题描述是否精准、是否存在故意误报和重复上报的行为等情况可能会造成上报案件数量的急剧增长。如果按照传统的现场核实方式进行逐一核实，那么在处理井盖的开始阶段就会花费巨大的人力、物力和财力成本，这一环节的滞留同时也会引发后续多个环节的阻塞，进而耽误严重破损井盖的修复，造成不可预想的后果。

因此，区别于传统的现场核实方式，我们采用数据与模型双驱动技术，将线下转为线上，通过后台模型自动判断上报案件中的图片信息，判断该图片内容是否为井盖。若识别结果为非井盖，则将该案件废除并结案；若识别结果为井盖，则根据识别出的井盖破损程度判断该事件的处理优先级。以井盖面的破损识别情况为例，其可以分为 A、B、C 三种等级，其中 A 表示井盖严重破损，具体表现为井盖表面破损一半及以上，该等级说明井盖的危险等级高；B 表示井盖中度破损，具体表现为井盖表面破损较为明显，但破损面积不及整个井盖表面的一半；C 表示井盖轻度破损，具体表现为井盖表面有轻微的损坏或者几乎没有破损，该等级说明事件的优先级较低，可稍缓处理。

3. 任务派遣

经过核实立案之后，井盖修复的流程进入任务派遣阶段，根据数据库中的信息，可以查找到案件井盖的归属单位以及对应的单位负责人，单位负责人指定具体经办人并指定派遣日期，由具体经办人负责具体的处理。

4. 任务处理

在任务处理阶段，具体经办人对案件是否可处置进行判断。若不可处置，则案件返回派遣阶段；若可处置，根据参与人员数量、周边环境等因素，确定井盖修复的开始时间和完成时间。例如，若不是工程性措施，则要求 2 小时内到达现场，在 1 天内处置完毕并进入反馈阶段；若是工程性措施，则要求 2 小时内到达现场，在 7 天内处置完毕并进入反馈阶段。

5. 任务反馈

在完成任务处理之后，由具体经办人对处理后的效果以及实际完成时间进行反馈。

6. 核查结案

在该阶段，指定核查人（案件核查员）对案件进行核查。若核查通过，则该案件结案，结束整个修复流程；若核查不通过，则判定案件核查驳回，后续重新进入任务处理阶段。

7. 社会评价

社会评价环节主要是针对大众设置的，例如附近居民对本次修复井盖的过程是否满意，包括维修人员是否及时到达现场、现场处理的安全保护工作是否合理等方面，对整个案件处理给出 0～10 分的评分，其中 10 分表示十分满意，0 分表示非常不满意。社会评价不仅能从一个角度对相应部门的工作质量进行考核，还能让大众参与城市管理，通过服务的形式让市民参与互动。

9.4　基于社会化信息系统技术体系的井盖部件治理

9.4.1　数据资源对象化

在井盖城市部件管理的案件中，通过问题上报、核实立案、任务派遣、任务处理、任务反馈、核查结案、社会评价这七个环节，将所需的数据资源在不同的部门和区域流转，其中的过程主要涉及上报人员、核实人员、经办人员等的身份数据信息，也涉及井盖部件、破损处理单位/企业公司的法人数据信息。因此，我们将这一案例中的数据资源归纳为三大类对象（见图9-1）：一是以自然人为对象的人口数据，二是以企业为对象的法人数据，三是以城市部件管理为对象的事项数据。

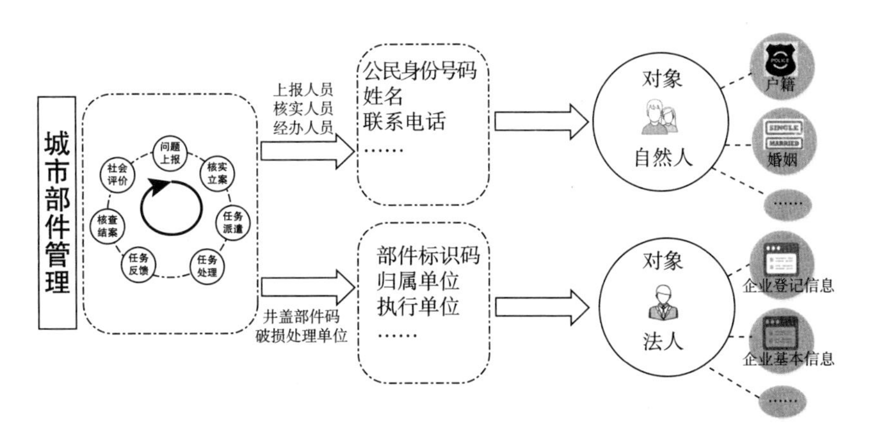

图9-1　数据资源对象化示例

1. 标准/规范构建

为了将上面列举的自然人、法人、城市部件管理这三个对象化的数据资源进行关联，即能够在实际应用场景中将同义不同名的字段对齐，第一步的工作就是构建三个库中的标准元数据信息。

（1）国家/地方/行业标准的管理。

为了提高标准化水平、加强信息共享以及推进信息化建设，地方、行业等颁布了不同领域的标准，例如地方标准信息服务平台（https://dbba.sacinfo.org.cn）。该平台上的不同标准数据以 PDF 格式保存，标准的元数据可能以不规则的表格等形式存放于不同页面（见图 9-2），以《浙江省地方标准 人口综合库数据规范》为例，它按照信息所描述的内容属性类型进行一级分类、二级分类、三级分类并对三级分类底层对应的属性信息进行说明（见图 9-3 至图 9-5）。

图 9-2　地方标准信息服务平台界面

以《浙江省地方标准 人口综合库数据规范》的管理为例，通过依次操作，导入 PDF 文件、自定义标准目录的名称、构建等步骤，将文件中的标识符、数据元名称、说明等信息结构性地抽取出来，存放于目录下进行管理（见图 9-6）。

ICS 01.040.03
A12

DB33

浙　江　省　地　方　标　准

DB33/T 2234-2019

人口综合库数据规范

Data elements specification for integrated information database of population

2019-12-30 发布　　2020-01-30 实施

浙江省市场监督管理局　发布

图 9-3　《浙江省地方标准 人口综合库数据规范》示例 1

分面	一级分类		二级分类		三级分类	说明
B	A	基本信息	1	登记信息	基本登记信息	自然人在政府部门登记注册的信息
					身份证件信息	自然人证明身份的信息
			2	生理状态	出生信息	自然人个体的出生信息
					生理体征	自然人个体的生理体征信息
					死亡信息	自然人个体的死亡信息
			3	家庭信息	户籍信息	自然人户籍相关的信息
					婚姻信息	自然人的婚姻状况相关的信息
					户籍迁移信息	自然人的户籍迁移相关的信息
					亲缘关系信息	自然人的血亲相关的信息

图 9-4　《浙江省地方标准 人口综合库数据规范》示例 2

类目	标识符	数据元名称	说明	数据元格式	值域	提交机构
基本登记信息	DA010001	公民身份号码	身份证件上记载的、可唯一标识个人身份的号码	C18	参考 GB 11643	省公安厅
	DA010002	姓名	在户籍管理部门正式登记注册、人事档案中正式记载的姓氏名称	C..100		省公安厅
	DA010003	曾用名	公民过去在户籍管理部门正式登记注册、人事档案中正式记载并正式使用过的姓氏	C..100		省公安厅
	DA010004	性别	自然人的男女性别标识	C1	参考 GB/T 2261.1	省公安厅
	DA010005	出生日期	出生证签署的，并在户籍部门正式登记注册、人事档案中记载的日期	YYYYMMDD		省公安厅
	DA010006	民族	个人所属的、经国家认可在户籍管理部门登记注册的民族名称	C2	参考 GB/T 3304	省公安厅
	DA010007	国籍	公民所属的、并经认定具有特别地理和政治意义的国家	C3	参考 GB/T 2659	省公安厅
	DA010008	出生地国家和地区	自然人出生所在国家或地区	C3	参考 GB/T 2659	省公安厅
	DA010009	出生地省市县	自然人出生所在省市县	C6	参考 GB/T 2260	省公安厅
	DA010010	政治面貌	政治面貌是一个人的政治身份最直接的反映，是指一个人所属的政党、政治团体	C2	参考 GB/T 4762	省公安厅
	DA010011	宗教信仰	自然人的宗教信仰	C2	参考 GA 214.12	省公安厅、省民宗委等

图 9－5 《浙江省地方标准 人口综合库数据规范》示例 3

图 9－6 《浙江省地方标准 人口综合库数据规范》管理详情

（2）自定义规范的构建。

除了国家/行业/地方颁布的标准之外，还可以对自定义的规范进行构建与管理。根据模板的数据格式要求，填写自定义的数据规范并导入。对上面提到的三个对象化的数据，将采用“自定义规范的构建”的方式进行对应标准的构建（见图 9－7 至图 9－9）。

导入数据元

请先在左侧创建标准目录
点击区域或拖拽文件到此处导入，支持.xlsx文件类型。

下载.xlsx模板

导入　取消

图 9－7　自定义规范数据的模板下载

	A	B	C	D	E	F
1	* 数据元名称	* 标准编码	* 标准目录	数据元别名	业务定义	标准来源
2	事件序列号	A0001	井盖服务场景		井盖损坏事件的序列号	
3	上报人姓名	A0002	井盖服务场景		上报该事件的人员姓名	
4	公民身份证号	A0003	井盖服务场景		公民身份证号	

图 9－8　自定义规范的示例数据

数据元名称	Code	业务定义	状态	最新更新时间	操作
上报时间	A0006	上报时间	• 已发布	2023-07-29 01:31:58	下线
部件標识码	A0005	井盖的标识码	• 已发布	2023-07-29 01:31:58	下线
联系电话	A0004	联系电话	• 已发布	2023-07-29 01:31:58	下线
公民身份证号	A0003	公民身份证号	• 已发布	2023-07-29 01:31:58	下线
上报人姓名	A0002	上报该事件的人员姓名	• 已发布	2023-07-29 01:31:58	下线
事件序列号	A0001	井盖损坏事件的序列号	• 已发布	2023-07-29 01:31:58	下线

图 9－9　自定义规范的管理详情

2. 元数据特征生成与模型构建

元数据特征生成的主要工作是按照某一标准定义的所有数据元，提供满足元数据定义要求的训练样本，进行模型训练，抽象出标准中每个数据元的特征。图 9－10 给出了城市部件井盖“破损处理”任务的训练样本（仿真数据）。训练模型本质上是基于表格中每一列数据的特征，以及共同出现在同一个表格中的不同字段之间的相关性特征，训练出某个字段的模型特征。

	A	B	C	D	E	F	G
1	事件序列号	执行单位	具体经办人	经办人电话	开始时间	要求完成时间	实际完成时间
2	SJ69197 2	中国 州子公司	宋 梅	157 443	2022-07-09	2022-07-15	2022-07-09
3	SJ61842 27	中国 州子公司	周 兰	180 611	2022-09-03	2022-09-09	2022-09-10
4	SJ22326 70	市市 处	吴 娟	135 402	2022-09-04	2022-09-08	2022-09-10
5	SJ32783 27	中国 州子公司	伊	181 294	2022-09-11	2022-09-18	2022-09-11
6	SJ68759 78	市市 处	雷 荣	182 875	2022-12-02	2022-12-07	2022-12-02
7	SJ23542 08	市市 处	周	187 549	2022-09-04	2022-09-07	2022-09-05
8	SJ04530 1	中国 州子公司	王 军	137 054	2022-08-12	2022-08-17	2022-08-14
9	SJ99668 09	市市 处	李	157 268	2023-01-08	2023-01-13	2023-01-14

图 9-10　井盖“破损处理”任务仿真数据示例

通过选择“对齐标准”，填写模型名称、模型描述信息，上传训练数据这三个步骤完成模型的构建，并在后台进行模型的训练，构建完成的模型为后续的元数据标准化提供了基础（见图 9-11）。

图 9-11　新建模型

3. 元数据标准化

当前，不同业务系统中元数据命名与其对应的标准不统一问题很普遍，这意味着业务系统的数据库中的元数据没有按照标准规范命名。元数据标准化的目标是通过“元数据特征生成与模型构建”生成的特征模型将特定数据库中的元数据标准化。具体而言，特征模型可以自动将数据库中的每个字段与已有的数据元对齐。

在进行元数据标准化时，首先需要选择待标准化的数据表，例如在图 9－12 中，选择“井盖服务场景数据库”中的“井盖破损案件信息表”。然后选择使用“井盖服务场景数据标准”训练出的特征模型进行标准化。该模型将列名的标注任务转化成匹配任务，即将待匹配的字段与已知标注的每个类别进行匹配，找出最相关的那一类作为其标注的数据元名称。如图 9－13 所示，原始数据的 sjxlh、Name、TELNO 等属性被对齐到事件序列号、上报人姓名、联系电话等字段。

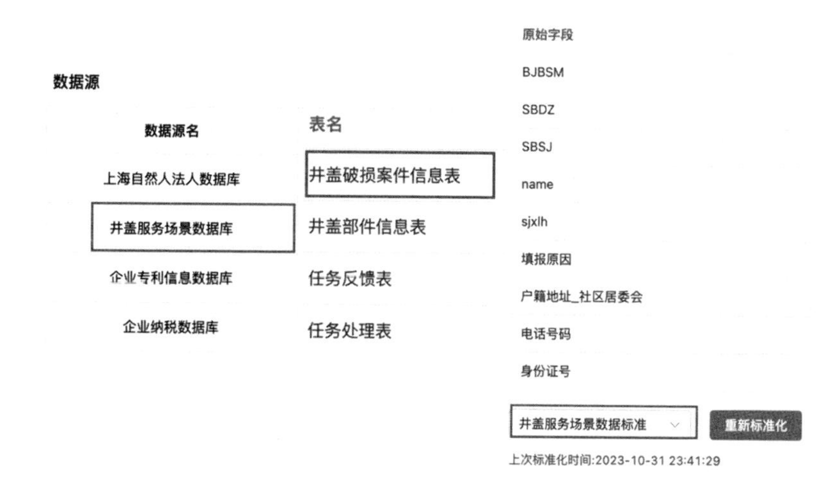

图 9－12　城市部件井盖管理——标准化示例

井盖破损案件信息	事件序列号	上报人姓名	联系电话	上报时间	上报地址	上报原因
	sjxlh	Name	TELNO	SBSJ	Address	填报原因
	SJ7973574597	李洋	15268494720	2022-04-28	天成路与明月桥路交叉东100米	破损超过50平方厘米
	SJ1237480387	曾秀荣	15862005180	2022-11-08	新塘路3号	井盖边缘破损
	SJ1516300141	郭玉珍	13855874711	2022-12-10	晨晖路203号（广仁小区对面）	井盖弹跳且明显影响安全
	……					

图 9－13　字段标准化示例

4. 元数据地图与资产概览

在将不同业务系统中的元数据标准化后，可以将不同名但同义的字段对齐到同一标准数据元。例如，城市部件管理库、人口库、法人库等不同信息系统中都有公民身份号码等信息，将这些信息系统的元数据标准化之后，可以通过元数据地图工具展示每个标准的数据元在哪些信息系统中用到过，从而为“一数一源一标准”以及对象知识图谱构建提供基础。如图 9－14 所示，在元数据地图中，可以清楚地看到，浙江法人数据库的资本_出资信息数据表中的 TZRSFZHM（投资人身份证号码）、井盖服务场景数据库的井盖破损案件信息表中的身份证号、浙江法人数据库的企业基本信息数据表中的 FRSFZHM（法人身份证号码）、浙江自然人数据库的公安_户籍数据表中的 GMSFZHM（公民身份证号码）等都对应到公民身份证号码这一标准数据元中。

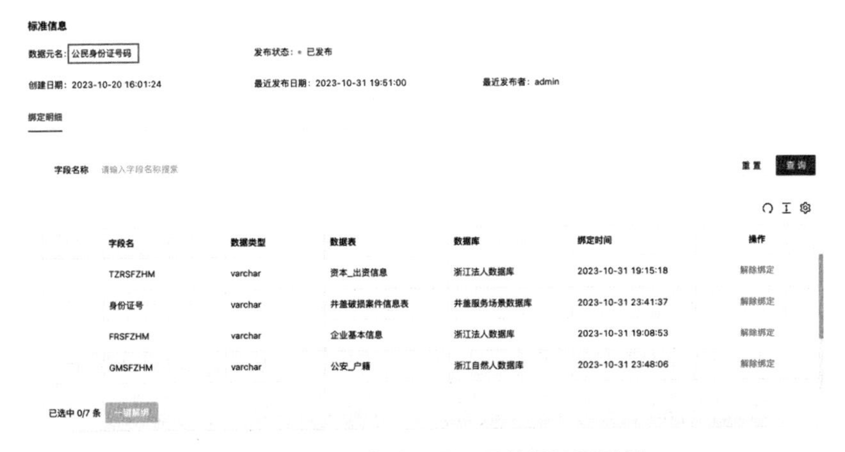

图 9－14 公民身份证号码元数据地图示例

同时，如图 9－15 和图 9－16 所示，资产概览可以展示数据资产标准化的统计信息和标准的分布情况。

数据源统计

数据库总数	数据表总数	字段总数
9	54	536

标准化程度

标准维度　数据维度

标准名称	标准化数据库数量	标准化数据表数量	标准化字段数量
井盖服务场景数据标准	2	7	32
企业专利数据标准	1	2	22
企业纳税数据标准	1	2	13
入学条件（学区房）数据标准	1	4	30

图 9－15　标准化统计信息

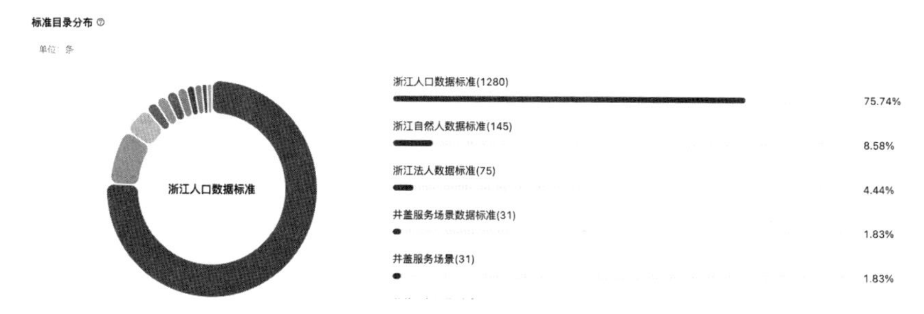

图 9－16　标准分布情况

5. 对象化图谱构建

在社会化信息系统中，对象可以是自然人、法人等。这些对象具有唯一的标识码，例如自然人是公民身份证号码，法人是统一社会信用代码。通过元数据标准化工具，将分散的信息系统中的公民身份证号码、统一社会信用代码等对齐到同一标准中，从而将同一对象分散在不同信息系统中的数据逻辑汇聚起来，即具有相同唯一标识码的数据都是标识同一对象的不同数据维度。

经过元数据标准化之后，选择井盖服务场景数据库中的“井盖破损案件信息表”“井盖部件信息表”，浙江法人数据库中的“企业基本信息”“纳税_纳税记录”“资本_专利”，浙江自然人数据库中的“公安_户籍”“卫生_医疗”“社保_医保”“社保_就业”信息，针对统一社会信用代码、公司名称、公民身份证号码、姓名这些字段，进行对象化图谱的构建。

以上报人上报自己的身份信息以及破损井盖的部件信息这一事件为例，从图 9-17 可以看出，可以将该上报人（自然人）散落在公安_户籍、社保_就业等信息系统中的数据汇聚起来，将井盖部件信息表中的归属单位（企业）信息散落在浙江法人数据库中的纳税_纳税记录、企业基本信息等信息系统中的数据汇聚起来。

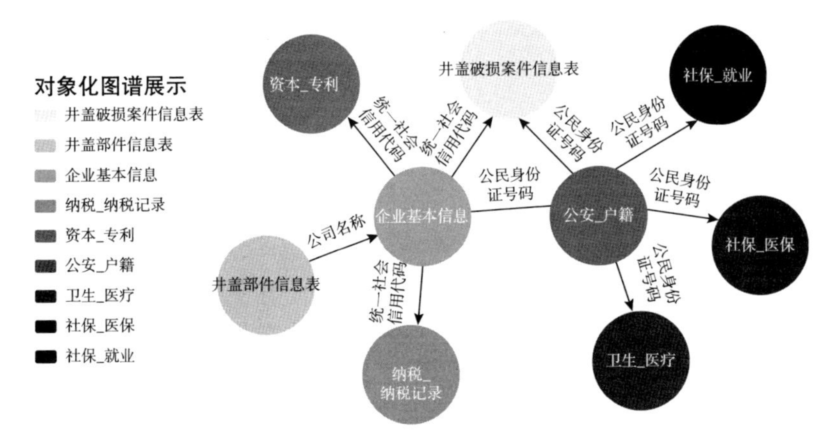

图 9-17 “城市部件井盖—自然人—法人”模式图谱示例

下面以模拟事例来描述“城市部件井盖—自然人—法人”对象化图谱（见图 9-18）：公民身份证号码为 33010619600818595X 的赵英，上报了部件标识码为 T1102025666 的破损井盖（见图 9-19）。

经过前面的标准化后，如图 9-20 所示，通过赵英的公民身份证号码，将赵英在卫生_医疗中的个人信息、公安_户籍中的出生地、社保_医保中的社保编码、公安_居住中的居住证受理号等信息进行关联。

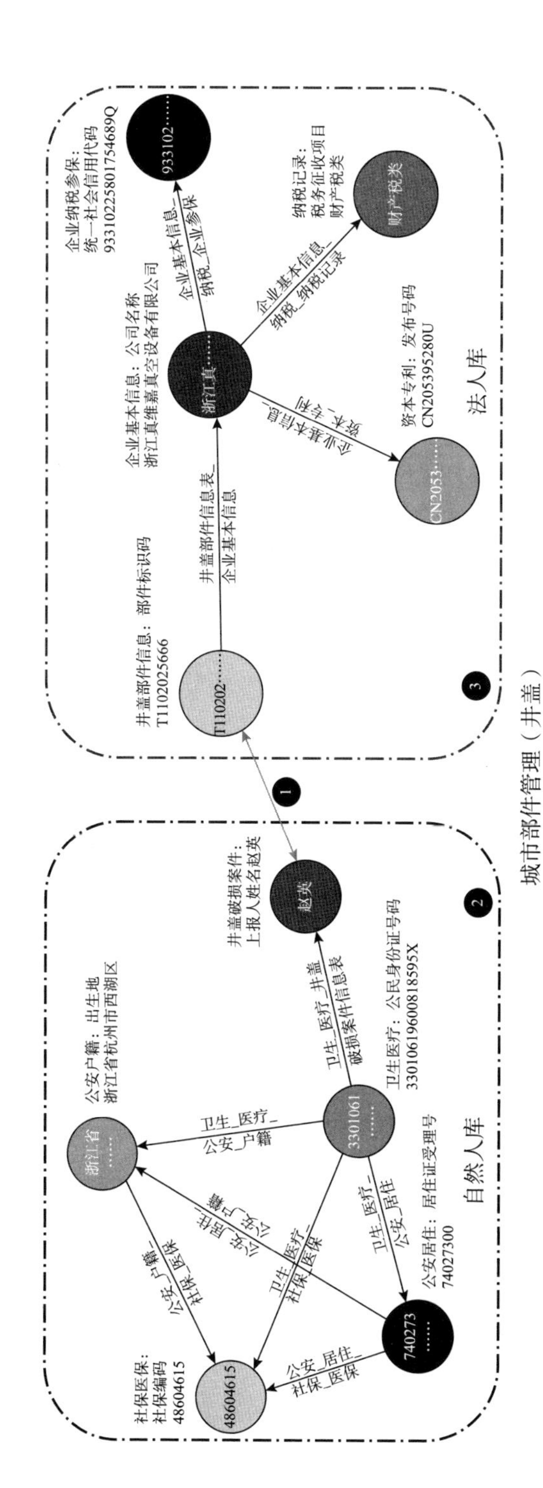

图 9-18 “城市部件井盖—自然人—法人”对象化图谱示例

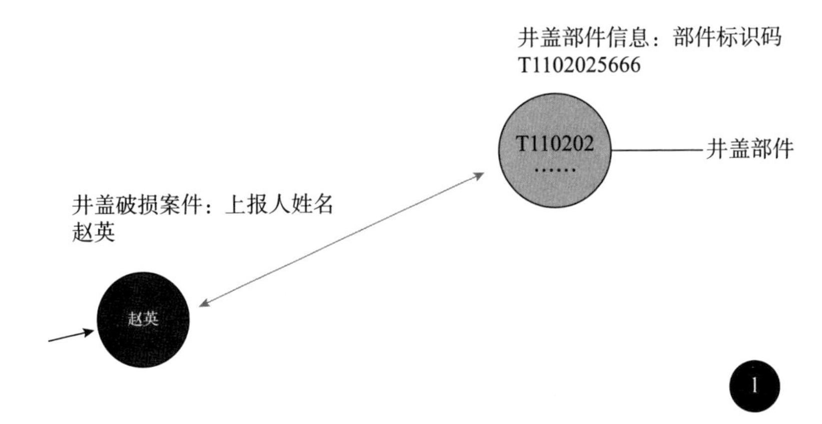

图 9-19 “上报人上报破损井盖”事例图谱表示

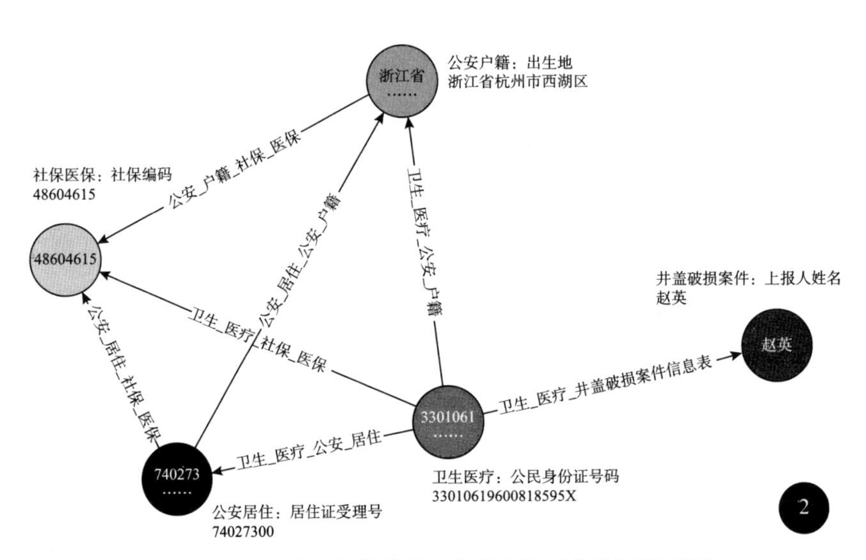

图 9-20 “城市部件井盖—自然人”对象化图谱示例

如图 9-21 所示，根据井盖的部件标识码 T1102025666，可以将该井盖的归属企业名称、企业纳税参保的统一社会信用代码等信息进行关联。

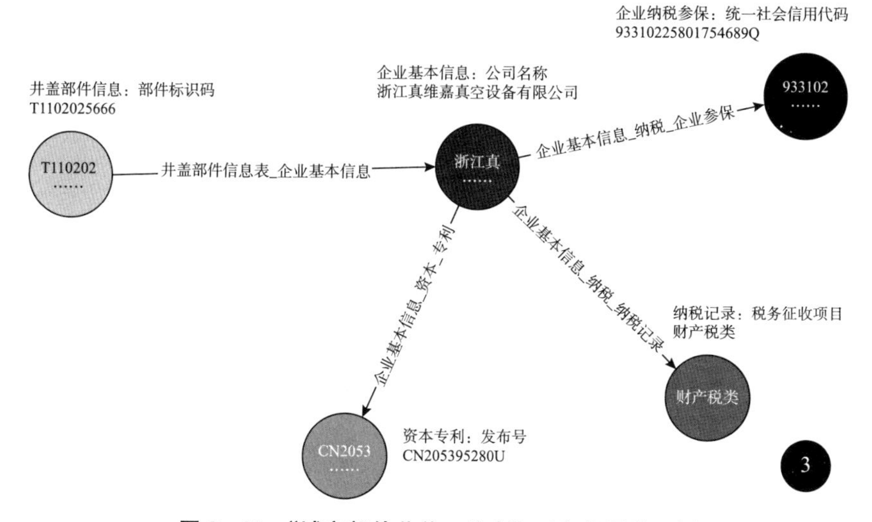

图 9-21 “城市部件井盖—法人”对象化图谱示例

9.4.2 数据服务化

1. 数据服务创建

用户能够基于数据库敏捷创建数据服务，在井盖城市部件管理场景中共涉及多个数据服务，以基于上报时间查询井盖案件信息为出发点，主要归纳为两条主线：一条主线为通过案件信息中的上报人身份证号查询人口库中相关自然人信息，另一条主线为通过案件信息中的井盖部件信息查询部件对应的企业相关信息。

下面以根据上报时间查询上报人身份证号来敏捷创建服务为例。

第一步，填写 API 的基本信息（见图 9-22）。

第二步，输入返回字段和条件过滤字段，查询服务生成方案以及自动生成 SQL（见图 9-23）。

第三步，输入请求参数的值，并进行测试（见图 9-24）。

图 9-22　API 信息配置

图 9-23　API 参数配置

图 9-24　API 测试

最后点击“保存”按钮，就完成了整个服务的敏捷创建。可以用这种关键字检索的低代码方式快速生成多个数据服务并进行展示和管理，数据服务展示界面如图 9-25 所示。

API名称	API唯一标识	类目	API类型	创建模式	数据源类型	API版	操作
自然人服务_公安_居住	17200612851120906...	跨库服务	服务API	向导模式	MYSQL	V1.3	编辑 上线 调试 ···
井盖服务_上报时间找部...	17200532968671846...	跨库服务	服务API	向导模式	MYSQL	V1	编辑 下线 调试 ···
井盖服务_上报时间找上...	17200512017745879...	跨库服务	服务API	向导模式	MYSQL	V1.2	编辑 下线 调试 ···
井盖服务_上报时间找上...	17200487700597350...	跨库服务	服务API	敏捷服务模式	MYSQL	V1.2	编辑 下线 调试 ···
查询井盖部件标识码	17061655699439001...	井盖服务	服务API	敏捷服务模式	MYSQL	V1.1	编辑 下线 调试 ···

图 9－25　数据服务展示界面

2. 模型服务构建

对于需调用外部服务的情况（如使用已训练好的模型），可以基于第三方服务功能快速接入注册。以井盖破损上报的自动筛选为例，现有井盖破损案件信息表（其中包含上报记录的现场图片），以及封装为接口的井盖破损程度识别模型能力。

先创建第三方服务，约定服务基本信息和提供方 URL（见图 9－26）。

图 9－26　第三方服务创建界面

通过流程化编排，根据上报时间获取上报图片和上述第三方服务，完成对某日上报事件的自动筛选（见图 9－27 和图 9－28）。

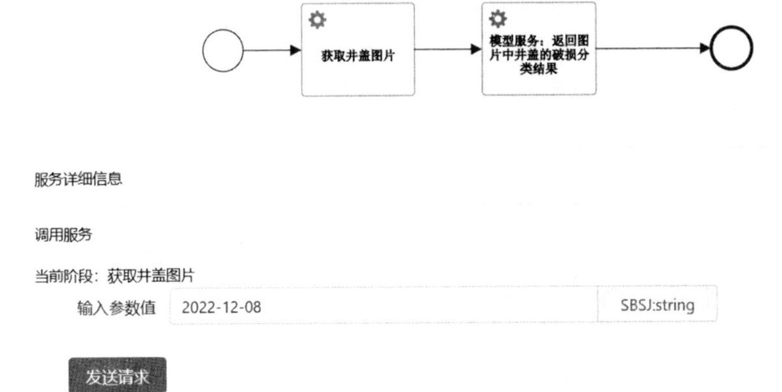

图 9－27　井盖破损识别编排界面

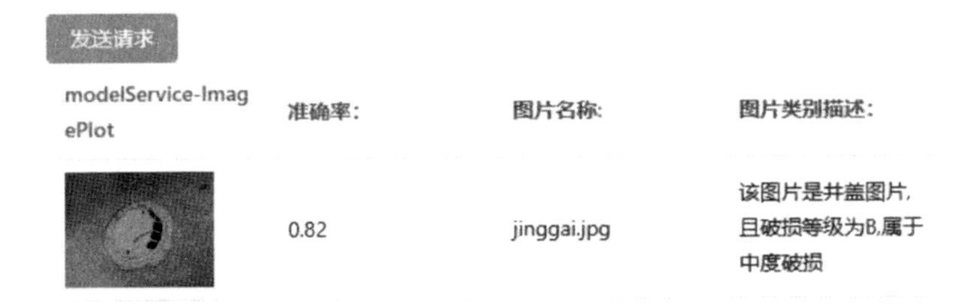

图 9－28　井盖破损识别调用结果

3. 服务管理

在完成服务的创建后，点击“上线”完成开发阶段，此时对应服务锁定无法更改（见图 9－29）。

API名称	API唯一标识	类目	API类型	创建模式	数据源类型	API版本	操作
	1684841232620195840		服务API	敏捷服务模式	MYSQL	V1	编辑 上线 调试 …
	1684450359159951360		服务API	敏捷服务模式	MYSQL	V1	编辑 上线 调试 …

图 9－29　服务上线界面

所有已上线的服务进入 API 管理界面（见图 9－30），在这一阶段可以查看服务基本信息（见图 9－31）并进行权限管理。

API名称	API唯一标识	类目	API类型	API版本	上线状态	上架状态	创建人	最近更新时间	操作
法人服务_公司名称找企业...	1720068581653352448	跨库服务	服务API	V1.1	• 已上线	• 已上架	admin	2023-11-03 09:40:10	授权　下架　日志
法人服务_公司名称找企业...	1720068581653352448	跨库服务	服务API	V1	• 已下线	• 待上架	admin	2023-11-02 21:22:00	授权　日志
并普服务_部件标识码找执...	1720066220662853632	跨库服务	服务API	V1	• 已上线	• 已上架	admin	2023-11-03 09:40:08	授权　下架　日志
自然人服务_公安_居住	1720061285112090624	跨库服务	服务API	V1.3	• 已上线	• 已上架	admin	2023-11-03 09:40:05	授权　下架　日志
自然人服务_公安_居住	1720061285112090624	跨库服务	服务API	V1.2	• 已下线	• 待上架	admin	2023-11-02 20:57:13	授权　日志
自然人服务_公安_居住	1720061285112090624	跨库服务	服务API	V1.1	• 已下线	• 待上架	admin	2023-11-02 20:55:31	授权　日志
自然人服务_公安_居住	1720061285112090624	跨库服务	服务API	V1	• 已下线	• 待上架	admin	2023-11-02 20:55:00	授权　日志

图 9－30　API 管理界面

× API名称：法人服务_公司名称找企业基本信息　已上线

基本信息　调用信息　版本

API唯一标识：1720068581653352448　API类目：跨库服务　API类型：服务API

创建模式：向导模式　当前版本：V1.1　创建人：admin

创建时间：2023-11-02 21:38:05　最近更新人：admin　最近更新时间：2023-11-02 21:38:05

描述信息：在法人库中，根据公司名称找到该负责公司的企业基本信息

数据源类型：MYSQL　数据源：mysql

数据库：浙江法人数据库　数据表：企业基本信息

```
1  SELECT
2  `FRWYBS` AS `FRWYBS`,
3  `TYSHXYDM` AS `TYSHXYDM`,
4  `ZZJGDM` AS `ZZJGDM`,
5  `GSLX` AS `GSLX`,
6  `GSMC` AS `GSMC`,
7  `FRXM` AS `FRXM`,
8  `FRSFZHM` AS `FRSFZHM`,
9  `ZCDZ` AS `ZCDZ`,
10 `DJJG` AS `DJJG`,
```

图 9－31　查看服务基本信息

其中，权限管理分为主动授权和申请审批，开发者可以将已上线的服务主动对任意用户约定调用信息后授权（见图 9－32），或处理来自其他用户的使用申请（见图 9－33）。所有的服务授权情况可以在已对外授权 API 中查看（见图 9－34）。

API授权 ×

API名称：法人服务_公司名称找企业基本信息

* 授权时长：◉ 短期 30天 长期

* 调用次数：◉ 自定义调用次数 10000 不限制

授权对象：◉ 用户

* 授权信息：user1 ×

取消 确定

图 9－32 API 授权信息

API名称	版本号	申请周期	审批状态	授权状态	申请人	申请时间	操作
井盖案件结案核查	V1	2023-10-02 ~ 2023-10-10	• 待审批	未授权	admin	2023-09-05 14:26:26	详情 立即审批 取消授权
	V1	2023-08-18 ~ 2023-09-23	• 已通过	已授权	admin	2023-08-18 21:23:51	详情 立即审批 取消授权
	V1	2023-08-17 ~ 2023-09-23	• 已通过	已授权	admin	2023-08-17 23:01:57	详情 立即审批 取消授权
查找房屋编号	V1	2023-07-28 ~ 2023-07-30	• 已通过	已授权	admin	2023-07-28 21:17:52	详情 立即审批 取消授权

图 9－33 审批授权

API名称	版本号	访问路径	类目	授权应用数	操作
法人服务_公司名称找企业基本...	V1.1	https://10.77.50.193/uniplore-data-api/search_corporation_info_by...	跨库服务	1	查看明细
井盖服务_部件标识码找执行单位	V1	https://10.77.50.193/uniplore-data-api/search_corporation_by_man...	跨库服务	1	查看明细
自然人服务_公安_居住	V1.3	https://10.77.50.193/uniplore-data-api/search_public_security_resid...	跨库服务	1	查看明细
井盖服务_上报时间找上报人	V1.2	https://10.77.50.193/uniplore-data-api/search_id_card_by_reportin...	跨库服务	1	查看明细
井盖服务_上报时间找部件标识码	V1	https://10.77.50.193/uniplore-data-api/search_manhole_cover_id_b...	跨库服务	1	查看明细

图 9－34 已对外授权明细

4. 服务市场

已上线的服务可以完成进一步的上架，通过审批后进入服务仓库（见图 9－35）。

在服务仓库，可以查看各个机构发布的服务基本信息，通过输入关键词检索关联的服务，查看详情确认后即可申请使用，待审核通过后即可使用（见图 9－36 和图 9－37）。

图 9 - 35　API 上架申请

API名称　请输入API名称　　重置　查询

API名称	创建用户	上架时间	描述	操作
法人服务_公司名...	admin	2023-11-03 09:40:10	在法人库中，根据公司名称找到该负责公司的企业基本信息	申请使用　详情
井盖服务_部件标...	admin	2023-11-03 09:40:08	通过井盖的部件标识码，查到该井盖修复的负责公司（执行单位）	申请使用　详情
自然人服务_公安_...	admin	2023-11-03 09:40:05	通过身份证号，在人口库中查找该自然人的公安_居住信息	申请使用　详情
	admin	2023-08-19 10:41:45		申请使用　详情

图 9 - 36　服务仓库

图 9 - 37　服务申请

9.4.3 跨域业务场景敏捷构建

1. 服务流程化构建

在面对新的跨域政务处理事务时，通常需要先分析整体流程，拆分为多个任务环节，并识别每个环节需要哪些数据支撑，然后在服务仓库中检索相应服务并完成申请授权。根据分析，以图形化的方式完成流程建模，对获取的服务完成整体编排，此后可以多次实例化流程，完成对此类事务的半自动化处理。

下面基于井盖城市部件管理的场景进行举例。

场景一：破损井盖治理。

在这一场景中，需要完成破损井盖治理全生命周期管理，主要包括破损井盖事件上报、破损情况自动化过滤、查看上报信息详情、人工核查、任务派遣、处理结果反馈、核查结案几个环节。分别对每个环节创建服务并进行编排，流程建模如图 9－38 所示。

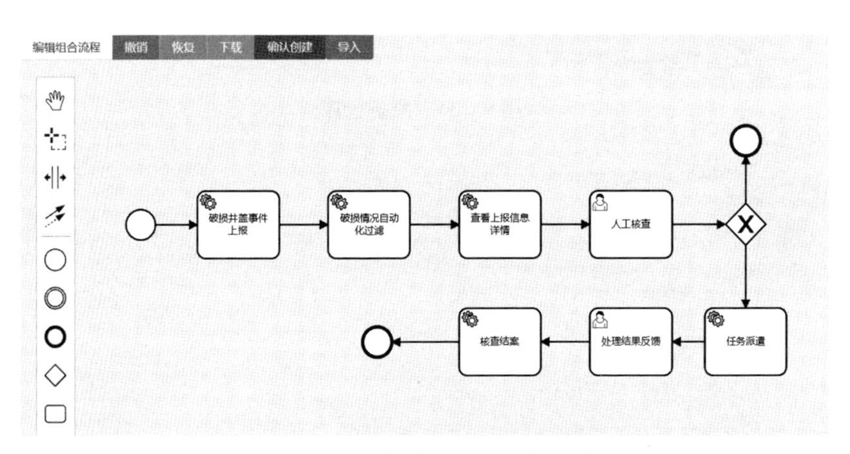

图 9－38 破损井盖治理流程建模

服务一：破损井盖事件上报。由上报方提供上报地址、破损情况、现场图片、上报人信息等详情，持久化上报记录。

服务二：破损情况自动化过滤。基于前文所述的模型服务，自动过滤无效上报记录中的破损图片，降低人工处理成本。

服务三：查看上报信息详情，人工核查。调取上报记录并进行人工核查，基于事件序列号查询井盖破损案件信息表，返回上报时间、联系电话、上报人姓名、上报原因、上报地址、公民身份证号、部件标识码等信息。经过人工核查后，若判定无须处理，则结束流程，否则进行下一步（见图 9-39）。

发送请求

上报时间	联系电话	上报人姓名	上报原因	上报地址	公民身份证号	部件标识码
2022-07-16	13354451811	曾秀荣	破损超过50平方厘米	杭州市天城路与明月桥路交叉口东100米	230128198712239142	T1102025666

图 9-39 查看上报信息详情

服务四：任务派遣。指定任务处理单位及经办人。

服务五：处理结果反馈。待任务处理完成后，录入处理结果，包括具体经办人、执行单位、开始处理时间、要求完成时间和实际完成时间等信息。

服务六：核查结案。事件负责人完成现场核验后进行结案，录入核查结果（见图 9-40）。

发送请求

处理效果	上报原因	核查情况
已修复	破损超过50平方厘米	通过

图 9-40 核查结果

场景二：基于井盖破损事件上报时间查询对应的负责企业信息。

场景一主要为城市部件管理域内各机构协作，场景二联合城市部件管理和法人信息跨域数据业务进行敏捷服务构建和编排。

场景二需要三个子服务：基于井盖破损事件上报时间在井盖破损案件信息表中查询部件标识码，根据部件标识码在井盖部件信息表中查询井盖的负责企业，根据企业名称在浙江法人数据库企业基本信息数据表中查询企业的基本信息，流程建模如图 9－41 所示。

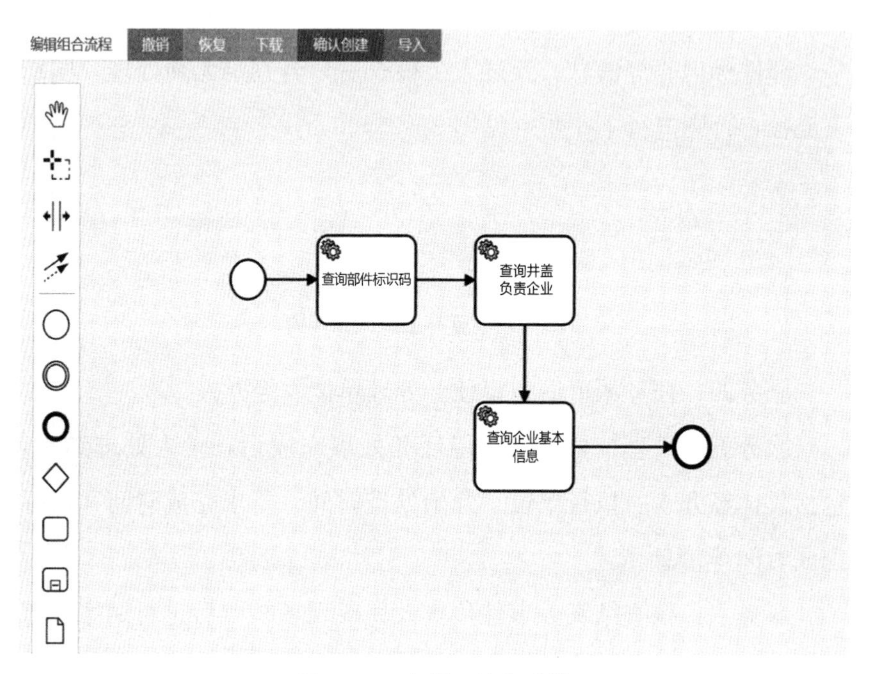

图 9－41　场景二流程建模

在实例化过程中的输入参数值：井盖破损事件上报时间（见图 9－42）。

最终处理结果为对应企业的基本信息（见图 9－43）。

2. 服务调用监控

服务的提供方为服务调用监控并保障服务质量，可查看已对外授权的服务调用记录。在服务管理界面可查看已上线的服务调用记录，主要包括调用方、调用时间、调用结果等信息（见图 9－44 和图 9－45）。

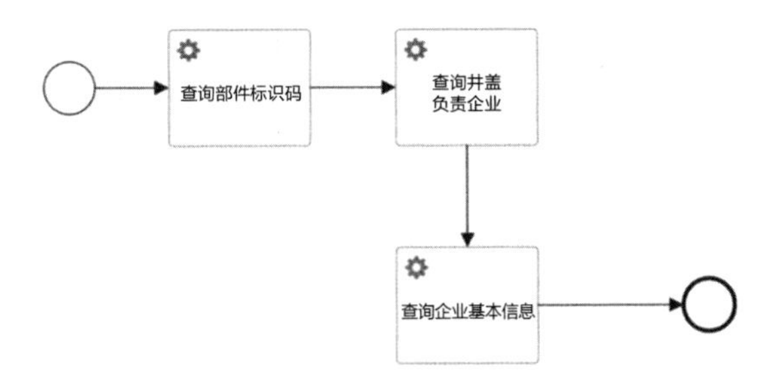

服务详细信息

调用服务

当前阶段：查询部件标识码

输入参数值 2022-07-16 上报时间:string

发送请求

图 9-42　场景二实例化

发送请求

币种代码	企业名称	法人身份证号码	法人唯一编码	法人姓名
CNY	浙江省宁波市象山县质量技术监督局	35058119950712929X	28641000687958334225	朱鑫

图 9-43　场景二服务结果展示

API名称	API唯一标识	类目	API类型	API版本	上线状态	上架状态	创建人	最近更新时间	操作
数据服务_查上报图片	1692919613576318976	跨库服务	服务API	V1.2	• 已上线	• 待上架	admin	2023-11-06 16:50	授权 上架 日志 监控
法人服务_公司名称找企业...	1720068581653352448	跨库服务	服务API	V1.1	• 已上线	• 已上架	admin	2023-11-03 09:40	授权 下架 日志 监控
法人服务_公司名称找企业...	1720068581653352448	跨库服务	服务API	V1	• 已下线	• 待上架	admin	2023-11-02 21:22	授权 日志 监控

图 9-44　服务调用监控入口

X 调用记录 法人服务_公司名称找企业基本信息

调用方	调用结果	调用时间	操作
admin	调用成功	2023-11-03 09:39:48	详情
user_683sxa	调用成功	2023-11-03 10:53:19	详情
user_683sxa	调用成功	2023-11-03 09:00:31	详情
user_683sxa	调用成功	2023-11-04 23:35:11	详情

图 9-45 服务调用监控记录详情

9.5 小 结

智慧城市治理涉及面广，不仅需要政府层面的政策支持、法规框架的制定和执行，也需要先进的信息技术手段来支持城市的可持续发展和高效管理。而数据驱动的智慧城市治理的基础在于对城市数据资源的治理，实现智慧城市场景下多方主体基于数据资源的高效协同。本章从社会化信息系统的视角来探讨数据驱动的智慧城市治理系统，特别是以井盖这一城市基础部件的管理为典型案例，基于社会化信息系统理论，介绍了围绕井盖部件的全生命周期管理，开展跨域数据资源对象化治理、跨域数据与模型服务化生成与管理、跨域业务场景敏捷构建，实现井盖城市部件管理中人、企、物之间的协同，验证了该理论和技术体系的有效性。尽管井盖这一城市部件的治理仅仅是一个精美的小案例，但它是城市治理的关键单元，映射出了智慧城市治理中基于跨域数据的跨层级、跨系统、跨部门、跨业务的有效协同，能够为复杂的智慧城市治理场景（如交通出行、设施管养、安全监测、社区服务、应急管理等）提供样例。

后　记

总结与展望

1. 总结

当今促进数智时代发展的一个核心路径和手段在于数据价值的高效释放。为此，构建“以数据为中心”的理论、技术和实践体系，有效支撑跨域数据治理和价值释放，是国家重大战略需求的时代诉求。本书围绕跨域数据治理，以数据价值高效释放为目标，针对跨域场景下数据资源和数据价值释放的特性，探索“以数据为中心、支撑跨域数据业务场景动态协同构建”的跨域数据治理与社会化信息系统构建理论，论述数据与组织分离和数据跨域流通、数据对象化和标签化组织、跨域业务快速构建和协同开发三个核心原则，剖析构建社会化信息系统所需的“数据资源—服务支撑—业务应用”三大技术体系，进而围绕这三层技术体系面临的核心挑战以及关键技术展开，为面向跨域数据治理的社会化信息系统构建提供技术基础，并且介绍这些技术在典型跨域数据治理场景（如公共数据授权运营以及智慧城市治理）中的实践经验。

从理论探索的角度，本书从数据“资源化—资产化—资本化”的三阶段数据要素化过程出发，概述了数智时代面临的数据危机，揭示了数据治理所面临的跨空间域、跨管辖域、跨信任域的挑战，并以此为背景，讨论数据资源的成本性、可复制性、多粒度性、可替代性和价值后验性，以及这些特性给数据价值释放带来的风险外溢和价值分配不对称等问题，进而从数据资产全生命周期的角度强调对数据资源的有效管理，并通过构建数据治理价值链，即围绕数据价值释放的基本活动和辅助活动，有效协同各利益相关主体，从而最大限度地挖掘和实现数据价值。这些特性也为跨域数据治理赋予了特殊的使命，推动了面向跨域数据治理的社会化信息系统的产生和发展。更重要的是，这些特性塑造了社会化信息系统数据与组织分离和数据跨域流通、数据对象化和标签化组织、跨域业务快速构建和协同开发的三个核心原则，明晰了社会化信息系统在“数据资源—服务支撑—业务应用”三层技术体系的核心职能和关键技术。

从技术突破的角度，本书分别围绕上述三层技术体系展开，介绍了每一层技术体系的基本框架和相关关键技术的探索。首先，数据资源体系着眼于数据资源组织，为社会化信息系统提供数据基础。我们重点介绍了数据资源管理体系中的元数据标准化、元数据语义自动标注和对象化知识图谱构建等关键技术，数据质量管理体系中的多模态数据的结构化统一、人机协同的数据融合和数据智能探查等关键技术，以及数据资源标识技术中的数字对象架构。其次，服务支撑体系着眼于数据资源的交付手段，通过服务化的方式，将数据资源连接到业务应用，支撑数据资源的跨域流通。我们从面向服务的体系架构入手，介绍了数据服务化技术和模型服务化技术。针对数据服务化技术，介绍了基于互增强图模型的错误数据快速标记技术、基于图构造的缺失数据补充技术以及基于区块链的数据溯源技术，来解决数据服务化过程中面临的数据错误、数据缺失以及数据溯源等问题，保障数据服务在实际应用中的质量。针对模型服务化技术，引入可视化技术，利用基于多层次聚类和有向无环图的模型理解技术、基于多层次交互技术的模型诊断技术、基于不确定性的模型改进技术和基于设计原则的神经架构搜索的模型选择，来支持模型服务的理解、诊断、改进和选择，提升模型服务的可用性。最后，业务应用体系关注跨域数据业务应用的快速构建和部署。为此，我们在业务流程统一建模技术的基础上，梳理形成包含“业务协同—数据共享—数据集成”的三阶段数据业务场景跨域协同模型，并且基于智能合约和区块链的工作流引擎，实现跨域环境下数据服务的快速创建、组合和部署，支撑面向跨域数据协同的业务流程自动化执行和可编程逻辑。

从应用实践的角度，我们采用两种不同的方式，分别介绍跨域数据治理和社会化信息系统理论与技术在公共数据授权运营和智慧城市治理这两个典型场景中的实践。特别是在公共数据授权运营场景中，我们在介绍公共数据授权运营的跨域数据治理特性的基础上，基于跨域数据治理与社会化信息系统理论，以“解析重构”的方式梳理当前国内外公共数据运营实践模式，总结形成公共数据授权运营平台“两端三横四纵”的总体架构设计，分析数据登记确权、业务流程标准化和数据动态定价的典型业务，进而讨论数据资源体系、服务支撑体系和业务应用体系三个层面的关键技术在该平台中的应用。在智慧城市治理场景中，我们在介绍智慧城市治理的基本概念和内涵的基础上，从其面临的跨域数据异构性和数据跨域流通共享不顺等挑战入手，围绕“井盖部件治理”这一典型案例，以“解剖一只麻雀”的方式，具象化跨域数据治理和社会化信息系统相关理论与技术在智慧城市治理领域的落地，验证了跨域数据治理与社会化信息系统理论方法和关键技术的可行性，为其他智慧城市治理业务提供了样例。

2. 展望

当前，我国正在数据要素化的进程上大跨步往前走，为跨域数据治理和社会化信息系统的探讨提供了主战场。我国是首个将数据列为生产要素的国家，完成了全国一体化大数据中心体系的总体布局设计，全面启动了“东数西算”工程项目，加快构建数据基础制度。2023 年 8 月 21 日，财政部印发《企业数据资源相关会计处理暂行规定》。2023 年 10 月 1 日，中国资产评估协会制定的《数据资产评估指导意见》正式实施，明确符合条件的数据可以被认定为资产纳入企业财务报表，这意味着数据已经半只脚迈入了资产化的过程，我国数据要素化进程取得了新的里程碑式的进展。此外，据不完全统计，截至 2023 年 6 月底，全国各地由政府发起、主导或批复的数据交易所达 44 家，头部数据交易所交易规模已达到亿元至十亿元级别，且呈现出爆发式增长趋势。与此同时，我国大部分省市上线了政府数据开放平台，紧锣密鼓地探索公共数据授权运营。同样，智慧城市治理建设在多个领域取得了重要进展，诸如“浙里办”“浙政钉”等政务 APP 的不断上线，使得政务服务、便民服务速度不断刷新。此外，包含高速公路紧急救援系统在内的城市安全与紧急响应系统、智能交通平台等的建设也在不断提升数据驱动的智慧城市治理水平。

但需要注意的是，数据要素化尚处在探索阶段，相关的理论、技术和应用都尚未成熟，国际上亦无先例可循。2023 年 10 月 25 日，国家数据局正式挂牌，统筹推进数字中国、数字经济、数字社会规划和建设，统筹数据资源整合共享和开发利用，推动数据价值化和要素化。中国科学院梅宏院士表示，我国数据治理正在从面向和限定于单域的孤立服务，发展到跨越空间域、跨信任域和跨管辖域的数据共享与协同服务的新阶段，跨域数据治理需要破除“数据孤岛”，促进数据要素的共享与协同，促进数据价值的最大化。中国工程院副院长吴曼青院士提出，人、机、物以及来源于人机物的数据之间的相互作用，形成了一个“数据空间”，强调通过引领数字技术体系创新，促进数据空间内的数据对象广谱广联、数据要素有序流通、数据价值聚变释放。这些国家顶层制度体系的完善以及专家的指引，再次凸显了跨域数据治理和社会化信息系统的理论构建、技术突破和实践引领的重要性和恰逢其时。本书是我们对跨域数据治理和社会化信息系统领域持续探索的一个阶段性成果。在这次系统化的梳理总结过程中，我们也发现了一系列值得深入研究和实践的问题，为进一步探索提供了一些指引。

在理论层面上，本书围绕跨域数据治理的数据资源和价值释放特性，提出以数据为中心、面向跨域数据治理的社会化信息系统，并梳理总结社会化信息系统的基本原则和技术体系。然而，该理论体系处于初步阶段，很多理论细节和内在机理有待完善。例如，数据与组织分离是社会化信息系统的基本原则之一，那么数据与组织分离的边界在哪里？如何支持数据与组织的有效分离，以实现业务效率提升和数据价值倍增的双赢？数据对象化和标签化支持对数据资源的有效组织，在此基础上，有哪些因素通过何种机理来推动数据资源的对象化和标签化？如何在对象化和标签化的基础上推动高效的数据跨域流通？是否存在最基本的对象化数据，能够成为社会化信息系统中数据资源的“基本粒子”？高效的跨域数据业务协同是跨域数据治理和社会化信息系统需要实现的目标，那么哪些系统设计能够提升跨域数据业务协同的效率？如何度量跨域数据治理的水平？一个有效的社会化信息系统必须具有哪些特性？这一系列问题仅仅是我们在理论探索过程中遇到的一部分悬而未决、尚无答案的理论挑战，还有很多围绕"以数据为中心""跨域数据治理""社会化信息系统"的重要理论问题需要我们去探索，从而为该理论体系增砖添瓦。

在技术体系上，本书围绕数据资源、服务支撑和业务应用三个层面的关键技术介绍了一些点的突破。但是各项关键技术依旧需要持续优化，同时尚未形成整体性方案。首先，在数据资源层面，本书初步形成了"以对象为中心"的数据资源管理体系、数据质量管理体系和数据资源标识技术，但是如何高效地构建对象化知识图谱，如何实现跨域场景下对象化知识图谱的融合，如何协同各方从全生命周期的角度常态化提升各方数据资源的质量，以及如何实现各方在数据资源标识技术的跨域同步等关键技术，依旧需要进一步的探索。其次，在服务支撑层面，本书围绕"数据服务化"和"模型服务化"两种主要的交付方式展开，并且重点结合可视化技术讨论了数据服务和模型服务的关键技术。但是，一方面，除了可视化技术路线，我们相信存在并且鼓励其他可能的技术路线；另一方面，如何更高效地构建数据服务，如何设计数据服务的边界和执行逻辑以实现数据服务的高效执行，如何更好地发布和选择模型服务等关键技术同样需要进一步的讨论。再次，在业务应用层面，本书讨论了面向跨域数据业务协同的三阶段模型，并基于工作流和区块链支撑数据服务动态创建、组合、部署和执行。但是如何支持跨域业务场景下服务间的高效撮合和动态协同，如何提升跨域数据业务的协同效率，如何支撑跨域数据业务之间的价值发现和平等分配等依旧属于开放性话题。最后，随着大语言模型（large language model，LLM）等智能技术的蓬勃发展，大语言模型等智能技术一方面可以用于提升数据资源、服务支撑和业务应用等技术体系的效率，另一方面也能够成为整个体系的一部分，支撑各个关键技术模块的连接和调度。例如，如何将大语言模型集成到各个层次的技术体系中，如何利用大语言模型推动整体集成和跨域协同调度等，都是值得探索的关键点。

在实践引领上，本书以公共数据授权运营和智慧城市治理为典型案例，讨论了跨域数据治理和社会化信息系统的落地。由于篇幅限制，我们蜻蜓点水般地介绍了相关应用场景的落地，并未对构建过程以及相关挑战具体展开。更重要的是，跨域数据治理和社会化信息系统的实践还处于初步阶段，各种典型应用场景正在不断涌现，梳理这些典型应用场景、总结相关经验将成为一项常态化的工作。另外，在实践过程中，我们充分体会到了标准化的重要性。在跨域数据治理和社会化信息系统的构建过程中，数据治理的全生命周期及其支撑技术都迫切需要制定相应的标准规范。当前已有的与数据治理相关的国家标准主要关注域内的数据治理，包括《数据管理能力成熟度评估模型》（GB/T 36073—2018）、《数据管理能力成熟度评估方法》（GB/T 42129—2022）以及《信息技术服务 治理 第5部分：数据治理规范》（GB/T 34960.5—2018）等。但是关于跨域数据治理和社会化信息系统构建的标准体系依旧处于草创阶段。我们联合多个高校和企业起草的《信息技术 大数据 跨域数据可信共享参考架构》已正式立项，着眼于跨域多元主体之间的数据共享规范，是一个完善跨域数据治理标准化体系的举措。我们期待多方合作，能够结合具体实践案例，总结和凝练更多相关的标准，以规范和指导我国跨域数据治理和社会化信息系统的构建和实践。

总之，随着技术的不断演进和实践经验的积累，我们可以期待面向跨域数据治理和社会化信息系统的理论方法体系持续完善，以数据为中心的数据资源、服务支撑和业务应用等技术体系持续突破，以及更多实践经验和应用场景持续落地。我们共同期待数智时代跨域数据治理和社会化信息系统的相关成果不断涌现。

囿于时间和能力的限制，本书疏漏和不足之处在所难免。正如前文所述，我们并不追求面面俱到，而是抛砖引玉。希望能够与各位读者和专家互勉，共同推动该领域的发展。欢迎各位读者和专家批评指正，共同探讨，多方交流，不断提升跨域数据治理和社会化信息系统的实践水平。

图书在版编目（CIP）数据

跨域数据治理 / 杜小勇，黄科满，卢卫著. -- 北京：中国人民大学出版社，2024. 4
ISBN 978-7-300-32718-1

Ⅰ. ①跨… Ⅱ. ①杜… ②黄… ③卢… Ⅲ. ①数据管理 Ⅳ. ①TP274

中国国家版本馆 CIP 数据核字（2024）第 067915 号

跨域数据治理
杜小勇　黄科满　卢　卫　著
Kuayu Shuju Zhili

出版发行	中国人民大学出版社		
社　　址	北京中关村大街 31 号	**邮政编码**	100080
电　　话	010－62511242（总编室）		010－62511770（质管部）
	010－82501766（邮购部）		010－62514148（门市部）
	010－62515195（发行公司）		010－62515275（盗版举报）
网　　址	http://www. crup. com. cn		
经　　销	新华书店		
印　　刷	涿州市星河印刷有限公司		
开　　本	720 mm×1000 mm　1/16	**版　　次**	2024 年 4 月第 1 版
印　　张	20 插页 3	**印　　次**	2024 年 4 月第 1 次印刷
字　　数	227 000	**定　　价**	89. 00 元